Strömungs- und Kolbenmaschinen im Anlagenbau

Gernot Weber

Strömungs- und Kolbenmaschinen im Anlagenbau

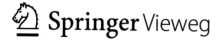

Gernot Weber
Kleinostheim, Deutschland

ISBN 978-3-658-24111-7   ISBN 978-3-658-24112-4 (eBook)
https://doi.org/10.1007/978-3-658-24112-4

Die Deutsche Nationalbibliothek verzeichnet diese Publikation in der Deutschen Nationalbibliografie; detaillierte bibliografische Daten sind im Internet über http://dnb.d-nb.de abrufbar.

Springer Vieweg

Lektorat: Thomas Zipsner

Springer Vieweg ist ein Imprint der eingetragenen Gesellschaft Springer Fachmedien Wiesbaden GmbH und ist ein Teil von Springer Nature.
Die Anschrift der Gesellschaft ist: Abraham-Lincoln-Str. 46, 65189 Wiesbaden, Germany

Meiner Frau Beate gewidmet

Vorwort

Ziel dieses Buches ist die Vermittlung der gemeinsamen theoretischen Grundlagen und die Anwendung der Strömungs- und Kolbenmaschinen als Komponente im Anlagenbau. Den Anlagenbauer interessiert das Betriebsverhalten, die Kennlinien und die Energieströme, weniger konstruktive Details.

Schwerpunkt sind deshalb die *Arbeitsmaschinen* (Pumpen, Ventilatoren, Verdichter). Nachdem heute der Anlagenbauer auch mit Energieanlagen konfrontiert wird z. B. mit der *Kraft-Wärme-Kopplung* (BHKW's) werden die *Kraftmaschinen* (Turbinen, Motoren) behandelt, was auch dem technischen Allgemeinwissen dient, zumal Kraft- und Arbeitsmaschinen gemeinsame Wurzeln haben. Das theoretische Grundlagenwissen dieser Maschinen ist die *technische Thermodynamik*, deshalb wird in Kap. 1 das Wesentliche gelehrt.

Fast alle Gebiete der Technik, insbesondere Energie-, Verfahrens-, Chemie-, Verkehr- und Gebäudesystemtechnik sind ohne den vielfältigen Einsatz von Strömungs- und Kolbenmaschinen nicht vorstellbar.

Dieses Buch wendet sich an Studierende und Dozenten in praxisorientieren nicht konstruierenden Studiengängen.

Auch für Techniker und Ingenieure in der Planung und Ausführung von Anlagen ist das Buch eine wertvolle Hilfe.

Für den mathematisch vorgebildeten Leser befinden sich im Anhang verschiedene mathematische Zusammenhänge, die in der Thermodynamik gebraucht werden. Es handelt sich um Differenzialrechnungen für die Funktion zweier Veränderlicher.

Ich danke dem Springer Vieweg Verlag für die Möglichkeit der Veröffentlichung des Buches sowie meinem Lektor, Herrn Thomas Zipsner und Frau Ellen Klabunde vom Lektorat Maschinenbau, für die sorgsame Durchsicht.

Kleinostheim
September 2018

Gernot Weber

Inhaltsverzeichnis

Formelzeichen und Einheiten

Formelzeichen	Einheit	Bedeutung
A	m^2	Fläche, Querschnitt
a	m/s^2	Beschleunigung
c	m/s	Geschwindigkeit
c_v	J/kg K	spez. Wärmekapazität bei V = konstant
c_P	J/kg K	dito, jedoch bei p = konstant
D	m	Durchmesser
D_q	m	spez. Durchmesser
E	J	Exergie
$\dot{E}$	J/s, W	Exergiestrom
e	J/kg	spez. Energie
E_{kin}	J	kinetische Energie
E_{pot}	J	potenzielle Energie
e_{kin}	J/kg	spez. kin. Energie
e_{pot}	J/kg	spez. pot. Energie
F	N	Kraft
f	s^{-1}	Frequenz
g	m/s^2	Erdbeschleunigung
H	J	Enthalpie
H	m	Fallhöhe
$\dot{H}$	J/s, W	Enthalpiestrom
h	J/kg	spez. Enthalpie
I	kg·m/s	Impuls
$\dot{I}$	kg·m/s^2, N	Impulsstrom, Kraft
J	J	Dissipationsenergie
$\dot{J}$	J/s, W	Dissipationsstrom
j	J/kg	spez. Dissipationsenergie
L	kg m^2/s	Drehimpuls

(Fortsetzung)

Formelzeichen	Einheit	Bedeutung
$\dot{L}, M$	Nm	Drehimpulsstrom, Drehmoment
l	m	Länge
m	kg	Masse
$\dot{m}$	kg/s	Massenstrom
n	min^{-1}	Drehzahl
n	–	Polytropenexponent
n_q	min^{-1}	spez. Drehzahl
p	N/m^2, Pa, bar	Druck
P	J/s, W	techn. Leistung
Q	J	Wärmemenge
$\dot{Q}$	J/s, W	Wärmestrom
q	J/kg	spez. Wärmemenge
R	J/kg K	spez. Gaskonstante
r	m	Radius
r	–	Reaktionsgrad
S	J/K	Entropie
$\dot{S}$	J/s K	Entropiestrom
s	J/kg·K	spez. Entropie
s	m	Weg
T	K	Kelvintemperatur
t	°C	Celsiustemperatur
t	s	Zeit
U	J	Innere Energie
$\dot{U}$	J/s, W	Innerer Energiestrom
u	J/kg	spez. innere Energie
u	m/s	Umfangsgeschwindigkeit
V	m^3	Volumen
$\dot{V}$	m^3/s	Volumenstrom
v	m^3/kg	spez. Volumen ($1/\varrho$)
W_v	J	Volumenarbeit
w_v	J/kg	spez. Volumenarbeit
W_t	J	technische Arbeit
$\dot{W}_t$	J/s, W	technische Leistung
w_t	J/kg	spez. tech. Arbeit
W_N	J	Nutzarbeit
W_W	J	Wellenarbeit
z	m	Höhe
$NPSH$	m	Haltedruckhöhe
Y	J/kg	spez. Stutzenarbeit

Griechische Formelbuchstaben

α	Grad	Winkel
β	–	Stromausbeute
β	Grad	Winkel
Γ	–	Drehimpuls
δ	–	Durchmesserzahl
ε	–	Leistungszahl
ζ	–	exergetischer Wirkungsgrad, Widerstandszahl
η	–	Wirkungsgrad
η_c	–	Carnotfaktor
κ	–	Isentropenexponent
λ	–	Leistungszahl
λ	–	Luftüberschuss
λ	–	Liefergrad
λ	–	Rohrreibungszahl
μ	–	Minderfaktor
ν	m^2/s	kinematische Viskosität
π	–	Kreiszahl
ϱ	kg/m^3	Stoffdichte (1/V)
σ	–	Stromkennzahl
σ	–	Laufzahl
τ	–	Drosselzahl
φ	–	Durchflusszahl
φ	–	Energiequalitätsgrad
ψ	–	Druckzahl
ω	s^{-1}	Kreisfrequenz $(2\pi \cdot f)$

Die Kolben- und Strömungsmaschinen dienen der Energieumsetzung. Durch beide fließt ein Fluid (Wasser oder sonstige Flüssigkeiten, Dampf, Luft, Gase, etc.), das Energie abgibt oder aufnimmt. Die vorgenannten Maschinen werden auch als Fluidenergiemaschinen bezeichnet. Bei Abgabe mechanischer Energie an der Kupplung handelt es sich um *Kraftmaschinen* wie Dampfmaschinen, Motoren, Turbinen, etc. Das Fluid wird entspannt oder verliert an Höhe (Gefälle). In *Arbeitsmaschinen* ist der Vorgang umgekehrt: Förderung, Verdichtung.

Die Leistung der Kraftmaschine (Motoren, Turbinen) entsteht dadurch, dass ein Maschinenteil (Kolben oder Laufschaufel) sich unter Einfluss einer Kraft bewegt. Dies geschieht in der Kolbenmaschine dadurch, dass der Druck des Mediums auf den Kolben wirkt. In der Strömungsmaschine ist die Umsetzung nicht so einfach. Der Druck wird hier zunächst in einer Düse in eine Geschwindigkeit umgesetzt, Abb. 1.1, mit der das Fluid auf die Laufschaufel trifft. In der Laufschaufel wird die Geschwindigkeit verändert.

Diese Geschwindigkeitsänderung ist im Sinne der Mechanik eine Beschleunigung und damit mit einer Kraft verbunden.

Die in der Strömungsmaschine auftretenden und arbeitenden Schaufelkräfte werden also nur durch Geschwindigkeitsänderungen hervorgerufen, während die Kräfte in der Kolbenmaschine vom Druck und der Kolbenfläche ausgehen.

Für die Leistung gilt für beide:

$$P = \dot{W}_t = \dot{m} \int v \cdot dp = \Delta p \cdot \dot{V} = \dot{m} \cdot Y \text{ in W}$$

$P = \dot{W}_t$ = technische Leistung in J/s
$\dot{m}$ = Massenstrom in kg/s
v = spezifisches Volumen in m³/kg

© Springer Fachmedien Wiesbaden GmbH, ein Teil von Springer Nature 2019
G. Weber, *Strömungs- und Kolbenmaschinen im Anlagenbau*,
https://doi.org/10.1007/978-3-658-24112-4_1

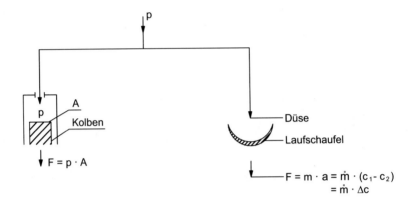

Abb. 1.1 Energieumsetzung in Kolben- bzw. Strömungsmaschinen

$\Delta p =$ Druckdifferenz in Pa
$\dot{V} =$ Volumenstrom in m^3/s
$Y =$ spezifische Arbeit oder *Stutzenarbeit* in J/kg

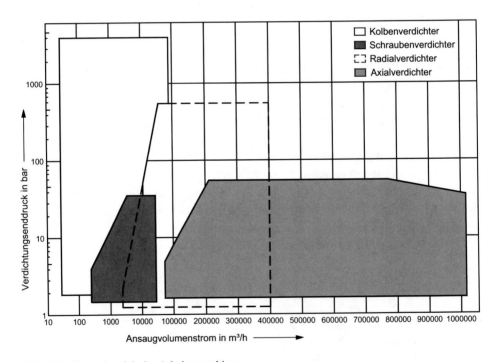

Abb. 1.2 Einsatzbereich der Arbeitsmaschinen

Kolbenmaschinen (Hubkolbenmaschinen, Drehkolbenmaschinen) werden allgemein als *Verdrängungsmaschinen* bezeichnet.

Kennzeichen von Strömungsmaschinen sind die höhere Drehzahl und das niedrigere Gewicht pro Leistungseinheit.

In der Praxis stehen Strömungs- und Kolbenmaschinen in zahlreichen Fällen gleichwertig nebeneinander, die Grenzen zwischen den Anwendungsgebieten sind fließend. Die Strömungsmaschine kommt für große Volumina des durchströmenden Mediums, hohe Leistungen und Drehzahlen in Frage. Auch herrscht sie im Bereich niedriger Drücke vor (s. Abb. 1.2).

Zu den Wasser- und Windturbinen, Propellern und Ventilatoren fehlt die Konkurrenz der Kolbenmaschine ganz.

Welches Energieübertragungsprinzip bei der Förderung von Flüssigkeiten und Gasen zu bevorzugen ist, hängt von der spezifischen Arbeitsübertragung, dem Durchsatz und der Drehzahl der Maschine ab.

Diese Auswahl wird durch *Kennzahlen* (s. Abschn. 3.2) ermittelt.

Kolbenmaschinen arbeiten nach dem *volumetrischem Prinzip mit statischer Arbeitsübertragung*, die periodisch erfolgt. Turbomaschinen arbeiten nach dem *Strömungsprinzip mit dynamischer Arbeitsübertragung*, die konstant erfolgt.

Grundlagen der Technischen Thermodynamik

2

Die technische (oder phänomenologische) Thermodynamik hatte ihren Ursprung vor ca. 200 Jahren in der Beschäftigung mit **Kraft- und Arbeitsmaschinen** (resp. Strömungs- und Kolbenmaschinen).

Der Aufbau von Kap. 2 ist deshalb zielgerichtet.

Die Thermodynamik als allgemeine Energielehre hat in der Energietechnik ihre große Bedeutung da, wo Energieumwandlungen im Vordergrund stehen.

Die technische Thermodynamik gehört zu den grundlegenden Ingenieurwissenschaften.

Das Fundament der Thermodynamik bilden die Hauptsätze, in denen die Existenz und Eigenschaften der Energie und der Entropie formuliert sind.

Hauptaufgabe der Technischen Thermodynamik ist einmal die Untersuchung und Beschreibung der Energieumwandlungsprozesse und zum anderen das Aufzeigen von Grenzen im Wirkungsgrad und der Vergleich der *reversiblen* (idealen) zu den *irreversiblen* (wirklichen) Prozessen, deren Güte im Vergleich erkennbar wird.

In der Energieumwandlungskette zeigt sich sowohl der *1. Hauptsatz* in der Erhaltung der Energie, als auch der *2. Hauptsatz der Thermodynamik* durch die begrenzte Umwandelbarkeit der zugeführten Energie.

2.1 Erster Hauptsatz der Thermodynamik

In dem *1. Hauptsatz der Thermodynamik* wird **nicht** zwischen *Umkehrbarkeit* und *Nichtumkehrbarkeit* unterschieden.

Der 1. Hauptsatz drückt die Energiebilanz aus. Er wird auch Satz von der Erhaltung der Energie oder als *Energiesatz* bezeichnet.

© Springer Fachmedien Wiesbaden GmbH, ein Teil von Springer Nature 2019
G. Weber, *Strömungs- und Kolbenmaschinen im Anlagenbau*,
https://doi.org/10.1007/978-3-658-24112-4_2

2.1.1 Geschlossene Systeme

2.1.1.1 Volumenänderungsarbeit

Das Gas (kompressibles Fluid) wird durch einen Kolben *reversibel* (umkehrbar) von $1'$ nach $2'$ verdichtet, d. h. von p_1 auf p_2 und von V_1 auf V_2, Abb. 2.1. Die aufzunehmende Arbeit $W_{V_{12}}$:

$$W_{V_{12}}^{rev} = \int_{1'}^{2'} F \cdot ds$$

$W_{V_{12}}^{rev}$ = reversible Volumenänderungsarbeit in J

F = Kraft in N

ds = Differential des Weges in m

$F = p \cdot A$ in N

p = Druck in Pa

A = Kolbenfläche in m^2

$$W_{V_{12}}^{rev} = \int_{1'}^{2'} -p \cdot dV \text{ da } V_1 > V_2 \text{ wird: } W_{V_{12}}^{rev} = -p(V_2 - V_1) \text{ d. h. bei der Verdichtung}$$

wird $W_{V_{12}}^{rev}$ positiv und bei der Entspannung negativ, Abb. 2.2.

Die Regel für alle Energiearten:

zugeführte Energie (+) positiv, abgeführte Energie (−) negativ

$$W_{V_{12}}^{rev} = \int_{1'}^{2'} -p \cdot dV = -p \cdot (V_2 - V_1) \qquad W_{V_{12}}^{rev} = \int_{1'}^{2'} -p \cdot dV = -p \cdot (V_2 - V_1)$$
$$= -p \cdot \Delta V \qquad\qquad\qquad\qquad\qquad = -p \cdot \Delta V$$

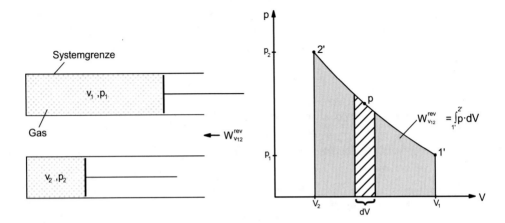

Abb. 2.1   Volumenänderungsarbeit

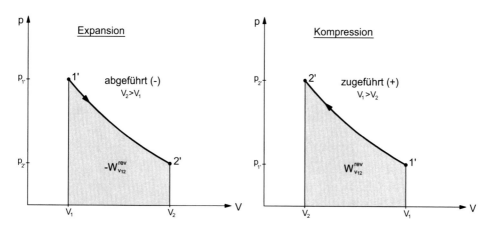

Abb. 2.2 Expansion Kompression

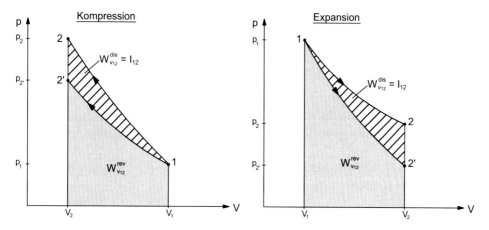

Abb. 2.3 Volumenänderungsarbeit mit und ohne Dissipation beim adiabaten geschlossenen System (irreversibler Vorgang)

spezifische Volumenänderungsarbeit:

$$w_{V_{12}}^{rev} = \frac{W_{V_{12}}^{rev}}{m} \text{ in J/kg}$$

$$m = \text{Masse in kg}$$

Treten im Inneren bei der Verdichtung bzw. bei der Entspannung Reibeffekte (Dissipation) auf, so stellt sich die Volumenänderungsarbeit wie folgt dar, Abb. 2.3:

$$W_{V_{12}}^{rev} = - \int_1^{2'} p \cdot dV \text{ ohne Dissipation (reversibel)}$$

$$W_{V_{12}}^{irr} = - \int_1^{2'} p \cdot dV + J_{12} \text{ mit Dissipation (irreversibel)} \tag{2.1}$$

spezifische Arbeit bezogen auf die Masse m:

$$w_{V_{12}} = w_{V_{12}}^{rev} + j_{12} = \int_1^{2'} -p \cdot dv + j_{12} = w_{V_{12}}^{irr} \text{ in J/kg} \tag{2.2}$$

2.1.1.2 Innere Energie

Isoliert man in Abb. 2.1 das System, d. h. es ist dann adiabat (kein Wärmestrom weder von außen nach innen und umgekehrt über die Systemgrenze, Abb. 2.4) und führt die Volumenänderungsarbeit $W_{V_{12}}$ zu, wird $W_{V_{12}}$ im Gas als Energie gespeichert, da Energie nicht verloren gehen kann. Die im Inneren gespeicherte Energie heißt **innere Energie U**:

$$W_{V_{12}} = U_2 - U_1; \qquad w_{V_{12}} = u_2 - u_1 = \frac{W_{V_{12}}}{m}$$

oder gem. Gl. (2.1):

$$W_{V_{12}} = W_{V_{12}}^{rev} + J_{12} = - \int_1^{2'} p \cdot dV + J_{12} = U_2 - U_1 \, in \, J \tag{2.3}$$

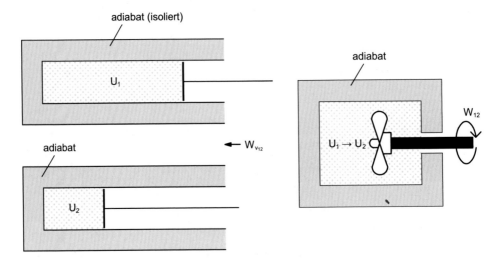

Abb. 2.4 Arbeitszufuhr in ein adiabatisches, geschlossenes System

spezifische innere Energie:

$$u_2 - u_1 = u_{12} = -\int_1^{2'} p \cdot dv + j_{12} \qquad (2.4)$$

2.1.1.3 Wärme

Führt man in Abb. 2.1 (die Systemgrenzen sind nicht isoliert, d. h. nichtadiabatisch oder wärmedurchlässig) $W_{V_{12}}$ zu, dann erhöht sich die innere Energie U. Da das System wärmedurchlässig ist, wird ein Teil der zugeführten Arbeit $W_{V_{12}}$ die nichtadiabatische Systemgrenze überschreiten und an die Umgebung als Wärme abgeführt.

Diese Wärmeenergie Q über die Systemgrenze entsteht auf Grund von Temperaturunterschieden (Wärme Zu- oder Abfuhr), Abb. 2.5.

Energiebilanz:

$$W_{V_{12}} = (U_2 - U_1) - (Q_2 - Q_1) \,\text{oder}\, W_{V_{12}} = U_{12} - Q_{12} \qquad (2.5)$$

Wärme ist die Differenz aus der Änderung der inneren Energie und der verrichteten Arbeit, wenn das System geschlossen ist.

Allgemein, wie bereits festgelegt. gilt:

Zugeführte Energie ist positiv (+), abgeführte Energie ist negativ (−)!

Wärme und Arbeit sind Formen der Energieübertragung.

Durch Umstellung der Gl. (2.5):

$$W_{V_{12}}^{rev} + J_{12} = (U_2 - U_1) - (Q_2 - Q_1) \,\text{in J}$$

$$-\int_1^{2'} p \cdot dV + J_{12} + (Q_2 - Q_1) = U_2 - U_1 \,\text{in J}$$

und spezifisch:

$$q_{12} - \int_1^{2'} p \cdot dv + j_{12} = u_{12} \,\text{in J/kg}$$

Abb. 2.5 Wärmedurchlässige Systemgrenzen

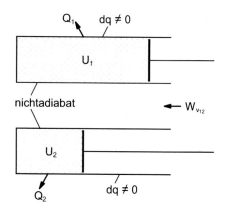

Die Volumenänderungsarbeit $W_{V_{12}}^{rev}$ ist die einem geschlossenen System reversibel zu- oder abgeführte Arbeit.

Die Systemgrenze kann adiabat oder nicht adiabat sein.

Beispiel 2.1

In einem adiabaten Zylinder wird durch einen Kolben der Druck $p = 200$ kPa konstant gehalten.

Sonstige Daten:

Volumen 0,5 m³; zugeführte Wellenarbeit $W_{W_{12}} = 0,2$ kWh, die gleich der Dissipationsenergie J_{12} ist; Anfangstemperatur 18 °C, Endtemperatur 600 °C; Umgebungsdruck $p_b = 0,98$ bar.

Gesucht:

$$W_{V_{12}}^{rev}, U_{12}, \text{Verschiebearbeit zur Atmosphäre} = \text{Nutzarbeit } W_{n_{12}}.$$

Lösung:

a) $W_{V_{12}}^{rev} = -\displaystyle\int_{1}^{2'} p \cdot dV = -p(V_2 - V_1) \text{ (abgeführt)}$

Gasgesetz (isobare Zustandsänderung s. Abschn. 2.3)

$$\frac{V_1}{V_2} = \frac{T_1}{T_2};$$

$$V_2 = 0,5 \cdot \frac{873}{291} = 1,5 \, \text{m}^3$$

$W_{V_{12}}^{rev} = -200 \cdot 10^3 \, Pa \cdot (1,5 - 0,5) \, \text{m}^3 = -200 \text{ kJ abgeführt}$

Gl. (2.3)

$U_2 - U_1 = W_{V_{12}}^{rev} + J_{12} = -200 + 0,2 \cdot 3600 = +520 \text{ kJ zugeführt } (1 \, \text{kWh} = 3600 \, \text{kJ})$

Nutzarbeit $W_{n_{12}}$

$$W_{n_{12}} = \Delta p \cdot \Delta V$$
$$\Delta p = p - p_b = 200 \cdot 10^3 \text{Pa} - 0,98 \cdot 10^5 \text{Pa} = 102 \text{ kPa}$$
$$\Delta V = V_1 - V_2 = 0,5 - 1,5 = -1 \, \text{m}^3$$
$$W_{n_{12}} = 102 \, kPa \cdot (-1m^3) = -102 \text{ kJ abgeführt}$$

b) Das vorgenannte System wird nicht isoliert (nicht adiabatisch) jedoch wird die gleiche Wellenarbeit zugeführt. Die Hälfte dieser Wellenarbeit erhöht die innere Energie des Systems, wobei $t_1 = 18$ °C sich auf $t_2 = 309$ °C erhöht.

Gesucht:

$$U_{12}, W_{V_{12}}^{rev}, Q_{12}$$

Lösung:

$$U_2 - U_1 = \frac{J_{12}}{2} = \frac{0{,}2 \cdot 3600}{2} = 360 \,\text{kJ}$$

$$V_2 = V_1 \cdot \frac{T_2}{T_1} = 0{,}5 \cdot \frac{582}{291} = 1 \ \text{m}^3$$

$$W_{V_{12}}^{rev} = -p(V_2 - V_1) = -200 \cdot 10^3(1 - 0{,}5) = -100 \ \text{kJ}$$

$$Q_{12} = U_{12} - \left(J_{12} + W_{V_{12}}^{rev}\right)$$

$$Q_{12} = 360 - (0{,}2 \cdot 3600 - 100) = -260 \ \text{kJ abgegeben}$$

Zusammenfassung:

Mit den Gl. (2.1), (2.3) und (2.5) erhält man den **1. Hauptsatz für geschlossene Systeme**:

$$U_2 - U_1 = Q_{12} - \int_1^{2'} p \cdot dV + J_{12} \tag{2.6}$$

bzw. in der spezifischen Form:

$$u_2 - u_1 = q_{12} - \int_1^{2'} p \cdot dv + j_{12}$$

2.1.2 Offene Systeme

In der Technik sind jedoch die **offenen Systeme** wichtiger, weil die Prozesse mit Stoffdurchfluss verlaufen und hierbei in einer Maschine (Arbeits- oder Kraftmaschine) stetig Arbeit ver- oder entrichtet wird, Abb. 2.6.

Ein Stoffstrom mit der Masse $\dot{m} = \dot{V} \cdot \varrho$ verrichtet Arbeit. Erfährt dieser Massenstrom durch die Maschine (Verdichter, Pumpe) eine Druckerhöhung (Arbeitsmaschine) oder eine Druckminderung (Kraftmaschine) $\pm dp$ so nennt man diese Arbeit: **Technische Arbeit** $W_{t_{12}}$, **Abb. 2.7.**

Mit V_m mittleres Volumen wird $W_{t_{12}} = V_m(p_2 - p_1)$ (siehe Einleitung)

Berücksichtigt man noch die kinetischen und potenziellen Energien, so wird die allgemeine Form der *technischen Arbeit*:

$$W_{t_{12}} = \int_1^{2'} V \cdot dp + J_{12} + m\left[\frac{c_2^2 - c_1^2}{2} + g(z_2 - z_1)\right] \text{ in J}$$

$$W_{t_{12}} = W_{t_{12}}^{rev} + J_{12} + m\left[\frac{c_2^2 - c_1^2}{2} + g(z_2 - z_1)\right] \tag{2.7}$$

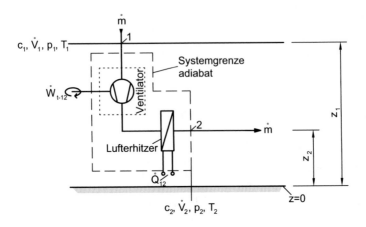

Abb. 2.6 Offenes System (Beispiel aus der Klimatechnik)

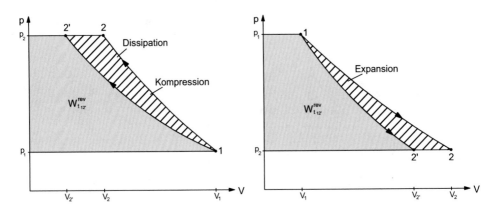

Abb. 2.7 Zustandsänderung der Technischen Arbeit

Entsteht bei der Verdichtung oder Entspannung eine Temperaturänderung, dann ändert sich die *innere Energie U* sodass: (ohne E_{kin} und E_{pot})

$$W_{t_{12}} = (U_2 - U_1) + (p_2 \cdot V_2 - p_1 \cdot V_1) = H_2 - H_1 \text{ in J} \qquad (2.8)$$

Nimmt man noch die kinetische und potenzielle Energie hinzu, in spezifischer Schreibweise:

$$w_{t_{12}} = u_{12} + (p_2 \cdot v_2 - p_1 \cdot v_1) + \frac{c_2^2 - c_1^2}{2} + g(z_2 - z_1) = \frac{W_{t_{12}}}{m} \qquad (2.9)$$

Die technische Arbeit $W_{t_{12}}$ setzt sich aus der inneren Energie und Volumenverdrängung der Stoffmasse zusammen und ist selbst eine Zustandsgröße, die als **Enthalpie** bezeichnet wird.

Wird ein Fluid **noch Wärme von außen** (über die Systemgrenze) **zugeführt** (s. Abb. 2.6), so erhält man den **1. Hauptsatz der Thermodynamik für offene Systeme** für **stationäre Fließprozesse**:

$$\dot{Q}_{12} + \dot{W}_{t_{12}} = \dot{m}\left[(h_2 - h_1) + \frac{1}{2}(c_2^2 - c_1^2) + g(z_2 - z_1)\right] \text{ in J/s} \qquad (2.10)$$

$\dot{Q}_{12}$ = Wärmestrom in J/s
$\dot{W}_{t_{12}} = P$ = technische Leistung in J/s = W
$\dot{m}$ = Massenstrom in kg/s
c = Strömungsgeschwindigkeit in m/s
z = Höhe in m
g = Erdbeschleunigung in m/s^2

$$q_{12} + w_{t_{12}} = (h_2 - h_1) + \frac{1}{2}(c_2^2 - c_1^2) + g(z_2 - z_1) \text{ in J/kg} \qquad (2.11)$$

2.1.2.1 Wärmekapazität

Zwei Zustandsgrößen beschreiben den Zustand eines thermodynamischen Systems:
Die spezifische *innere* Energie u und die spezifische *Enthalpie h*.
Führt man – ohne Aggregatsänderung – einem *geschlossenen System* bei V = konstant, Wärme zu, so ist:

$$dq = c_v \cdot dT; \quad Q = m \cdot c_v \cdot (T_2 - T_1) \text{ in kJ} \qquad (2.12)$$

c_v = spezifische Wärmekapazität in J/kgK bei konstantem Volumen V = konstant
Führt man – ohne Aggregatsänderung – einem *offenen System* bei p = konstant, Wärme zu, so ist:

$$dh = c_p \cdot dT; \quad H = m \cdot c_p \cdot (T_2 - T_1) \text{ in kJ} \qquad (2.13)$$

c_p= spezifische Wärmekapazität bei konstantem Druck p = konstant in kJ/kgK
Die spezifische Wärmekapazität fester und flüssiger Stoffe wird in der Regel mit c bzw. c_w gerechnet.
Das Verhältnis $c_p/c_v = \kappa$ ist der Isentropenkoeffizient.
Die spezifischen Wärmekapazitäten sind bei **realen Gasen** temperatur- und druckabhängig!
In der Praxis rechnet man mit gemittelten Werten.

Beispiel 2.2

Einer adiabatischen Kraftmaschine strömen 10 m^3 Luft mit p_1 = 500 kPa zu. In der Maschine (Turbine) werden $W_{t_{12}}$ = 6,04 MJ abgegeben. Der Ausgangsdruck ist p_2 = 100 kPa und V_2 = 34,5 m^3. E_{kin} und E_{pot} werden vernachlässigt.

Gesucht:

a) Änderung der inneren Energie U_{12}
b) Enthalpieänderung H_{12}

Lösung:

a) Gl. (2.8): $(U_2 - U_1) = W_{t_{12}} + (p_1 \cdot V_1 - p_2 \cdot V_2)$

   ($p \cdot V$ Vorzeichenänderung)

$$U_2 - U_1 = -6{,}04 \cdot 10^6 \, \text{J} + 500 \cdot 10^3 \, \text{Pa} \cdot 10 \, \text{m}^3 - 100 \cdot 10^3 \text{Pa} \cdot 34{,}5 \, \text{m}^3$$
$$U_{12} = -4490 \, \text{kJ}$$

b) $H_2 - H_1 = W_{t_{12}} = \mathbf{-6{,}04}$ **MJ** (die Enthalpie fällt)

Anmerkung: Bei Kraftmaschinen ist $p_1 > p_2$ und $V_2 > V_1$; bei Arbeitsmaschinen ist dies umgekehrt.

Sind $\dot{Q}_{12} = 0$ und $\dot{W}_{t_{12}} = 0$, so erhält man den **adiabatischen Strömungsprozess**:

$$(h_2 - h_1) + \frac{1}{2} \left(c_2^2 - c_1^2 \right) + g(z_2 - z_1) = 0 \qquad (2.14)$$

Sind $\dot{Q}_{12} \neq 0$ und $\dot{W}_{t_{12}} = 0$, so erhält man den **nichtadiabatischen Strömungsprozess**:

$$q_{12} = (h_2 - h_1) + \frac{1}{2} \left(c_2^2 - c_1^2 \right) + g(z_2 - z_1) \qquad (2.15)$$

der u. a. für Düsen und Diffusoren (s. Abschn. 3.3.1) und für Vorgänge der *Wärme-übertragung* gilt, Abb. 2.8.

Wärmeübertragung ist Energieübertragung von einem Medienstrom $\dot{m}_1$ mit der Temperatur T_1 auf einen anderen Medienstrom $\dot{m}_2$ mit T_2, die durch eine feste Wand getrennt sind:

$$\dot{Q}_{12} = \dot{Q}_{1'2'}; \quad \dot{m}_1 \left(h_1 + \frac{c_1^2}{2} + g \cdot z_1 \right) = \dot{m}_2 \left(h_2 + \frac{c_2^2}{2} + g \cdot z_2 \right)$$

Der ausgetauschte Wärmestrom $\dot{Q}$:

$$\dot{Q} = \dot{m}_1 \cdot c_{F_1} (T_1 - T_2) = \dot{m}_2 \cdot c_{F_2} \left(T_2' - T_1' \right) = \kappa \cdot A \cdot \Delta \delta m$$

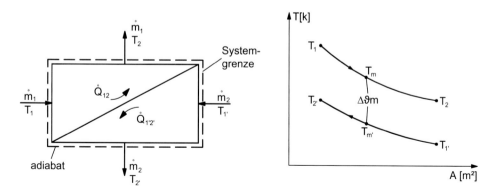

Abb. 2.8 Wärmeübertragung und Temperaturverlauf beim nichtadiabatischen Strömungsprozess

$\kappa \cdot A = $ Wärmeübertragungsfähigkeit in W/K

$c_F = $ spezifische Wärmekapazität des Fluids in J/kgK

Die stationären Fließprozesse (Gl. (2.10)) unterteilen sich also in:

- Arbeits- und Kraftprozesse Gl. (2.7)
- adiabatische Strömungsprozesse Gl. (2.14)
- nichtadiabatische Strömungsprozesse Gl. (2.15)

Bei allen Fließprozessen und Durchströmungen durch Maschinen gilt die **Kontinuitätsgleichung**:

$$\dot{m} = \dot{V}_1 \cdot \varrho_1 = \dot{V}_2 \cdot \varrho_2 = A_1 \cdot c_1 \cdot \varrho_1 = A_2 \cdot c_2 \cdot \varrho_2 = konstant \qquad (2.16)$$

$\dot{V} = $ Volumenstrom in m³/s

$A = $ Querschnittsfläche in m²

$c = $ Strömungsgeschwindigkeit in m/s

Für *inkompressible Fluide* (Flüssigkeiten) gilt:

$$Dichte\ \varrho = {}^1\!/_v \text{ in kg/m}^3$$

$v = $ spezifisches Volumen in m³/kg

Die Dichte ϱ wird in der Praxis als konstant angenommen und es wird mit Gl. (2.7):

$$\dot{W}_{t_{12}} = P = \int_1^{2'} \dot{V} \cdot dp + \dot{J} + \dot{m} \left[\frac{c_2^2 - c_1^2}{2} + g(z_2 - z_1) \right] \qquad (2.17)$$

$$= \dot{V} \left[(p_2 - p_1) + \Delta p_v + \frac{\varrho}{2}(c_2^2 - c_1^2) + \varrho \cdot g(z_2 - z_1) \right] \qquad (2.18)$$

Handelt es sich um einen adiabatischen Strömungsprozess mit $p = 0$ und verlustfrei (ohne Dissipation) $\Delta p_v = 0$, so erhält man die **Bernoulli-Gleichung für inkompressible Fluide**:

$$p_1 + \frac{\varrho}{2}c_1^2 + \varrho \cdot g \cdot z_1 = p_2 + \frac{\varrho}{2}c_2^2 + \varrho \cdot g \cdot z_2 \qquad (2.19)$$

Bei den technischen Anwendungen fördern die Arbeitsmaschinen das Fluid von Zustand 1 über die Systemgrenze zu dem Zustand 2 und benötigen technische Arbeit bzw. Leistung, um einmal die Verluste der Maschine und zum anderen die Strömungsverluste (= Druckverluste Δp_v) der Anlagenteile zu überwinden. Diese Verluste sind letztlich Dissipationsenergie J_{12}, die in Wärme verwandelt wird.

Die **erweiterte Bernoulli-Gleichung** enthält dieses Verlustglied Δp_v:

Die verschiedenen Formen der **erweiterten** Bernoulli-Gleichung:

Druckgleichung:

$$p_1 + \frac{\varrho}{2}c_1^2 + \varrho \cdot g \cdot z_1 = p_2 + \frac{\varrho}{2}c_2^2 + \varrho \cdot g \cdot z_2 + \Delta p_v \qquad (2.20)$$

Höhengleichung:

$$\frac{p_1}{\varrho \cdot g} + \frac{c_1^2}{2 \cdot g} + z_1 = \frac{p_2}{\varrho \cdot g} + \frac{c_2^2}{2 \cdot g} + z_2 + H_v \qquad (2.21)$$

spezifische Energiegleichung

$$\frac{p_1}{\varrho \cdot} + \frac{c_1^2}{2 \cdot} + g \cdot z_1 = \frac{p_2}{\varrho \cdot} + \frac{c_2^2}{2 \cdot} + g \cdot z_2 + \frac{\Delta p_v}{\varrho} \qquad (2.22)$$

In Abb. 2.9 ist am Strahlaustritt $\frac{p}{\varrho} = 0$, $z = 0$ und $\frac{c^2}{2} = w_{t_{12}}$ die spezifische Arbeit.

Man nennt auch:

$\frac{p}{\varrho} =$ *spezifische Druckenergie*

$\frac{c^2}{2} =$ *spezifische kinetische Energie*

$g \cdot z =$ *spezifische potenzielle Energie*

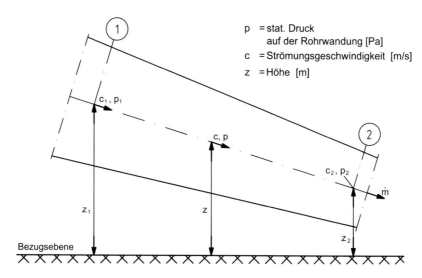

Abb. 2.9 Strömendes Fluid zur Bernoulli-Gleichung

Die Gesamthöhe (Fallhöhe):

$$H = z + \frac{p}{\varrho \cdot g} + \frac{c^2}{2g} = konstant$$

Anmerkung: Diese Bernoulli-Gleichung gilt auch in der Praxis für kompressible Fluide (Gase, Luft) bis $\Delta p = 3{,}0$ kPa oder $c \leq 100$ m/s z. B. bei der Windkraft- oder Flugtechnik.

Weitere Bezeichnungen:

Staudruck $\dfrac{\varrho}{2} c^2$

Druckhöhe $\dfrac{p}{\varrho \cdot g}$

Geschwindigkeitshöhe $\dfrac{c^2}{2g}$

Die Bernoulli-Gleichung formuliert den Energieerhaltungssatz für strömende Fluide in durchströmten Maschinen, Anlagen und Rohrleitungen, Armaturen, Einbauteilen, etc. mit den o. g. Energieanteilen.

Die Bernoulli-Gleichung kann aus dem Kräftegleichgewicht, der am Fluidteilchen in Strömungsrichtung angreifenden Kräften, über die EULER-Bewegungsgleichung gewonnen werden.

Das Kräftegleichgewicht in Strömungsrichtung lautet:

$$\frac{dc}{dt} \cdot dm + A \cdot dp + g \cdot dm = 0; \quad dm = \varrho \cdot dV = \varrho \cdot A \cdot ds; \quad c = \frac{ds}{dt}$$

$$c \cdot dc + \frac{dp}{\varrho} + g \cdot dz = 0 \quad \text{Euler Gleichung}$$

Diese Gleichung wird zu Ehren von Leonard Euler bezeichnet.

Durch Integration (erstmals von Bernoulli vorgenommen) erhält man:

$$\frac{c^2}{2} + \frac{p}{\varrho} + g \cdot z = konstant$$

Da keine Voraussetzungen über die Stoffdichte ϱ getroffen wurden, gilt die Bewegungsgleichung auch für **kompressible** Strömung:

$$c \cdot dc + \frac{dp}{\varrho} + g \cdot dz = 0$$

Infolge der kleinen Dichte bei Gasen wird auf $g \cdot dz$ verzichtet:

$$c \cdot dc + \frac{dp}{\varrho} = 0$$

$$\int_1^2 v(p) \cdot dp = -\int_1^2 c \cdot dc = \frac{1}{2}(c_1^2 - c_2^2)$$

Zwischen Ein- und Austritt:

$$\frac{c_1^2}{2} + \frac{p_1}{\varrho} = \frac{c_2^2}{2} + \frac{p_2}{\varrho}$$

Da die Thermodynamik verschiedene Zustandsänderungen der Fluide (s. Abschn. 2.3) von der isochoren, isothermen, isobaren, isentropen bis zur polytropen Zustandsänderung kennt, muss die Berechnung für eine diskrete thermodynamische Zustandsänderung erfolgen. Dafür wird die isentrope Zustandsänderung gewählt, bei der keine Wärme mit der Umgebung ausgetaucht wird (idealer Prozess).

Um nun die *Bernoulli-Gleichung* allgemein auch für *kompressible Fluide* anzuwenden, wird hier vorweg die im Abschn. 2.3, die reversible Isentropengleichung (2.54) zu Grunde gelegt (Reibungsfreiheit):

$$T_1/T_2 = \left(p_1/p_2\right)^{\frac{\kappa-1}{\kappa}} = \left(V_2/V_1\right)^{\kappa-1};$$

$$p_1 \cdot v_1 = R \cdot T_1, \quad p_2 \cdot v_2 = R \cdot T_2 \quad \textit{(Thermische Zustandsgleichung)}$$

$\kappa = {}^{c_p}/_{c_v}$ Isentropenkoeffizient $\qquad\left.\begin{array}{c}\\ \\\end{array}\right\}$ aus Tabellen des jeweiligen Gases

R = spezifische Gaskonstante in J/kgK

$R = c_p - c_v$ (R ist eine Stoffkonstante)

Mit der Gl. (6) *adiabatischer Strömungsprozess* bei Entfall von e_{pot}:

$$(h_2 - h_1) + \frac{1}{2}(c_2^2 - c_1^2) = 0;$$

$$h_2 = c_p \cdot T_2; \quad h_1 = c_p \cdot T_1$$

$$c_p \cdot \frac{T_1}{(p_1/p_2)^{\frac{\kappa-1}{\kappa}}} - c_p \cdot T_1 = \frac{1}{2}(c_1^2 - c_2^2)$$

$$c_p \cdot T_1 = c_p \cdot \frac{p_1 \cdot V_1}{R} = \kappa \cdot c_v \cdot \frac{p_1 \cdot V_1}{\kappa \cdot c_v - c_v} = \frac{\kappa}{\kappa - 1} \cdot p_1 \cdot v_1$$

$$h_2 - h_1 = \frac{\kappa}{\kappa - 1} \cdot p_1 \cdot v_1 \left[(p_2/p_1)^{\frac{\kappa-1}{\kappa}} - 1 \right] = \frac{1}{2}(c_1^2 - c_2^2) \tag{2.23}$$

Gl. (2.23) (ohne e_{pot}) ist die verlustlose *Bernoulli-Gleichung der Gasdynamik* bzw. der *kompressiblen Fluide*.

sodass der adiabatische Arbeitsprozess für kompressible Fluide ohne Verlust (ohne e_{kin}) zu

$$w_{t12}^{rev} = \frac{\kappa}{\kappa - 1} \cdot p_1 \cdot v_1 \left[(p_2/p_1)^{\frac{\kappa-1}{\kappa}} - 1 \right] \tag{2.24}$$

beziehungsweise $w_{t12}^{rev} = \dot{m} \cdot w_{t12}^{rev}$
wird.
Mit Verlust gemäß Abschn. 2.3.1.2 – Gl. (2.60)
Zusammenfassend:

- Verlustlose Bernoulli-Gleichung (2.19) für inkompressible Fluide; mit Verlustglied Gl. (2.20) und (2.21), (2.22)
- Verlustlose Bernoulli-Gleichung (2.23) für kompressible Fluide
- Adiabatischer Arbeitsprozess mit Verlustglied für inkompressible Fluide Gl. (2.18)
- Adiabatischer Arbeitsprozess (Gl. (2.24)) ohne Verluste und ohne kinetische Energie für kompressible Fluide; mit Verlusten Gl. (2.60)

Alle diese vorgenannten Varianten haben ihre Wurzeln in der Gl. (2.10) *1. Hauptsatz für stationäre Fließprozesse.*

Beispiel 2.3
Luft wird einmal verdichtet und anschließend entspannt, welche spezifischen technischen Arbeiten treten auf?

a) $p_1 = 1$ bar, $v_1 = 0{,}84$ m³/kg, $\kappa = 1{,}4$ (Luft) wird auf $p_2 = 10$ bar verdichtet.

$$w_{t12}^{rev} = \frac{1{,}4}{0{,}4} \cdot 0{,}84 \cdot 10^5 \left[(10/1)^{0{,}286} - 1 \right] = 2{,}74 \cdot 10^5 \text{ J/kg}$$

b) $p_1 = 10$ bar, $\kappa = 1{,}4$ wird auf $p_2 = 1$ bar, $v_2 = 0{,}84$ m^3/kg entspannt.

$$v_1 = \frac{V_2}{\left(p_1/p_2\right)^{\frac{1}{\kappa}}} = \frac{0{,}84}{\left(10/1\right)^{0{,}714}} = 0{,}162 \text{ m}^3/\text{kg}$$

$$w_{t_{12}}^{rev} = \frac{1{,}4}{0{,}4} \cdot 0{,}162 \cdot 10 \cdot 10^5 \left[\left(1/10\right)^{0{,}286} - 1\right] = -2{,}74 \cdot 10^5 \text{ J/kg}$$

zugeführte Arbeit (oder Energie oder Leistung) positiv (+), abgeführte Arbeit negativ (−)! Die *Bernoulli-Gleichung* (Energiegleichung) der *Gasdynamik* in allgemeiner Form:

$$h = \frac{c^2}{2} + \frac{\kappa}{\kappa - 1} \cdot p_0 \cdot v_0 \cdot \left(p/p_0\right)^{\frac{\kappa-1}{\kappa}}$$

Anmerkung: Die Gl. (2.24) und (2.30) sind identisch mit dem gleichen (+)-Ergebnis (durch Vertausch der h-Werte im h,s-Diagramm). Um (−)-Ergebnisse bei Abführen von Energie zu erhalten, rechnet man für die Verdichtung und Expansion mit Gl. (2.24).

2.1.2.2 Schallgeschwindigkeit

In der Gasdynamik tritt neben der Unterschallgeschwindigkeit, Schallgeschwindigkeit und Überschallgeschwindigkeit der Gase und Dämpfe auf.

Bei adiabatischer isentroper Zustandsänderung $p \cdot v^\kappa = konstant$ oder:

$$\frac{dp}{p} + \kappa \cdot \frac{dv}{v} = 0 \quad \text{bzw.} \quad \frac{dp}{p} - \kappa \cdot \frac{d\varrho}{\varrho} = 0$$

und man erhält: (aus $c_s^2 = \frac{p}{\varrho}$)

$$\frac{dp}{d\varrho} = \kappa \cdot \frac{p}{\varrho} = \kappa \cdot p \cdot v$$

$$c_s = \sqrt{\kappa \cdot p \cdot v} = \sqrt{\kappa \cdot R \cdot T} \qquad \text{Schallgeschwindigkeit} \tag{2.25}$$

Im engsten Querschnitt einer Düse tritt maximal Schallgeschwindigkeit auf.

Schallgeschwindigkeit bei 0 °C: Luft $c_s = 333$ m/s

Wasserstoff $c_s = 1234$ m/s

Das Verhältnis $\frac{c}{c_s} = Ma$ *Machzahl* mit einer Gasgeschwindigkeit c in m/s.

$Ma = 1$ Schallgeschwindigkeit im engsten Querschnitt

$Ma < 1$ Unterschallgeschwindigkeit

$Ma > 1$ Überschallgeschwindigkeit

Anwendung auf die Kompressiblen Arbeits- und Kraftprozesse:

a) **Arbeitsmaschine** mit der spezifischen Antriebsenergie $w_{t_{12}}$ mit $p_2 > p_1$ (Austritt > Eintritt), Abb. 2.10.

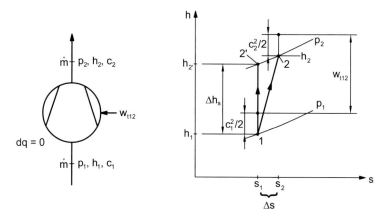

Abb. 2.10 Adiabate Verdichtung

Mit dem vorgenannten wird der 1. Hauptsatz für stationäre, adiabatische Fließprozesse (Gl. 2.11) bei $(q = 0)$ ohne Verluste:

$$w'_{t_{12}} = \frac{\kappa}{\kappa - 1} \cdot p_1 \cdot v_1 \left[\left(\frac{p_2}{p_1} \right)^{\frac{\kappa - 1}{\kappa}} - 1 \right] + \frac{c_2^2}{2} - \frac{c_1^2}{2} \quad \text{in J/kg} \tag{2.26}$$

($w'_{t_{12}}$ ist positiv: zugeführte Energie ist (+))
bzw.

$$w'_{t_{12}} = (h_{2'} - h_1) + \frac{1}{2} \left(c_2^2 - c_1^2 \right) \quad [g(z_2 - z_1) \text{ vernachlässigt}]$$

und die Leistung:

$$\dot{W}'_{t_{12}} = P_{th} = \dot{m} \left[(h_{2'} - h_1) + \frac{1}{2}(c_2^2 - c_1^2) \right] \quad \text{in J/s} = \text{W} \tag{2.27}$$

Der **innere Wirkungsgrad** η_i:

$$\eta_i = \frac{h_{2'} - h_1}{h_2 - h_1} = \frac{w'_{t_{12}}}{w_{t_{12}}} = 0{,}85 \ldots 0{,}9 \quad \text{bei Verdichtern} \tag{2.28}$$

Den Verdichtungsverlauf $1 \to 2$ nennt man **polytropische Verdichtung** ($W_{t_{12}}$).
Die reale Verdichterleistung:

$$P_{12} = \dot{W}_{t_{12}} = \frac{\dot{m} \left[(h_{2'} - h_1) + \frac{1}{2}(c_2^2 - c_1^2) \right]}{\eta_i} = w_{t_{12}} \cdot \dot{m} = Y \cdot \dot{m} \tag{2.29}$$

$Y =$ spezifische Stutzenarbeit zwischen Ein- und Austritt.

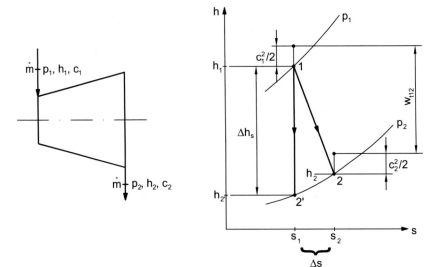

Abb. 2.11 Adiabatische Expansion

b) **Kraftmaschine ($p_1 > p_2$), Abb. 2.11**

$$W_w = (h_1 - h_{2'}) + \frac{1}{2}(c_1^2 - c_2^2)$$

$$h_1 - h_{2'} = c_p(T_1 - T_{2'})$$

$$T_2' = \frac{T_1}{\left(p_1/p_2\right)^{\frac{\kappa-1}{\kappa}}} = T_1\left(p_2/p_1\right)^{\frac{\kappa-1}{\kappa}}$$

$$h_1 - h_{2'} = c_p \cdot T_1\left[1 - \left(p_2/p_1\right)^{\frac{\kappa-1}{\kappa}}\right]$$

$$c_p \cdot T_1 = \kappa \cdot c_v \cdot \frac{p_1 \cdot V_1}{R} = \frac{\kappa}{\kappa - 1} \cdot p_1 \cdot V_1$$

$$h_1 - h_{2'} = \frac{\kappa}{\kappa - 1} \cdot p_1 \cdot v_1\left[1 - \left(p_2/p_1\right)^{\frac{\kappa-1}{\kappa}}\right]$$

$$w_{t_{12'}} = \frac{\kappa}{\kappa - 1} \cdot p_1 \cdot v_1\left[1 - \left(p_2/p_1\right)^{\frac{\kappa-1}{\kappa}}\right] + \frac{c_1^2}{2} - \frac{c_2^2}{2} \qquad (2.30)$$

Die ideale Expansionsgleichung (Gl. (2.8)):
(z-Komponente bei Gasen vernachlässigt)

$$W_{t_{12'}} = P_{th} = \dot{m}\left[(h_1 - h_{2'}) + \frac{1}{2}(c_1^2 - c_2^2)\right] \quad \text{in J/s} = \text{W} \qquad (2.31)$$

Der **innere Wirkungsgrad** η:

$$\eta_i = \frac{h_1 - h_2}{h_1 - h_{2'}} = \frac{W_{t_{12}}}{W'_{t_{12}}} = 0{,}88 \ldots 0{,}9 \text{ bei Turbinen} \tag{2.32}$$

Den Entspannungsverlauf $1 \rightarrow 2$ nennt man **polytropische Expansion** ($W_{t_{12}}$).

Man nennt auch hier die spezifische Arbeit $w_{t_{12}}$ **spezifische Stutzenarbeit Y** zwischen Ein- und Austritt.

Die reale Expansionsgleichung:

$$P_{th} = \dot{W}_{t_{12}} = \dot{m} \left[(h_1 - h_{2'}) + \frac{1}{2}(c_1^2 - c_2^2) \right] \cdot \eta_i \text{ in W} \tag{2.33}$$

Bei den Energieumwandlungen in den Strömungs- und Kolbenmaschinen mit kompressiblen Fluiden kann man die zuströmende kinetische Energie gegenüber der Enthalpie bzw. Druckenergie vernachlässigen, denn die typischen Enthalpieänderungen sind:

- bei Verdichtern ca. $150 \ldots 300$ kJ/kg
- bei Turbinen ca. $300 \ldots 800$ kJ/kg

Beispiel: Die kinetische Eintrittsenergie:

Bei $c_1 = 30$ m/s ergibt $\frac{c_1^2}{2} = 0{,}45$ kJ/kg

2.2   Zweiter Hauptsatz der Thermodynamik

Aus Abb. 2.10 und 2.11 ist ein Verlust zwischen *idealem* und *realem* Prozess (1-$2'$ bzw. 1-2) im h,s-Diagramm zu ersehen, der mit Δs bezeichnet ist. Das heißt die wirklichen Prozesse erzeugen durch ihre Verluste eine neue Zustandsgröße, die man Entropie nennt.

Die idealen Prozesse in den vorgenannten Abbildungen mit dem Zustandsverlauf 1-$2'$ erzeugen keine Entropie.

Verdeutlicht wird das vorgenannte auch in Abb. 2.3 und 2.7 im sogenannten p, V-Diagramm, während das gleiche im sogenannten h,s-Diagramm dargestellt wird für die Abb. 2.10, 2.11, jedoch mit der Entropieproduktion Δs.

Man nennt $\Delta s = 0$ einen reversiblen Prozess und mit $\Delta s > 0$ einen *irreversiblen Prozess.*

Alle reibungsbehafteten Prozesse sind irreversibel, d. h. alle natürlichen (realen) Prozesse sind nicht umkehrbar!

Die reversiblen Prozesse lassen sich wirklich nicht ausführen und dienen als Vergleichsprozess. Mit dem Idealprozess bei dem keine Entropieproduktion ($\Delta s = 0$) stattfindet, kann man nun im Vergleich zum Realprozess dessen Güte beurteilen.

Die Entropieproduktion ist also ein Maß für die Prozessgüte, denn je größer Δs in Abb. 2.10, 2.11 desto schlechter ist der Realprozess und damit der Wirkungsgrad.

Um den Entropiebegriff verständlicher darzustellen dient nachstehendes Beispiel.

Beispiel 2.4

1 kg Wasser wird bei konstantem Druck ($dp = 0$) einmal von 20 °C ($T_1 = 293$ K) auf 90 °C ($T_2 = 363$ K) erwärmt und einmal von 10 °C ($T'_1 = 283$ K) auf 80 °C ($T'_2 = 353$ K) erwärmt.

spezifische Wärmekapazität $c_F = 4{,}2$ kJ/kgK

Gesucht ist die zuzuführende Wärme – bei adiabatischem Gesamtsystem – und deren Wertigkeit.

Nach dem 1. Hauptsatz für *geschlossene Systeme*:

Gl. (2.6): $U_2 - U_1 = Q_{zu} = W^{rev}_{V_{12}} + J_{12}$

$Q_{zu} = m \cdot c_F(T_2 - T_1) = (U_2 - U_1) = Q_{12}$
$= 1 \cdot 4{,}2(363 - 293) = \mathbf{294\ kJ}$

$Q'_{zu} = m \cdot c_F(T'_2 - T'_1) = 1 \cdot 4{,}2(353 - 283) = \mathbf{294\ kJ}$

Beide Wärmeenergien sind gleich, da die Temperaturdifferenz jeweils 70 K beträgt.

Der 1. Hauptsatz macht keine Aussage hinsichtlich der Qualität der Wärmeenergie. Es leuchtet aber ein, dass eine Wärmeenergie mit einer mittleren thermodynamischen Temperatur von

$$T_m = \frac{T_2 - T_1}{\ln\left(T_2/T_1\right)} = \frac{363 - 293}{\ln\left(363/293\right)} = 326{,}75\ \text{K}$$

hochwertiger ist als bei $\quad T'_m = \dfrac{T'_2 - T'_1}{\ln\left(T'_2/T'_1\right)} = \dfrac{353 - 283}{\ln\left(353/283\right)} = 316{,}71\ \text{K}$

sodass sich folgende Darstellung ergibt:

$$Q_{zu} = m \cdot c_F \cdot (T_2 - T_1) = m \cdot c_F \cdot \left(T'_2 - T'_1\right) = T_m \cdot S_{12} = T'_m \cdot S'_{12}$$

Die neue Zustandsgröße S wird *Entropie* genannt:

$$S_{12} = \frac{\dot{Q}_{12}}{T_m} \quad \textit{beziehungsweise} \quad S'_{12} = \frac{Q_{12}}{T'_m} \tag{2.34}$$

$$\textit{Allgemein}\ dS = \frac{dQ}{T} \quad \mathbf{2.Hauptsatz}$$

Nun ergibt sich nach dem 2. Hauptsatz der Thermodynamik für das Beispiel 2.4:

$$S_{12} = \frac{294}{326{,}75} = 0{,}90\ \frac{\text{kJ}}{\text{K}}$$

und

$$S'_{12} = \frac{294}{316{,}71} = 0{,}93\ \frac{\text{kJ}}{\text{K}}$$

Je kleiner die Entropiedifferenz – bei gleicher Wärmemenge – ist, desto hockwertiger ist die Wärme!

Um die Entropiedifferenz S_{12} allgemein mathematisch zu formulieren:

$$dQ = T \cdot \mathrm{d}S = m \cdot c \cdot \mathrm{d}T \qquad (dS \geq 0)$$

und zwischen Zustand 1 und 2

$$S_{12} = \int_1^2 m \cdot c \cdot \frac{\mathrm{d}T}{T} = m \cdot c \cdot \ln \left({T_2}/{T_1} \right) \ \text{in kJ/K} \tag{2.35}$$

$$S_{12} = \text{Entropiedifferenz in kJ/k}$$

Wie bereits bei der Enthalpie erwähnt, interessieren bei technischen Rechnungen nur Differenzen!

Man erkennt auch in Abb. 2.10, 2.11: Je kleiner $\Delta s = s_{12}$ ist, desto größer ist die Ausbeute bzw. desto kleiner der Aufwand an Energie.

Bei allen realen Prozessen ist Δs zu minimieren.

Allgemeine Definition der Entropie:

Gl. (2.3) und (2.5) umgeformt:

$$Q_{12} - \int_1^{2'} p \cdot \mathrm{d}V + J_{12} = U_2 - U_1$$
$$\frac{\mathrm{d}Q + \mathrm{d}J}{T} = \frac{\mathrm{d}U + p \cdot \mathrm{d}V}{T} = \mathrm{d}S \quad \text{geschlossene Systeme} \tag{2.36}$$

Gl. (2.7) und (2.10) umgeformt (E_{kin} und E_{pot} entfallen)

$$Q_{12} + W_{t_{12}} = H_2 - H_1$$
$$dQ + V \cdot \mathrm{d}p = \mathrm{d}H$$
$$\frac{\mathrm{d}Q}{T} = \frac{\mathrm{d}H - V \cdot \mathrm{d}p}{T} = \mathrm{d}S \quad \text{offenes System} \tag{2.37}$$
$$\mathrm{d}s = \frac{\mathrm{d}S}{m} \ \text{in kJ/kgK}$$

Mit dem Massenstrom $\dot{m}$ wird der Entropiestrom zu $\dot{S} = \dot{m} \cdot s$ in kJ/sK.

Das Entscheidende an den realen Prozessen ist, dass bei Ihnen Energie entwertet wird und technisch nicht mehr nutzbar und verloren ist.

Typisch irreversible Vorgänge sind die *Dissipationsprozesse*:

- Strömungsprozesse mit Reibung
- Verformungen

- Verbrennungen
- Reibungsarbeit

Ausgleichprozesse:

- Wärmeübertragung mit Temperaturausgleich
- Mischung von Stoffen
- Druckausgleich

All diese Prozesse verwandeln ihre Verlustanteile in Wärme.

Am Prozessende wird sich die aufgewendete Energie letztlich ebenfalls in Wärme umgewandelt haben und ist an die Umgebung abgeführt worden. Alle auf der Erde oder in der Natur ablaufenden Prozesse sind irreversibel und werden letztlich in Wärme umgewandelt und an die Umgebung abgeführt (dissipiert = zerstreut).

Anmerkung: Die Energiezufuhr von der Sonne wird als negative Entropie bezeichnet, wenn die Erde als geschlossenes System betrachtet wird.

Wie bereits erwähnt ist die Wärmemenge mit der höheren mittleren Temperatur und mit der kleineren Entropiedifferenz auch hochwertiger (die Entropie ist der Maßstab für die Energiewertigkeit).

Die Wertigkeit z. B. der Wärmeenergie ist thermodynamisch verschieden im Hinblick auf *wie viel von ihr in nutzbare Arbeit* umgewandelt ist.

2.2.1 T,S-Diagramm

Volumenänderungsarbeit und reversible technische Arbeit können als Fläche im p,V-Diagramm (s. Abb. 2.1, 2.3, 2.7) dargestellt werden. Um auch andere bei einem Vorgang auftretende Energien in einem Diagramm zu veranschaulichen mit den Koordinaten T und S stellt $T \cdot dS$ einen schmalen Flächenstreifen das, $\int_1^2 T \cdot dS$ unter der Zustandsänderung.

Anstelle der Ordinate h im h,s-Diagramm (Abb. 2.10, 2.11) wird $T \left(= \dfrac{h}{c_p} \right)$ genommen.

2.2.2 Exergie und Anergie

Nimmt man das Beispiel 2.4 und stellt die Zustandsänderung im T,S-Diagramm dar, Abb. 2.12.

Gemäß Beispiel 2.4: $Q_{zu} = m \cdot c_F \cdot (T_2 - T_1) = T_m \cdot (S_2 - S_1)$ zieht man nun eine Linie in der Abb. 2.12 bei der Umgebungstemperatur T_u (hier $= T_1$), so wird die *Energiefläche*

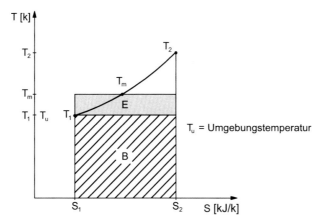

Abb. 2.12 Exergie – Anergie im T,S-Diagramm

$Q = T_m(S_2 - S_1)$ in zwei Flächen aufgeteilt. Den oberen Teil nennt man *Exergie E* und den unteren Teil *Anergie B*. Solange T_m über T_u liegt, kann der Energieteil *Exergie* Arbeit verrichten (Exergie = Arbeit) und ist für technische Prozesse der interessierende Energieteil.

Exergie ist der Teil Energie, die wie Arbeit vollständig in jede andere Energieform umgewandelt werden kann – mit der Umgebung als thermisches Bezugsniveau.

Exergie (= Arbeit) wird nicht von Entropie begleitet, wie später gezeigt wird.

$$\text{Energie} = \text{Exergie} + \text{Anergie} = E + B \qquad (2.38)$$

Die Aussage des 1. Hauptsatzes, dass keine Energie verloren geht, ist der geläufige Begriff des *Energieverlustes*. Dies ist falsch ausgedrückt, denn es handelt sich um *Exergieverluste*!

Es gibt also zwei Energieklassen:

- Die unbeschränkt umwandelbaren Energien sind elektrische und mechanische Energie = Exergie
- Die beschränkt umwandelbaren Energien sind die Wärme Q (und die innere Energie U), die die Systemgrenzen überschreiten und die Enthalpie.

Bei den natürlichen Prozessen – die irreversibel sind – wird Entropie und damit Verluste erzeugt. Die zugeführte Energie wird zum Teil in Anergie verwandelt, die man als *Exergieverluste* bezeichnet, sie liegen unterhalb der Tu-Linie.

Die Aussagen des 2. Hauptsatzes sind für die technischen Anwendungen von besonderer Bedeutung, denn es ist nicht jede Energieform in beliebig andere Energieformen umwandelbar.

Wärme hat neben einer Quantität auch eine Qualität (Wertigkeit). Die Bewertung wurde bereits mit dem Entropiebegriff vorgenommen. Sie kann auch mit Exergie vorgenommen werden, gemäß Abb. 2.12:

$$Q = E + B = [(T_m - T_u) \cdot (S_2 - S_1)] + [T_u(S_2 - S_1)]$$
$$= T_m(S_2 - S_1); \qquad S_2 - S_1 = \frac{Q}{T_m}; \qquad E = (T_m - T_u) \cdot (S_2 - S_1) \tag{2.39}$$

$$E = \left(1 - \frac{T_u}{T_m}\right) \cdot Q = Q \cdot \eta_c \tag{2.40}$$

η_c ist der *Carnot-Faktor*. Je höher er ist, desto wertvoller ist die eingebrachte Wärmemenge Q.

Man erkennt aus Gl. (2.40), dass η_c niemals den Wert $= 1$ erreichen kann, selbst nicht bei dem *reversiblen* Carnot-Kreisprozess. Weiterhin ist ersichtlich, dass die zugeführte Wärmemenge Q_{zu} niemals vollständig in Exergie umgewandelt werden kann. Daraus ergeben sich die *Exergieverluste E_v*.

Mit dem *exergetischen Wirkungsgrad ζ*:

$$\zeta = \frac{E_{zu} - E_v}{E_{zu}} = 1 - \frac{E_v}{\eta_c \cdot Q_{zu}} \tag{2.41}$$

Die Fähigkeit eines Energieträgers zur Energieumwandlung bewertet der *Energiequalitätsgrad φ*:

$\varphi = \frac{\text{Exergie}}{\text{Energie}} = 1$ für elektrische, mechanische, kinetische und potenzielle Energien = Exergien werden nicht von Entropie begleitet.

$\varphi = $ ca. 1 für Brennstoffe

$\varphi = \eta_c$ für Wärme

In Abb. 2.10 und 2.11 ist die Energieproduktion $\Delta S = S_{12} = S_{irr}$ und der Exergieverlust $E_v = T_u \cdot S_{irr}$ bzw.

$$e_v = T_u \cdot s_{irr}. \tag{2.42}$$

2.3   Zustandsänderung und Zustandsgleichung der Fluide

Die Zustandsgleichung einer fluiden Phase wird durch einfache Beziehungen dargestellt, indem man zwei Stoffmodelle, das ideale Gas und das inkompressible Fluid, benutzt (siehe Anhang).

Für jede der zwei Phasen, Gas und Flüssigkeit, gibt die thermische Zustandsgleichung $p = p(v,T)$ oder $v = v(p, T)$ den Zusammenhang zwischen den thermischen Zustandsgrößen.

Für die Gasphase gilt $p \cdot v = R \cdot T$, für die Flüssigkeit gilt $v = v_0 = $ *konstant*.

Die Beziehungen zwischen den Zustandsgrößen eines Stoffes werden anschaulich durch Zustandsflächen in räumlichen Koordinatensystemen dargestellt, deren Achsen beliebig wählbaren Zustandsgrößen zugeordnet sind z. B. p, v, T:

$$dT = \left(\frac{\delta T}{\delta v}\right)_p \cdot dv = \left(\frac{\delta T}{\delta p}\right)_v \cdot dp \text{ als totales Differential}$$

Hält man nun eine Veränderliche konstant, dann kann man die Zustandsänderung im ebenen Koordinatensystem darstellen z. B. die Isobaren, Isochoren, Isothermen, Isentropen, etc.

2.3.1   Kompressible Fluide (Gase)

Die vorgenannte **thermische Zustandsgleichung** für *ideale* Gase stellt eine Beziehung zwischen Druck p, Volumen V und Temperatur T her:

Für $p = konstant$ gilt:

$$\frac{v_1}{v_2} = \frac{T_1}{T_2}$$ Gay-Lussac'sche Gesetz

v = spezifisches Volumen in m^3/kg

T = Temperatur in K

Für $T = konstant$ gilt:

$$\frac{p_1}{p_2} = \frac{v_2}{v_1}$$ Boyle-Mariott'sches Gesetz

Wird nun zuerst die Temperatur bei $p_1 = konstant$ von T_1 auf T_2 erhöht, so nimmt das Volumen v_1 auf $v_2' = v_1 \cdot \frac{T_2}{T_1}$ zu. Wird anschließend der Druck dieses Gases von p_1 auf p_2 bei $T = konstant$ erhöht, *so ist am* Ende v_2:

$$v_2 = v_2' \cdot \frac{p_1}{p_2} = v_1 \cdot \frac{T_2}{T_1} \cdot \frac{p_1}{p_2}$$

und

$$\frac{p_1 \cdot v_1}{T_1} = \frac{p_2 \cdot v_2}{T_2} = R \quad \text{in J/kgK thermische Zustandsgleichung} \qquad (2.43)$$

R = Gaskonstante (aus Tabellen)

und mit der Masse m wird

$$p \cdot V = m \cdot R \cdot T \qquad (2.44)$$

Die Abweichungen der Gl. (2.40) für die *wirklichen* Gase von den idealen Gasen sind für den praktischen Gebrauch vernachlässigbar.

Jedes ideale Gas wird durch seine Gaskonstante R und seine spezifische Wärmekapazitäten c_p und c_v gekennzeichnet:

$$R = c_p - c_v \qquad (2.45)$$

Normzustand der Gase:

- Normtemperatur $T_n = 273{,}15$ K (0 °C)
- Normdruck $p_n = 1{,}013$ bar (101,325 kPa)

Die Gl. (2.37) wird *kalorische Zustandsgleichung* (oder Thermodynamische Hauptgleichung) oder *energetische Zustandsgleichung* der *offenen Systeme* bezeichnet:
In spezifischer Form (Gl. (2.37)):

$$T \cdot ds = dh - v \cdot dp = dq \; ; \; \left(dh = c_p \cdot dT\right)$$

Mit $p \cdot v = R \cdot T$:

$$\int_1^2 ds = \int_1^2 \frac{c_p \cdot dT}{T} - \int_1^2 \frac{v \cdot dp \cdot R}{p \cdot v}$$

$$s_2 - s_1 = c_p \cdot \ln \left(\frac{T_2}{T_1}\right) - R \cdot \ln \left(\frac{p_2}{p_1}\right)$$
(2.46)

Wie bereits erwähnt, sind c_p und c_v bei realen Gasen nicht konstant und damit auch
R bzw. κ nicht.

2.3.1.1 Theoretische Zustandsänderung (reversibel)

Isobare Zustandsänderung $p = p_1 = p_2$ = konstant (Abb. 2.13)
Aus der thermischen Zustandsgleichung $\frac{p_1 \cdot v_1}{T_1} = \frac{p_2 \cdot v_2}{T_2}$ wird

$$\frac{v_1}{v_2} = \frac{T_1}{T_2} \quad \text{(Gay-Lussac-Gesetz)}$$
(2.47)

kalorische Zustandsgleichung

$$ds \cdot T = dq = c_v \cdot dT + p \cdot dv = c_p \cdot dT - v \cdot dp$$

$$q_{12} = c_p \cdot (T_2 - T_1) = h_2 - h_1; \quad (w_{t_{12}} = 0, \text{da } dp = 0)$$

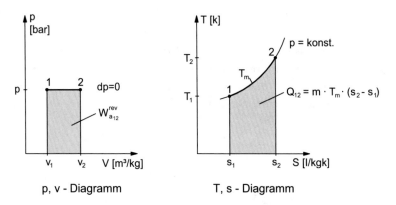

Abb. 2.13 Isobare im p,v- und T,s-*Diagramm*

q_{12} ist bei isobarer Volumenvergrößerung dem Gas zuzuführen und bei Volumenverminderung abzuführen.

Die äußere, spezifische Arbeit:

$$w_{\mathrm{a}12}^{rev} = p \cdot (v_2 - v_1) \ \text{in J/kg} \qquad (2.48)$$

Die Entropieänderung:

$$\mathrm{d}s \cdot T = c_{\mathrm{p}} \cdot \mathrm{d}T \ \rightarrow \ \mathrm{d}s = \frac{c_{\mathrm{p}} \cdot \mathrm{d}T}{T} \ \rightarrow \ s_2 - s_1 = s_{12} = c_{\mathrm{p}} \cdot \ln \left({T_2}/{T_1} \right) \qquad (2.49)$$

Beispiel 2.5

Bei dem Umgebungsdruck $p_{\mathrm{u}} = 1{,}013$ bar werden $m_{\mathrm{L}} = 5$ kg Luft angesaugt und von $t_1 = 10\,°\mathrm{C}$ auf $t_2 = 50\,°\mathrm{C}$ aufgeheizt.

Gesucht: V_1, V_2, $W_{\mathrm{a}12}$, Q_{zu}

$$p \cdot v_1 = R \cdot T_1; \ R = 287 \frac{\mathrm{J}}{\mathrm{kgK}}; \ c_{\mathrm{p}} = 1{,}01 \frac{\mathrm{kJ}}{\mathrm{kgK}}$$

$$v_1 = \frac{287 \cdot 283}{101300} = 0{,}8 \ \mathrm{m}^3/\mathrm{kg}$$

$$V_1 = m \cdot v_1 = 5 \cdot 0{,}8 = 4 \ \mathrm{m}^3$$

$$V_2 = V_1 \cdot {T_2}/{T_1} = 4 \cdot {323}/{283} = 4{,}57 \ \mathrm{m}^3$$

$$W_{\mathrm{a}12}^{rev} = p \cdot (V_2 - V_1) = 101.300 \cdot (4{,}57 - 4) = 57{,}74 \ \mathrm{kJ}$$

$$Q_{12} = m \cdot c_{\mathrm{p}} \cdot (T_2 - T_1) = 5 \cdot 1{,}01 \cdot 40 = 202 \ \mathrm{kJ}$$

Isochore Zustandsänderung $v = v_1 = v_2 = $ konstant (Abb. 2.14)

Aus der thermischen Zustandsgleichung wird

$$\frac{p_1}{p_2} = \frac{T_1}{T_2} \ \text{und} \qquad (2.50)$$

die kalorische Zustandsgleichung

$$\mathrm{d}s \cdot T = \mathrm{d}q = c_v \cdot \mathrm{d}T + p \cdot \mathrm{d}v = \mathrm{d}h - v \cdot \mathrm{d}p = c_{\mathrm{p}} \cdot \mathrm{d}T - v \cdot \mathrm{d}p$$

$$\mathrm{d}s \cdot T = \mathrm{d}q = c_v \cdot \mathrm{d}T = \mathrm{d}u$$

$$q_{12} = c_v \cdot (T_2 - T_1) = u_2 - u_1$$

q_{12} ist bei isochorer Druckerhöhung dem Gas zuzuführen und bei Druckminderung abzuführen.

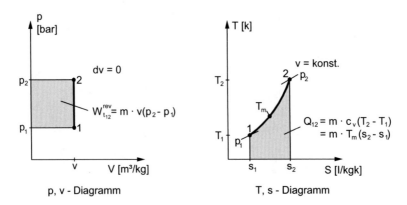

Abb. 2.14 Isochore im p,v- und T,s-Diagramm

Die spezifische Arbeit:

$$w_{t_{12}}^{rev} = v \cdot (p_2 - p_1) \text{ in J/kg} \tag{2.51}$$

Die Entropieänderung:

$$\mathrm{d}s \cdot T = c_v \cdot \mathrm{d}T \rightarrow \quad \mathrm{d}s = \frac{c_v \cdot \mathrm{d}T}{T} \rightarrow \quad s_2 - s_1 = s_{12} = c_v \cdot \ln \left({}^{T_2} /_{T_1} \right)$$

Isotherme Zustandsänderung $T = T_1 = T_2$ = konstant (Abb. 2.15)
Aus der thermischen Zustandsgleichung wird

$$p_1 \cdot v_1 = p_2 \cdot v_2 = R \cdot T; \quad v = \frac{R \cdot T}{p}$$

$$\frac{p_1}{p_2} = \frac{v_2}{v_1} \text{ (Boyle-Mariotte-Gesetz)} \tag{2.52}$$

Kalorische Zustandsgleichung:

$$\mathrm{d}s \cdot T = c_v \cdot \mathrm{d}T + p \cdot \mathrm{d}v = c_p \cdot \mathrm{d}T - v \cdot \mathrm{d}p; \quad p \cdot \mathrm{d}v = -v \cdot \mathrm{d}p$$

$$\mathrm{d}s \cdot T = \mathrm{d}q = -v \cdot \mathrm{d}p = -\frac{R \cdot T}{p} \cdot \mathrm{d}p \tag{2.53}$$

$$w_{t_{12}}^{rev} = R \cdot T_1 \cdot \ln \left({}^{p_2} /_{p_1} \right) = -q_{12}^{rev}$$

Die innere Energie $u_2 = u_1$ bleibt unverändert.

Beispiel 2.6
Luft mit m = 500 kg dehnt sich bei 20 °C isotherm von $p_1 = 11$ bar auf $p_2 = 2$ bar aus.

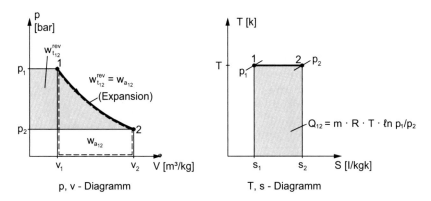

Abb. 2.15 Isotherme im p,v- und T,s-Diagramm

Gesucht: die Arbeit und die zuzuführende Wärmemenge Q_{12}.

$$-W_{t_{12}}^{rev} = W_{a_{12}} = m \cdot (-w_{t_{12}}) \quad \left(-w_{t_{12}} = -\int_1^2 v \cdot dp = -R \cdot T \cdot \ln \left(\frac{p_2}{p_1}\right)\right)$$

$$= -500 \cdot 0{,}287 \cdot 293 \cdot \ln \left(\frac{1\frac{1}{2}}\right) = -71.677 \text{ kJ}$$

$$Q_{zu} = W_{a_{12}} = -W_{t_{12}} = -71677 \text{ kJ}$$

Wird der Prozess umgekehrt – *Verdichtung* – so ist die zuzuführende Arbeit gleich der abzuführenden Wärmemenge.

Die Entropieänderung:

$$S_2 - S_1 = S_{12} = \frac{Q}{T} = 244{,}63 \text{ kJ/K}$$

Isentrope Zustandsänderung $s = s_1 = s_2$
(ohne Zufuhr und Abfuhr von Wärme *adiabat* d$s = 0$, Abb. 2.16)

Aus der thermischen Zustandsgleichung wird

$$p_1 \cdot v_1 = R \cdot T_1; \quad p_2 \cdot v_2 = R \cdot T_2 \text{ und}$$

die kalorische Zustandsgleichung:

$$ds \cdot T = dq = c_v \cdot dT + p \cdot dv = c_p \cdot dT - v \cdot dp = 0$$

Mit den Gl. (2.36)/(2.37) wird d$u = -p \cdot dv = c_v \cdot dT$ und d$h = v \cdot dp = c_p \cdot dT$ sodass:
$$dT = \frac{-p \cdot dv}{c_v} = \frac{v \cdot dp}{c_p}$$

$$\frac{c_p}{c_v} \int_1^2 \frac{dv}{v} = -\int_1^2 \frac{dp}{p}$$

$$\frac{c_p}{c_v} = \kappa; \quad R = c_p - c_v;$$

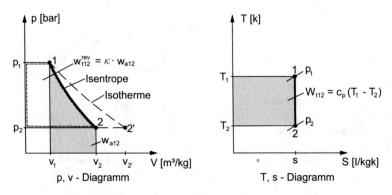

Abb. 2.16 Isentrope im p,v- und T,s-Diagramm

wird $-\kappa \cdot \ln\left(\frac{v_2}{v_1}\right) = \ln\left(\frac{p_2}{p_1}\right) = \ln\left(\frac{V_1}{V_2}\right)^{\kappa}$

$$\frac{p_2}{p_1} = \left(\frac{V_1}{V_2}\right)^{\kappa} \text{ oder } p_1 \cdot v_1^{\kappa} = p_2 \cdot v_2^{\kappa} \tag{2.54}$$

Mit $p_1 = \frac{R \cdot T_1}{V_1}$ und $p_2 = \frac{R \cdot T_2}{V_2}$;

$$\frac{T_2}{T_1} = \left(\frac{V_1}{V_2}\right)^{\kappa-1} \tag{2.55}$$

$$\text{und } \frac{T_2}{T_1} = \left(\frac{p_1}{p_2}\right)^{\frac{\kappa-1}{\kappa}} \tag{2.56}$$

Der Anfangszustand ist p_1, bei der Expansion ist $p_1 > p_2$, bei der Kompression ist $p_2 > p_1$.

Im p,V-Diagramm verlaufen die Isentropen (Adiabate) immer steiler als die Isothermen. Die spezifische technische Arbeit:

$$w_{V_{12}}^{rev} = \int_1^2 v \cdot dp = h_2 - h_1 = c_p(T_2 - T_1) \quad (1. \text{ Hauptsatz bei } dq = 0) \tag{2.57}$$

oder die verlustlose Bernoulli-Gleichung für kompressible Fluide Gl. (2.24):

$$w_{t_{12}}^{rev} = \frac{\kappa}{\kappa - 1} \cdot p_1 \cdot v_1 \left[\left(\frac{p_2}{p_1}\right)^{\frac{\kappa-1}{\kappa}} - 1\right] = T_m \cdot R \cdot \ln\left(\frac{p_2}{p_1}\right) \tag{2.58}$$

Bei den Isobaren, Isochoren und Isothermen wird keine Energie erzeugt (reversible Prozesse), lediglich die Entropieänderung bei den vorgenannten Prozessen einmal (+) und einmal (−), sodass sich die Differenzen nach dem Prozess wieder aufheben.

Beispiel 2.7

Man bestimme die technische Arbeit der adiabaten Zustandsänderung eines Gases, wenn $p_1 = 12,07$ bar, $p_2 = 2,06$ bar, $V_1 = 9,4$ cm^3 und $\kappa = 1,3$ ist.

$$W_{t_{12}}^{rev} = m \cdot \frac{\kappa}{\kappa - 1} \cdot p_1 \cdot v_1 \left[\left({p_2}/{p_1} \right)^{\frac{\kappa-1}{\kappa}} - 1 \right] \text{ (Gleichung 2.24))}$$

$$V_1 = m \cdot v_1$$

$$= \frac{1,3}{0,3} \cdot 12,07 \cdot 10^5 \cdot 9,4 \cdot 10^{-6} \left[\left({2,06}/{12,07} \right)^{0,23} - 1 \right] = \mathbf{-16,43\ J}$$

Beispiel 2.8

Die Luft im Beispiel 2.6 soll eine isentrope Zustandsänderung erfahren.

Gesucht ist T_2 und $W_{t_{12}}$; $\kappa = 1,4$; $c_p = 1,0045$ kJ/kgK; $R = 0,287$ kJ/kgK

$$T_2 = \frac{T_1}{\left({p_1}/{p_2} \right)^{\frac{\kappa-1}{\kappa}}} = \frac{293}{\left({11}/{2} \right)^{0,286}} = \mathbf{180\ K}\ (= -93\ °C)$$

$$W_{t_{12}} = m \cdot c_p (T_2 - T_1) = m \cdot T_m \cdot R \cdot \ln \left(\frac{p_2}{p_1} \right); \ T_m = 231,93\ K$$

$$W_{t_{12}} = 500 \cdot 0,287 \cdot 231,93 \cdot \ln \left({2}/{11} \right) = \mathbf{-56.737,4\ kJ}$$

Aus der Abb. 2.16 erkennt man, dass bei der Expansion vom gleichen Zustand aus die abgeführte Wärmemenge = abgeführte Arbeit isotherm um $71.677 - 56.737,4 = 14.939,6$ kJ größer ist als bei der isentropen Entspannung.

Bei der Prozessumkehr, d. h. bei der Verdichtung ergibt sich:

$$W_{t_{12}} = m \cdot w_t = m \cdot T \cdot R \cdot \ln \left(\frac{p_2}{p_1} \right) = 500 \cdot 0,287 \cdot 293 \cdot \ln \left({11}/{2} \right) = \mathbf{71.677\ kJ}$$

und bei der Isentropenverdichtung (dq = 0)

$$T_2 = \frac{293}{\left({2}/{11} \right)^{0,286}} = 477,1\ K\ (= 204\ °C)$$

$$W_{t_{12}} = m \cdot c_p (T_2 - T_1) = 500 \cdot 1,0045 \cdot (477,1 - 293) = \mathbf{92.464,23\ kJ}$$

Das heißt bei der isentropen Verdichtung ist der Mehraufwand an zugeführter technischer Arbeit um $92.464,23 - 71.677 = 20.787,23$ kJ (ca. 22 %) größer um den Enddruck $p_2 = 11$ bar zu erreichen. Dies ist von technischer Bedeutung in der Anwendung z. B. bei der Drucklufterzeugung.

Würde man isentrop komprimieren – ohne Abfuhr von Verdichtungswärme –, so ist der Mehraufwand fast 22 % größer an elektrische Antriebsenergie.

In der Praxis kühlt man das Gas während der Verdichtung (Kühlwasser oder Luftkühlung).

2.3.1.2 Polytrope-Zustandsänderung oder Reale Zustandsänderung

Von den theoretischen Zustandsänderungen weichen die wirklichen Zustandsänderungen ab. Man nennt diese realen Zustandsänderungen *polytrop*. Anstelle des isentropen Koeffizienten Kappa κ tritt der *Polytropenexponent n*.

$$\text{Es gilt analog: } p_1 \cdot v_1{}^n = p_2 \cdot v_2{}^n; \text{n} > \kappa \qquad (2.59)$$

und die spezifische technische Arbeit (Stutzenarbeit):

$$w_{t_{12}} = \frac{n}{n-1} \cdot p_1 \cdot v_1 \left[\left({}^{p_2}/_{p_1} \right)^{\frac{n-1}{n}} - 1 \right] \text{ in J/kg}$$

$$= \frac{n}{n-1} \cdot (p_1 \cdot v_1 - p_2 \cdot v_2) \qquad (2.60)$$

Bei der irreversiblen polytropen Verdichtung oder Expansion wird Entropie produziert gemäß Abb. 2.10 und 2.11 polytroper Zustandsverlauf $1 \rightarrow 2$.

Anmerkung: kühlt man während der Verdichtung das Fluid, so wird $n < \kappa$. Die Abweichung (bzw. Verdichtungsenergiemehraufwand) zwischen **ungekühlter** polytropischer Verdichtung und isentropischer Verdichtung kann man auch mit Gl. (2.28) in Gl. (2.26) ermitteln:

$$w_t = \frac{1}{\eta_i} \cdot \frac{\kappa}{\kappa - 1} \cdot p_1 \cdot v_1 \left[\left({}^{p_2}/_{p_1} \right)^{\frac{n-1}{n}} - 1 \right] + \frac{c_2^2}{2} - \frac{c_1^2}{2} \text{ in J/kg}$$

Adiabatische Drosselung

Reibungsbehaftete Strömung durch ein offenes System indem keine Verrichtung von Arbeit vorhanden ist, bewirkt eine Druckminderung, man nennt dies *Drosselung*, Abb. 2.17.

$$q_{12} + w_{t_{12}} = (h_2 - h_1) + \frac{1}{2}(c_2^2 - c_1^2)$$

$$z_1 = z_2; \; q_{12} = 0; \; w_{t_{12}} = 0$$

$$h_1 + \frac{c_1{}^2}{2} = h_2 + \frac{c_2{}^2}{2}$$

ist $c_1 = c_2$ folgt:

$h_1 = h_2$ *adiabatische Drosselung*

Bei unveränderter Strömungsgeschwindigkeit ist die Zustandsänderung eine *Isenthalpe*.

Abb. 2.17 Drosselung eines idealen Gases

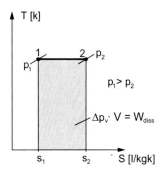

2.3.2 Inkompressible Fluide (Flüssigkeiten)

Das inkompressible Fluid ist durch eine einfache thermische Zustandsgleichung:

$$v = v_0 = konstant$$

definiert. Sein spezifisches Volumen hängt weder von der Temperatur noch vom Druck ab. Dieses Stoffmodell ist in engen Temperatur- und Druckbereichen auf Flüssigkeiten anwendbar. Für die in der Praxis üblichen Kraft- und Arbeitsprozesse genügt in der Regel die Näherung v = konstant. Bei höheren Genauigkeitsansprüchen muss die Temperatur- und Druckänderung berücksichtigt werden. Die Volumenabweichung z. B. bei Wasser ist ca. 1 % bei einer Druckerhöhung von ca. 220 bar.

Die spezifische Wärmekapazität für ein inkompressibles Fluid stimmen c_p und c_v überein:

$$c_w = c_p = c_v$$

Die Zustandsgleichungen aus dem 1. Hauptsatz Gl. (2.10) und die Gl. (2.35) aus dem 2. Hauptsatz gelten auch in der Praxis hier.

Beispiel 2.9

Eine adiabate Pumpe fördert Wasser von $p_1 = 1$ bar, $t_1 = 40\,°C$ auf $p_2 = 120$ bar, wobei die Verdichtungstemperatur auf $t_2 = 41{,}3\,°C$ ansteigt.

Gesucht: $w_{t_{12}}$, s_{12}, $v = 0{,}001$ m³/kg, $c_w = 4{,}18$ kJ/kgK, e_{kin} und e_{pot} vernachlässigt

$$\text{Gl. (2.11): } q_{12} + w_{t_{12}} = (h_2 - h_1) + \frac{1}{2}\left(c_2^2 - c_1^2\right) + g(z_2 - z_1)$$

$$q_{12} = 0 \ (\text{adiabat})$$
$$w_{t_{12}} = (h_2 - h_1) = c_w \cdot (T_2 - T_1) + v \cdot (p_2 - p_1)$$
$$= 4{,}18(41{,}3 - 40) + 0{,}001(120 - 1) \cdot 10^2$$
$$= \mathbf{17{,}33\ kJ/kg}$$

$$\text{Gl. (2.35): } s_2 - s_1 = c_w \cdot \ln\left(\frac{T_2}{T_1}\right) = 4{,}18 \cdot \ln\left(\frac{314{,}3}{313}\right) = \mathbf{0{,}0173\,\frac{kJ}{kgK}}$$

$(s_2 - s_1 = s_{12} = s_{irr_{12}} =$ irreversibel verloren$)$

2.4 Thermodynamische Zusammenfassung der gemeinsamen Grundlagen der Fluidenergiemaschinen

Kraft und Arbeitsmaschinen werden gemeinsam als *Fluidenergiemaschinen* bezeichnet. Das in der Maschine durchgesetzte Fluid (=Arbeitsstoff) kann eine Flüssigkeit oder ein Gas sein. *Hydraulische Maschinen* haben als Arbeitsstoff eine Flüssigkeit. *Thermische Maschinen* haben als Arbeitsstoff ein Gas, das bei der Arbeitsübertragung seine Temperatur ändert.

Fluidenergiemaschinen realisieren die Arbeitsübertragung entweder nach dem *volumetrischen Prinzip* – die **Kolbenmaschinen**, oder nach dem *Strömungsprinzip* – die **Turbomaschinen**. Wobei die Kolbenmaschinen noch unterteilt werden in

- Hubkolbenmaschinen

und in

- Drehkolbenmaschinen

Die Arbeitsübertragung bei der Kolbenmaschine erfolgt statisch und periodisch, während bei der Strömungsmaschine dieses dynamisch und konstant erfolgt.

Die spezifische Arbeitsübertragung (Y) hängt von der Drehzahl und vom Durchsatz der Maschine ab. Diese Größen werden zu einer **spezifischen Drehzahl** n_q zusammengefasst

$$n_q = n \cdot \frac{\dot{V}^{\frac{1}{2}}}{Y^{\frac{3}{4}}}.$$

Die wichtigste Beziehung für stationäre Fließprozesse ist die Gl. (2.11), die Energiebilanzgleichung:

$$q_{12} + w_{t12} = (h_2 - h_1) + \frac{1}{2}\left(c_2^2 - c_1^2\right) + g(z_2 - z_1)$$

2.4.1 Adiabatische Kraft- und Arbeitsmaschine

Für die Wellenarbeit ergibt sich für kompressible Fluide:

$$w_{t12} = \int_1^{2'} v \cdot dp + \frac{c_2^2 - c_1^2}{2} + j_{12}$$

Wie bereits erwähnt, kann man die kinetische und die potenzielle Energie vernachlässigen. Die Maschinen werden in der Regel als *adiabate* Maschinen behandelt, weil man die Wärme, die über das Gehäuse in die Umgebung fließt, gegenüber W_{t12} vernachlässigen kann.

Die in Abb. 2.10 und 2.11 vorweg genommene Darstellung der adiabaten Verdichtung und der Expansion werden nachstehend vertieft.

Die Prozesse, die in *Kolbenverdichtern* (bzw. Kolbenmaschinen) ablaufen, lassen sich für die Praxis als *stationäre Fließprozesse* behandeln, womit die Beziehungen dieses Abschnittes und der vorangetriebenen Abschnitte die Gleichungen maßgebenden Eintrittszustand *1* und den Austrittszustand *2* soweit von der Maschine entfernt annehmen, dass die periodischen Druck- und Mengenschwankungen infolge der Kolbenbewegung weitgehend abgeklungen sind.

Nachstehend die h,s-Diagramme zu Abb. 2.10 und 2.11:

Gemäß Abb. 2.18 und 2.19 liefert die reversible isentrope Expansion 1-2'die größte technische Arbeit W_{t12}^{rev} und bei der reversiblen isentropen Verdichtung 1-2'ist der Arbeitsaufwand am geringsten:

Abb. 2.18 Irreversible (polytrope) adiabatische Expansion 1-2 und reversible (isentrope) Expansion 1-2' im h, s-Diagramm

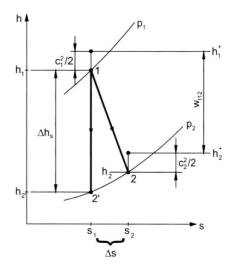

Abb. 2.19 Irreversible (polytrope) adiabate Verdichtung 1-2 und reversible (isentrope) Verdichtung 1-2' im h,s-Diagramm

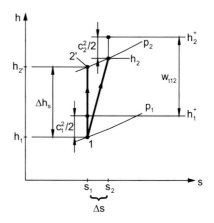

$$w_{t_{12}}^{rev} = h_{2'} - h_1 = \Delta h_s$$

und mit e_{kin} und j_{12}

$$w_{t_{12}} = w_{t_{12}}^{rev} + \frac{c_2^2 - c_1^2}{2} + j_{12} = (h_2 - h_1) + \frac{c_2^2 - c_1^2}{2} = h_2^+ - h_1^+$$

Mit dem Massenstrom $\dot{m}$ ergibt sich die Turbinen- oder Verdichterleistung:

$$\dot{W}_{t_{12}} = P_{th} = \dot{m} \cdot w_{t_{12}} = \dot{m} \cdot Y_{12}$$

Bei reversiblen Vorgängen erfolgt dann eine isentrope, bei irreversiblen Vorgängen dagegen eine polytrope Zustandsänderung, bei der die *Entropie* steigt.

Gemäß Abb. 2.18 und 2.19 ist bei irreversiblen adiabaten Vorgängen die Dissipationsenergie:

$$s_2 - s_1 = \int_1^2 \frac{j_{12}}{T}$$

Wie bereits früher aufgezeigt, liegt es nahe der energetischen Auszeichnung des reversiblen, adiabatischen Prozesses – mit der isentropen Zustandsänderung 1-2 – mit dem wirklichen polytropen Expansions- oder Kompressionsprozess 1-2 zu vergleichen.

Der *innere Wirkungsgrad* η_i bei:

- Kraftmaschine (Turbine/Motor) Gl. (2.32)/(2.33):

$$\eta_{iT} = \frac{h_1 - h_2}{h_1 - h_{2'}} = \frac{w_{t_{12}}}{w_{t_{12}}^{rev}}$$
$$P = P_{th} \cdot \eta_{iT}$$

- Arbeitsmaschine (Verdichter) Gl. (2.28)/(2.29):

$$\eta_{iv} = \frac{h_{2'} - h_1}{h_2 - h_1} = \frac{w_{t_{12}}^{rev}}{w_{t_{12}}}$$
$$P = \frac{P_{th}}{\eta_{iv}}$$

Die Wirkungsgradangaben von Herstellern beziehen sich in der Regel mit dem zusätzlichen mechanischen Wirkungsgrad, so dass z. B. $\eta_v = \eta_{iv} \cdot \eta_m$ wäre.

Der spezifische Exergieverlust e_v:

$$e_v = T_u(s_2 - s_1)$$

2.4.2   Nichtadiabatische Verdichtung

Große Bedeutung hat in der Industrie (z. B. in der Drucklufttechnik) die *nichtadiabatische Verdichtung* mittels Turbo- oder Kolbenverdichter. Aus den vorgenannten Ausführungen ist die technische Arbeit, die zur Verdichtung werden muss:

$$w_{t_{12}}^{\text{rev}} = \int\limits_{1}^{2'} v \cdot dp = Y_{12}$$

wenn man die kinetische Energie vernachlässigt.

Die isentrope Verdichtung in vorgenannten als idealer Vergleichsprozess eines *adiabaten* Verdichters liefert nicht die kleinstmögliche Verdichterarbeit. Kühlt man nämlich das Fluid während der Verdichtung, so nimmt v stärker ab als bei isentroper Verdichtung; man kann also durch Kühlung des Verdichters den Arbeitsaufwand $W_{t_{12}}$ verringern. (s. Abschn. 2.3.1.2)

Der günstigste Prozess ist die reversible isothermische Verdichtung $T = T_1 = T_2$.

Die aufzuwendende technische Arbeit (s. Abb. 2.15):

$$w_{t_{12^x}}^{\text{rev}} = \int\limits_{p_1}^{p_2} v \cdot dp$$

dabei ist die Wärme $q_{12^x}^{\text{rev}} = T_1(s_2{}^x - s_1)$ abzuführen, Abb. 2.20.

gemäß Gl. (2.49): $w_{t_{12^x}}^{rev} = R \cdot T_1 \cdot \ln\left(\dfrac{p_2}{p_1}\right) = -q_{12^x}^{\text{rev}}$

Für die technische Arbeit des irreversibel arbeitenden, gekühlten Verdichters ist:

$$w_{t_{12}} = (h_2 - h_2) - q_{12}$$

Abb. 2.20 Verdichterarbeit bei reversibler isothermer und reversibler adiabater Verdichtung

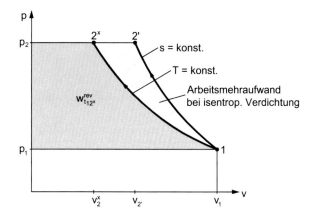

Bei mehrstufigen Kolbenverdichtern kühlt man das Fluid nach jeder Stufe in einem sogenannten *Zwischenkühler* ab und verdichtet es erst dann mit niedriger Anfangstemperatur und einem entsprechend kleineren spezifischen Volumen in der nächsten Stufe, Abb. 2.21.

Hierdurch nähert man sich der idealen thermischen Verdichtung und verringert den Arbeitsaufwand.

In Turboverdichtern lässt sich die direkte Kühlung des Fluids in der Maschine praktisch nicht verwirklichen.

Bei mehrstufiger Verdichtung mit Zwischenkühlung ist die Zahl der Stufen frei wählbar. In der Praxis sind es i. d. R. vier bis fünf Stufen.

Ein wirklicher Verdichter arbeitet natürlich nicht reversibel und isentrop, sondern polytrop und im Zwischenkühler tritt ein Druckverlust auf. Bei der Abkühlung der Luft will man die Anfangstemperatur erreichen.

Bei i-Stufen und p_2 als Enddruck ist das Druckverhältnis je Stufe:

$$\frac{p'}{p_1} = \sqrt[i]{\frac{p_z}{p_1}} = \frac{p''}{p'} = \frac{p_2}{p''}$$

oder allgemein:

$$\left(\frac{p_2}{p_1}\right)_{Stufe} = \sqrt[i]{\left(\frac{p_2}{p_1}\right)_{gesamt}} \qquad (2.61)$$

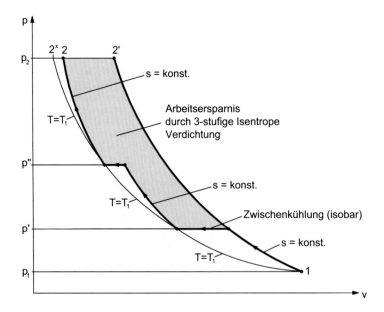

Abb. 2.21 Arbeitsersparnis bei 3-stufiger isentroper Verdichtung mit Zwischenkühlung gegenüber der 1-stufigen isentropen Verdichtung im p,V-Diagramm

Abb. 2.22 Beispiel 2.10

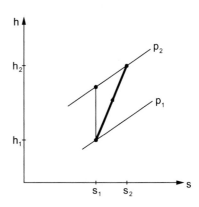

Beispiel 2.10 (Abb. 2.22)

Eine isolierte Umwälzpumpe ($dq = 0$) fördert Wasser mit $\Delta p_{12} = 100$ bar, $t_1 = 20\,°C$, $t_2 = 22\,°C$, $c_w = 4{,}19$ kJ/kgK, $\varrho = 1000$ kg/m³.

Wie groß ist die technische Arbeit $w_{t_{12}}$, und die erzeugte spezifische Entropie s_{12}? (e_{kin} und e_{pot} entfällt)

Gemäß Gl. (2.9): $w_{t_{12}} = h_2 - h_1 = u_{12} + v(p_2 - p_1)$

Bei der Verdichtung erhöht sich die Temperatur von T_1 auf T_2, es wird Dissipationsenergie j_{12} erzeugt und die innere Energie u_{12} wird erhöht, sodass:

$$w_{t_{12}} = v(p_2 - p_1) + u_{12} = 10^{-3} \cdot 100 \cdot 10^5 + 4{,}19 \cdot 2 \cdot 10^3 = 18{,}38 \text{ kJ/kg}$$

Kontrolle mit der spezifischen Dissipationsenergie j_{12}:

Gl. (2.35): $j_{12} = T_m \cdot s_{12} = \dfrac{2}{\ln\left(\frac{295}{293}\right)} \cdot 4{,}19 \cdot \ln\left(\frac{295}{293}\right) = 8{,}38$ kJ/kg

Die Pumpe wird in der Regel nicht isoliert (nicht adiabatisch), sodass die innere Energie u_{12} an die Umgebung abgeführt wird. Über die Systemgrenze abgeführte Wärme $q = u = c_w \cdot (T_2 - T_1) \mathrel{\widehat{=}} j_{12}$.

Beispiel 2.11

Vergleich der isothermen und der isentropen Expansion und Kompression für die Parameter: $\kappa = 1{,}4$, $t_1 = 20\,°C$, $R = 0{,}287$ kJ/kgK

a) Expansion, $p_1 = 10$ bar, $p_2 = 1$ bar (Abb. 2.23)

Gl. (2.53): Isotherme $w_{t_{12}}^{rev} = R \cdot T_1 \cdot \ln\left(\dfrac{p_2}{p_1}\right) = 0{,}287 \cdot 293 \cdot \ln\left(\dfrac{1}{10}\right) = -193{,}63\,\dfrac{\text{kJ}}{\text{kg}}$

Gl. (2.58): $w_{t_{12}}^{rev} = \dfrac{\kappa}{\kappa - 1} \cdot p_1 \cdot v_1 \left[\left(\dfrac{p_2}{p_1}\right)^{\frac{\kappa-1}{\kappa}} - 1\right]$

$$v_1 = \frac{R \cdot T_1}{p_1} = \frac{287 \cdot 293}{10^6} = 0,084 \ \mathrm{m^3/kg}$$

$$w_{t_{12}}^{\mathrm{rev}} = \frac{1,4}{0,4} \cdot 10^6 \cdot 0,084 \left[\left(\frac{1}{10}\right)^{0,286} - 1\right] = -141.824 \frac{\mathrm{J}}{\mathrm{kg}} = -141,82 \frac{\mathrm{kJ}}{\mathrm{kg}}$$

$$\Delta w_t = -193,63 - (-141,82) = -51,81 \frac{\mathrm{kJ}}{\mathrm{kg}};$$

Die gewonnene Arbeit ist bei der isothermen Expansion (abgegebene Arbeit) um 51,81 kJ/kg größer als bei der isentropen Expansion.

b) Kompression, $p_1 = 1$ bar, $p_2 = 10$ bar (Abb. 2.24)

Gl. (2.53): Isotherme: $w_{t_{12}}^{\mathrm{rev}} = R \cdot T_1 \cdot \ln\left(\frac{p_2}{p_1}\right) = 0,287 \cdot 293 \cdot \ln\left(\frac{10}{1}\right) = 193,63 \frac{\mathrm{kJ}}{\mathrm{kg}}$

Gl. (2.58): Isentrope: $w_{t_{12}}^{\mathrm{rev}} = \frac{\kappa}{\kappa - 1} \cdot p_1 \cdot v_1 \left[\left(\frac{p_2}{p_1}\right)^{\frac{\kappa-1}{\kappa}} - 1\right]$

$$v_1 = \frac{R \cdot T_1}{p_1} = \frac{287 \cdot 293}{10^5} = 0,84 \frac{\mathrm{m^3}}{\mathrm{kg}}$$

Abb. 2.23 Expansion
Beispiel 2.11

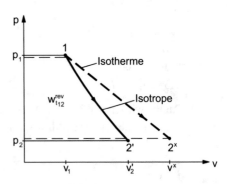

Abb. 2.24 Kompression
Beispiel 2.11

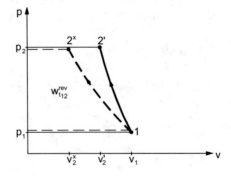

$$w_{t_{12}}^{\text{rev}} = \frac{1,4}{0,4} \cdot 10^5 \cdot 0,84 \left[\left(\frac{10}{1} \right)^{0,286} - 1 \right] = 274 \frac{\text{kJ}}{\text{kg}}$$

Die zugeführte spezifische Arbeit ist bei der isentropen Kompression um (274 − 193,63) = 80,37 kJ/kg größer als bei der isothermen Verdichtung, deshalb wird versucht, während der Verdichtung zu kühlen.

Anmerkung zur isentropen Expansion/ Kompression:

Die unterschiedlichen Ergebnisse – obwohl p_1 und p_2 bei den Zustandsänderungen gleich sind – resultieren aus der gleichen zugrunde gelegten Anfangstemperatur T_1.

Beispiel 2.12 (Abb. 2.25)

Betriebsdaten einer Kreiselpumpe:

$\dot{V} = 160 \text{ m}^3/\text{h}$, $t_1 \approx t_2$, $p_1 = 0,8$ bar, $p_2 = 8$ bar; $v = 10^{-3} \text{ m}^3/\text{kg}$

Gesucht: a) die Stutzenarbeit Y

b) die Antriebsleistung P, $\eta_e = 0,8$

zu a) Gl. (2.51): $w_{t_{12}} = Y' = \dfrac{W_{t_{12}}^{\text{rev}}}{\eta_e} = \dfrac{v(p_2 - p_1)}{\eta_e} = \dfrac{0,001(8 - 0,8) \cdot 10^5}{0,8} = 0,9 \text{ kJ/kg}$

Berücksichtigt man e_{kin} ($e_{\text{pot}} = 0$ Umwälzbetrieb) mit:

$$c_1 = \frac{\dot{V}}{A_1} = \frac{\dot{V}}{d_1^2 \cdot \frac{\pi}{4}} = \frac{160}{3600 \cdot 0,1^2 \cdot \frac{\pi}{4}} = 5,66 \frac{\text{m}}{\text{s}} \qquad c_2 = \frac{160}{3600 \cdot 0,08^2 \cdot \frac{\pi}{4}} = 8,85 \frac{\text{m}}{\text{s}}$$

(Analog Gl. (2.11) $w_{t_{12}}^{\text{rev}} = Y' = v(p_2 - p_1) + \dfrac{1}{2} \left(c_2^2 - c_1^2 \right) = 0,001(8 - 0,8)10^5 +$

$\dfrac{1}{2} \left(8,85^2 - 5,66^2 \right)$

$$w_{t_{12}}^{\text{rev}} = Y' = 720 + 23,14 = 743,14 \text{ J/kg}$$
$$Y = w_{t_{12}} = \frac{w_{t_{12}}^{\text{rev}}}{\eta_e} = \frac{743,14}{0,8} = \mathbf{928,9 \text{ J/kg}}$$

zu b) Gl. (2.29): $P = \dot{m} \cdot Y = \dot{m} \cdot w_{t_{12}} = 44,44 \cdot 928,9$

Abb. 2.25 Beispiel 2.12

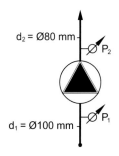

d_2 = Ø80 mm

P_2

d_1 = Ø100 mm

P_1

$$\dot{m} = \dot{V} \cdot \varrho = \frac{160}{3600} \cdot 1000 = 44{,}44 \text{ kg/s}$$

$$P = \mathbf{41{,}28 \ kW}$$

Beispiel 2.13 (Abb. 2.26)

Eine Industriedampfturbine hat folgende Betriebsdaten: $p_1 = 40$ bar, $p_2 = 4$ bar, $t_1 = 400\,°C$, $t_2 = 180\,°C$, $P_{\text{Welle}} = 10$ MW, $\eta_m = 0{,}97$.

Gesucht:

a) isentrope, spezifische Stutzenarbeit Y' – bei Vernachlässigung der Dampfein- und -austrittsgeschwindigkeit c_1 und c_2 – und des inneren Wirkungsgrads.

b) der Dampfstrom $\dot{m}_D$.

zu a) Mithilfe des Dampfdiagramms (h,s-Diagramm) erhält man:

$$Y' = \mathbf{525\frac{kJ}{kg}}; \ \eta_i = \frac{\Delta h_{poly}}{Y'} = \frac{390}{525} = \mathbf{0{,}74}$$

zu b) $P = 10$ MW $= \dot{m} \cdot Y' \cdot \eta_i \cdot \eta_m; \ \dot{m} = \dfrac{10 \cdot 10^3}{525 \cdot 0{,}74 \cdot 0{,}97} = \mathbf{26{,}54 \dfrac{kg}{s}}$

Beispiel 2.14

Ein 3-stufiger verlustloser Kolbenverdichter saugt Luft von 1 bar, 20 °C an und verdichtet sie isentrop auf 27 bar.

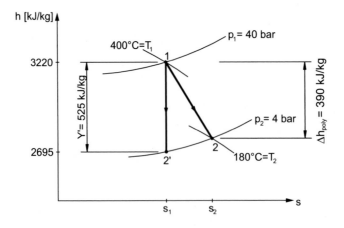

Abb. 2.26 Beispiel 2.13

Nach jeder Zwischenstufe wird die Luft isobar auf 20 °C gekühlt. Druckverluste in dem Zwischenkühler werden vernachlässigt, $\kappa = 1,4$, $c_p = 1,004$ kJ/kgK.

Gemäß Abb. 2.21 werden gesucht:

a) die Zwischendrücke, bei denen der Arbeitsaufwand je Stufe gleich groß ist,
b) Temperatur am Ende jeder Stufe nach der Verdichtung
c) Δs bei der isobaren Kühlung

zu a) Gl. (2.61): $\frac{p'}{p_1} = \sqrt[3]{\frac{27}{1}} = 3$

$p_1 = 1$ **bar**, $p' = 3$ **bar**, $p'' = 9$ **bar**, $p_2 = 27$ **bar**

zu b) Gl. (2.56): $\frac{T_1}{T_2} = \left(\frac{p_1}{p_2}\right)^{\frac{\kappa-1}{\kappa}}$; $\frac{T_1}{T'} = \left(\frac{p_1}{p'}\right)^{\frac{\kappa-1}{\kappa}}$;

$$T' = \frac{293}{\left(\frac{1}{3}\right)^{0,286}} = 401 \text{ K};$$

$$t' = 128 \,°\text{C} = t'' = t_2;$$

zu c) Gl. (2.49): $s_1 - s' = c_p \cdot \ln\left(\frac{T_1}{T'}\right) = 1,004 \cdot \ln\left(\frac{293}{401}\right) = -0,315\frac{\text{kJ}}{\text{kgK}} = s' - s'' = s'' - s_2$

Die Änderung der spezifischen Entropien bei der isobaren Kühlung ist nach der 1. und 2. Stufe gleich.

2.5   Kreisprozesse

Jeder Prozess, der ein System wieder in seinen Anfangszustand zurückbringt, heißt *Kreisprozess*. Nach Durchlaufen eines Kreisprozesses nehmen alle Zustandsgrößen des Systems wie Druck, Temperatur, spezifische Enthalpie die Werte an, die sie im Anfangszustand hatten. Dies gilt für jeden Kreisprozess, gleichgültig ob er sich aus reversiblen oder irreversiblen Teilprozessen zusammensetzt.

Bei den Kreisprozessen, die in den technischen Anwendungen der Thermodynamik auftreten, läuft ein stationär strömendes Fluid um, sodass seine Zustandsgrößen und der Energiefluss von und zur Umgebung von der Zeit nicht abhängen.

Es gibt *geschlossene Kreisprozesse* wie die Dampfkraft-, geschlossene Gasturbinen-Kältemaschinenprozesse und die *offenen Kreisprozesse*, wie die offenen Gasturbinen- und Verbrennungsprozesse.

Ein Kreisprozess, bei dem in einem Zustandsdiagramm (p,v- oder T,s-Diagramm), die auf-einander folgenden Zustandsänderungen im Uhrzeigersinn verlaufen, ist ein *rechts-umlaufender Kreisprozess* (oder Kraftprozess).

Läuft er gegen den Uhrzeigersinn, so ist dies ein *linksrumlaufender Kreisprozess* (Wärmeprozess, Kältemaschinenprozess).

Man kann den in Abb. 2.27 aufgezeigten geschlossenem Kreisprozess durch hintereinandergeschaltete offene Teilsysteme:

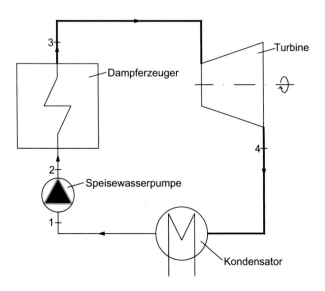

Abb. 2.27 Dampfkraftanlage *geschlossenes System*

- Dampferzeuger ($2 \rightarrow 3$)
- Turbine ($3 \rightarrow 4$)
- Kondensator ($4 \rightarrow 1$)

und die

- Speisewasserpumpe ($1 \rightarrow 2$),

die in Teilprozesse in den einzelnen offenen Systemen (Kontrollräume) ablaufen, betrachten.
   Damit wird er ein *offener Kreisprozess* und man kann den 1. Hauptsatz für stationäre Fließprozesse anwenden: (Gl. (2.11))

$$q_{12} + w_{t_{12}} = (h_2 - h_1) + \frac{1}{2}(c_2^2 - c_1^2) + g(z_2 - z_1)$$

$$q_{23} + w_{t_{23}} = (h_3 - h_2) + \frac{1}{2}(c_3^2 - c_2^2) + g(z_3 - z_2) \quad \text{usw.}$$

$$q_{n_1} + w_{t_{n_1}} = (h_1 - h_n) + \frac{1}{2}(c_1^2 - c_n^2) + g(z_1 - z_n)$$

   Die Änderungen von kinetischer und potenzieller Energie werden in der Regel vernachlässigt, sodass allgemein zwischen Ein- und Austritt gilt:

$$q_{12} + w_{t_{12}} = (h_2 - h_1)$$

Abb. 2.28 Reversibler Carnot-
Kreisprozess als *Kraftprozess*.
1-2 Isentrope Verdichtung
$p_2 > p_1$, 2-3 Isotherme
Ausdehnung $p_2 > p_3$, 3-4
Isentrope Expansion $p_3 > p_4$, 4-1
Isotherme Verdichtung $p_1 > p_4$

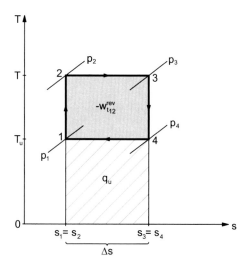

Nachfolgend wird der *Carnot-Kreisprozess* aufgezeigt (Abb. 2.28), der den höchsten Wirkungsgrad eines Kreisprozesses hat. Er ist der einzige *reversible Kreisprozess* und dient als Grundlage für den Vergleich mit den anderen *idealen Kreisprozessen*. Der Carnot-Prozess wurde nie verwirklicht.

Dieser reversible Carnot-Kreisprozess besteht aus zwei isothermen und zwei isentropen Zustandsänderungen des Arbeitsfluids. Bei der oberen Temperatur T nimmt das Arbeitsfluid Wärme auf, bei der unteren Temperatur T_u gibt es die Wärme ab.

$$-w_t^{rev} = q_{zu} - q_{ab};$$
$$q_{zu} = T \cdot \Delta s; \ q_{ab} = T_u \cdot \Delta s$$

und der reversible thermische Wirkungsgrad wird:

$$\eta_{th}^{rev} = -\frac{w_t^{rev}}{q_{zu}} = \frac{q_{zu} - q_{ab}}{q_{zu}} = \frac{T \cdot \Delta s - T_u \cdot \Delta s}{T \cdot \Delta s} = 1 - \frac{T_u}{T} = \eta_c \quad (2.62)$$

und ist der in Abschn. 2.2, Gl. (2.40) hergeleitete **Carnot-Faktor** η_c.

Der Carnot-Kreisprozess wäre der *idealste*, wenn die Wärme bei *konstanter* Temperatur angeboten würde (Abb. 2.29).

Wie aus Abb. 2.12 ersichtlich, wird der Wärmestrom nicht bei einer einzigen Temperatur aufgenommen, sondern bei der mittleren thermodynamischen Temperatur T_m, was bei den *idealen Kreisprozessen* zutrifft. Auch der abgeführte Wärmestrom hat, außer dem *Clausius-Rankine*-Dampfprozess, eine thermodynamische Mitteltemperatur T_m'. Diese liegt höher als die beim Carnot-Prozess zugrunde gelegte Umgebungstemperatur T_u und es folgt:

Abb. 2.29 Idealer Kreisprozess. 1-2 Isentrope Verdichtung, 2-3 Isobare Wärmeaufnahme, 3-4 Isentrope Entspannung, 4-1 Isobare Wärmeabgabe, (4′-1′ Isobare, isotherme Wärmeabgabe bei dem Dampfkraftprozess)

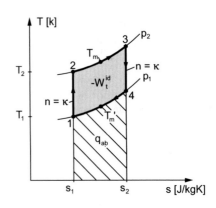

Abb. 2.30 Realer Kreisprozess

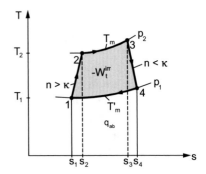

$$\eta_{th} = \frac{w_t^{id}}{q_{zu}} = 1 - \frac{T_m'}{T_m}; \quad \eta_c > \eta_{th} \tag{2.63}$$

Bei den technisch bedeutenden *idealen* Kreisprozessen (Joule, Clausius-Rankine, Otto/Diesel, etc.) ist wohl die Verdichtung und die Expansion **isentrop**, jedoch für die zu- und abgeführte Wärme gilt die vorgenannte isobare Zustandsänderung von $2 \rightarrow 3$ bzw. $4 \rightarrow 1$.

Bei den *realen* oder wirklichen Kreisprozessen erfolgt die Kompression und die Expansion *polytropisch* (Abb. 2.30).

Die Abb. 2.30, 2.31 und 2.32 stellen geschlossene Kreisprozesse dar.

Ist der Zustandsverlauf $4 \rightarrow 1$ offen, so wird die Abwärme genutzt bzw. an die Umwelt abgegeben.

Die Energiebilanz:

$$-w_t^{irr} = q_{zu} - q_{ab}$$

Die irreversiblen Verluste sind:

- polytrope Kompression, Expansion
- Strömungsverluste
- Dissipation, etc.

Abb. 2.31 Carnot-Prozess als
linkslaufender Wärmeprozess
im T,s-Diagramm

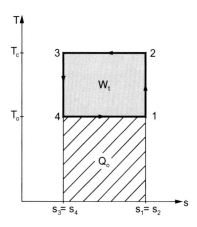

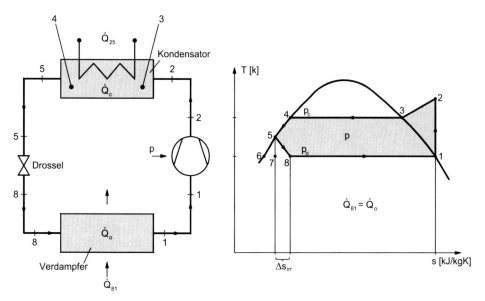

Abb. 2.32 Abgewandelter linksläufiger Clausius-Rankine-Kältekreisprozess mit isenthalper Expansion
als Idealprozess

Werden als *innere Verluste* des irreversiblen Kreisprozesses mit dem *inneren Wirkungsgrad* η_i bezeichnet: (s. Gl. (2.28)/(2.32))

$$\eta_i = \frac{w_t^{irr}}{w_t^{id}} \quad . \tag{2.64}$$

Nimmt man noch den *mechanischen* Wirkungsgrad η_m hinzu, so wird der *effektive*
Wirkungsgrad an der Welle η_e:

$$\eta_e = \eta_{th} \cdot \eta_i \cdot \eta_m \tag{2.65}$$

Wird aus den vorgenannten Kreisprozessen die spezifische Abwärme q_{ab} mit der mittleren thermodynamischen Temperatur T'_m genutzt, so wird dies *Kraft-Wärme-Kopplung* genannt.

Der Nutzungsgrad

$$\eta_{nutz} = \frac{w_t^{irr} + q_{ab}}{q_{zu}} = \eta_{th} \cdot \eta_i \cdot \eta_m + \eta_H \tag{2.66}$$

η_H = thermischer Nutzungsgrad

$\eta_H = \frac{q_{ab}}{q_{zu}}$; (η_H ist kein Wirkungsgrad, da der Quotient nur thermische Energien enthält)

Beispiel 2.15

Gemäß Abb. 2.28 ist das umlaufende Arbeitsmedium Helium und soll einen Carnot-Prozess durchlaufen.

Daten: $T_u = T_1 = T_4 = 300$ K; $T = T_2 = T_3 = 850$ K; $p_2/p_4 = 50$; $R = 2{,}077$ kJ/kgK; $c_p = 5{,}193$ kJ/kgK.

Gesucht sind die vier Teilprozesse als technische Arbeit und als Wärme aufgenommene oder abgeführte Energien, die spezifische Nutzarbeit des Kreisprozesses (e_{kin} und e_{pot} vernachlässigt).

Der Index *rev* entfällt hier, da alle Rechnungen für den reversiblen Kreisprozess gelten. Mit den Gl. (2.10), (2.53) und (2.54) aus den vorherigen Abschnitten wird:

$$w_{t12} = -w_{t34} = c_p(T - T_u) = 5{,}193 \cdot (850 - 300) = \mathbf{2856\frac{kJ}{kg}}$$

Die beiden Arbeiten heben sich auf. (Der adiabate Verdichter und die adiabate Turbine laufen nutzlos gegeneinander.)

- Die Nutzarbeit des Kreisprozesses kann also nur aus der Differenz der technischen Arbeiten bei der isothermen Verdichtung und der isothermen Entspannung kommen.

   Da $q_{23} + w_{t23} = h_3 - h_2 = 0$ ist, wird:

$$q_{23} = -w_{t23} = R \cdot T \cdot \ln\left(\frac{p_2}{p_3}\right)$$

Gl. (2.56): $\frac{T_1}{T_2} = \left(\frac{p_1}{p_2}\right)^{\frac{\kappa-1}{\kappa}}$.

$$\frac{p_2}{p_1} = \left(\frac{T_2}{T_1}\right)^{\frac{\kappa}{\kappa-1}} = \frac{p_3}{p_4}$$

$$\kappa = \frac{c_p}{c_v}; \ R = c_p - c_v$$

$$c_v = 5{,}193 - 2{,}077 = 3{,}116\frac{kJ}{kgK}$$

$$\kappa = \frac{5{,}193}{3{,}116} = 1{,}67$$

$$\frac{p_2}{p_1} = \frac{p_3}{p_4} = \left(\frac{850}{300}\right)^{2{,}49} = 13{,}37; \ \frac{p_2}{p_4} = 50;$$

und

$$\frac{p_2}{p_3} = \frac{50 \cdot p_4}{13{,}37 \cdot p_4} = 3{,}74$$

Für die isotherme Expansion gilt:

$$q_{23} = -w_{t_{23}} = 2{,}077 \cdot 850 \cdot \ln(3{,}74) = \mathbf{2328{,}78\frac{kJ}{kg}}$$

und für die isotherme Verdichtung gilt:

$$q_{41} = w_{t_{41}} = 2{,}077 \cdot 300 \cdot \ln(3{,}74) = \mathbf{821{,}92\frac{kJ}{kg}}$$

Die abgegebene Nutzarbeit des reversiblen Carnot-Prozesses wird:

$$w_t = |w_{t_{12}}| - |w_{t_{41}}| = 2328{,}78 - 821{,}92 = \mathbf{1506{,}86\frac{kJ}{kg}}$$

$$= R(T - T_u) \cdot \ln\left(\frac{p_2}{p_3}\right)$$

$$\eta_{th}^{rev} = \eta_c = \frac{w_t}{q_{23}} = \frac{1506{,}86}{2328{,}78} = 0{,}647$$

Fast 2/3 der zugeführten Wärme wird in Nutzarbeit umgewandelt. Die vier Teilprozesse verrichten insgesamt:

$$w_{t_{12}} + w_{t_{23}} + w_{t_{34}} + w_{t_{41}} = 2856 + 2328{,}78 + 2856 + 821{,}92 = 8862{,}7\frac{kJ}{kg}$$

Ebenfalls ein Kreisprozess ist der sogenannte *Kaltdampfprozess* der Kältemaschine bzw. Wärmepumpe (ca. 90 % aller in Deutschland installierten Kälteanlagen).

Alle bisher aufgezeigten Kreisprozesse sind Kraftprozesse, die rechts herumlaufen. Der Kaltdampfprozess der Kältemaschine ist ein *Wärmeprozess* und läuft links herum (Abb. 2.31).

Grundlage ist der reversible linksläufige Carnot-Prozess und der *ideale* linksläufige Clausius-Rankine-Prozess (analog dem Dampfkraftprozess) als theoretischen Vergleichsprozess zum Realprozess, da die Isobaren des Clausius-Rankine-Prozesses mit den Isothermen des Carnot-Prozesses zusammenfallen (Abb. 2.32).

Carnot-Kälteprozess:

1-2 Isentrope Kompression
2-3 Isotherme Verdichtung bei gleichzeitiger Wärmeabfuhr
3-4 Isentrope Expansion
4-1 Isotherme Entspannung bei gleichzeitiger Wärmezufuhr

Die Anlage kann je nach Verwendungszweck als Kältemaschine (Priorität Kälteleistung $\dot{Q}_o$) oder als Wärmepumpe (Priorität Wärmeleistung $\dot{Q}_c$) eingesetzt werden. Der Kreisprozess verläuft zum größten Teil im *Nassdampfgebiet* (deshalb Kaltdampfmaschine). Die Arbeitsfluide sind Kältemittel.

Prozessverlauf:

8-1 Isobare, isotherme Verdampfung, T = konstant, p = konstant. Es ist die Wärme $\dot{Q}_o$ zuzuführen
1-2 Isentrope Verdichtung, $p_o \rightarrow p_c$; $T_1 \rightarrow T_2$; P = Antriebsleistung ist zuzuführen
2-3-4-5 zunächst isobare Kühlung des Kältemitteldampfes ($2 \rightarrow 3$), anschließend isobare, isotherme Kondensation ($3 \rightarrow 4$), danach isobare Kühlung des Kondensats ($4 \rightarrow 5$), Wärme $\dot{Q}_{25}$ ist abzuführen.
5-8 Adiabate Drosselung des Kältemittelkondensats (isenthalpe Expansion h = konstant) auf p_o erzeugt eine Entropieproduktion Δs_{irr}.

Anstelle einer Expansionsmaschine (Kostengründe) kommt eine adiabate Drossel (s. Abb. 2.17) zum Einsatz.

In der Kältetechnik wird das T,s-Diagramm umfunktioniert in das lg p,h-Diagramm, mit dem gearbeitet wird.

Analog der Gl. (2.56) tritt anstelle η_{th} die Kälteleistung- bzw. Heizungsleistungszahl auf:

$$\varepsilon_o = \frac{\dot{Q}_o}{P} \text{ bzw. } \varepsilon_c = \frac{\dot{Q}_c}{P} = \frac{\dot{Q}_o + P}{P} = 1 + \frac{\dot{Q}_o}{P} \qquad (2.67)$$

Die heute üblichen Beziehungen sind:

$$EER = \frac{\dot{Q}_o}{P} \text{ (EER-Wert: \textbf{e}nergie-\textbf{e}fficiency-\textbf{r}atio)}$$

Carnot-Vergleichsprozess $EER_c = \dfrac{T_o}{T_c - T_o}$

Für die Wärmepumpe gilt:

$$\text{COP} = \frac{\dot{Q}_c}{P} = \frac{\dot{Q}_o + P}{P} \text{ (COP-Wert: } \textbf{c}\text{oefficient } \textbf{o}\text{f } \textbf{p}\text{erformance)}$$

Carnot-Vergleichsprozess $\text{COP}_c = \dfrac{T_c}{T_c - T_o}$

Gütegrad $\eta_{G_c} = \dfrac{\text{EER}}{\text{EER}_c}$ bzw. $\dfrac{\text{COP}}{\text{COP}_c}$

2.5.1 Exergiebetrachtung des Kreisprozesses

Gemäß Abb. 2.28 ist die Exergie mit Gl. (2.40)

$$e = \eta_c \cdot q = w_{t_{12}}^{\text{rev}},$$

sodass der *exergetische Wirkungsgrad* zu:

$$\zeta_c = \frac{w_t^{\text{rev}}}{\eta_c \cdot q_{zu}} = 1 \tag{2.68}$$

wird.

Gl. (2.68) ist der höchste exergetische Wirkungsgrad, der beim reversiblen Carnot-Kreisprozess erzielt werden kann (der nicht verwirklicht werden kann).

Der exergetische Wirkungsgrad ζ_{id} des *idealen Kreisprozesses* (Abb. 2.29) ist:

$$\zeta_{id} = \frac{w_t^{id}}{\eta_c \cdot q_{zu}} = \frac{\eta_{th} \cdot q_{zu}}{\eta_c \cdot q_{zu}};$$

$$\eta_{th} = \zeta_{id} \cdot \eta_c \tag{2.69}$$

Der exergetische Wirkungsgrad ζ_{irr} des *realen Kreisprozesses* (Abb. 2.30) wird zu:

$$\zeta_{irr} = \frac{w_t^{irr}}{\eta_c \cdot q_{zu}} = \frac{\eta_{th} \cdot \eta_i \cdot \eta_m \cdot q_{zu}}{\eta_c \cdot q_{zu}} = \frac{\eta_e}{\eta_c}$$

$$\eta_e = \zeta_{irr} \cdot \eta_c \tag{2.70}$$

2.6 Impulssatz

Während die Bernoulli'sche Gleichung eine Aussage über den Geschwindigkeits- und Druckzustand längs eines Stromfadens macht, befasst sich der **Impulssatz** mit den Kräften, die das strömende Medium auf seine Systemgrenzen, d. h. auf die durchflutete Stromröhre, ausübt.

Der Impulssatz gilt für kompressible und inkompressible Fluide. Es gibt drei Erhaltungssätze in der Strömungstechnik:

- Massenstrom-Kontinuitätsgleichung (Gl. (2.16))
- Energiesatz-Bernoulli-Gleichungen (2.17) und (2.20) für inkompressible und Gl. (2.23), (2.24) und (2.30) für kompressible Fluide
- Impulssatz-Newtonsches Grundgesetz

Ableitung des Impulssatzes: (Impuls = Bewegungsgröße)
Kraft = Masse × Beschleunigung
c_1 = Anfangsgeschwindigkeit eines Körpers
c_2 = Endgeschwindigkeit eines Körpers $c_2 > c_1$
positive Beschleunigung (+) $c_1 \rightarrow c_2$
negative Beschleunigung (−) $c_2 \rightarrow c_1$ (bremsen)
Beschleunigung $a = \frac{dc}{dt}$

$$F = m \cdot \frac{dc}{dt} \text{ in N}$$

Impuls = Masse × Geschwindigkeit

$$I = m \cdot c \text{ in kg} \cdot \text{m/s}$$

Impulsstrom $\dot{I} = \dfrac{dI}{dt} = \dfrac{d(m \cdot c)}{dt} = F$

Die zeitliche Änderung des Impulses ist die Kraft F oder der Impulsstrom:

$$dF = d\left(\frac{d(m \cdot c)}{dt}\right) = d\left(c \cdot \frac{dm}{dt} + m \cdot \frac{dc}{dt}\right)$$

sodass mit dc/dt die stationäre Impulsgleichung zu:

$$\dot{I} = F = \int_1^2 \dot{m} \cdot dc = \dot{m}\,(c_2 - c_1) \text{ in N wird.} \tag{2.71}$$

Jede Geschwindigkeitsänderung ((+) Beschleunigung, (−) Bremsen) einer strömenden Masse verursacht eine Kraft. Der Impulssatz gilt für inkompressible und für kompressible Fluide, für reibungsfreie (ideale), reibungsbehaftete und instationäre Strömungen.

Wird die translatorische (geradlinige) Strömung verknüpft mit dem Energiesatz und mit dem Impulssatz, z. B. auf einen Propeller (keine Druckkräfte) als Arbeitsmaschine oder auf einem Windrad (Windturbine) als Kraftmaschine, so stellt sich dies wie folgt dar:

a) **Propeller** (Schiffs- oder Luftschraube)
    Gemäß Abb. 2.33: (inkompressibel vorausgesetzt)

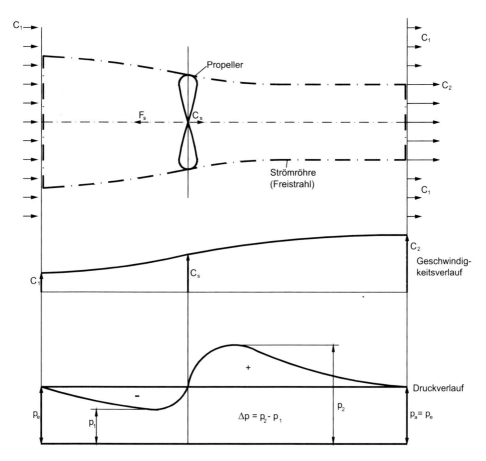

Abb. 2.33 Strömung durch einen Propeller

- Schub nach dem Energiesatz (Gl. (2.17) und (2.20)) bei Entfall von z ($c_2 > c_1$) wird:

$$\frac{c_1^2}{2} + \frac{p_1}{\varrho} = \frac{c_2^2}{2} + \frac{p_2}{\varrho} ; \quad \Delta p = \frac{\varrho}{2}\left(c_2^2 - c_1^2\right) \text{ in Pa}$$

$c_s = \frac{c_1 + c_2}{2}$ Strahlgeschwindigkeit im Propellerquerschnitt

$F_s = A \cdot \Delta p$ in N (Schub nach Bernoulli)

$A = D_s^2 \cdot \frac{\pi}{4}$; ($D_s$ = Propellerdurchmesser)

$F_s = D_s^2 \cdot \frac{\pi}{4} \cdot \frac{\varrho}{2} \cdot \left(c_2^2 - c_1^2\right)$ (zugeführt)

- Schub nach dem Impulssatz (Gl. (2.71)):

$$F_s = \dot{m}\,(c_2 - c_1) = D_s^2 \cdot \frac{\pi}{4} \cdot c_s \cdot p(c_2 - c_1)$$

$$= D_s^2 \cdot \frac{\pi}{4} \cdot \frac{c_1 + c_2}{2} \cdot \varrho \cdot (c_2 - c_1) = D^2 \cdot \frac{\pi}{4} \cdot \frac{\varrho}{2} \cdot (c_2^2 - c_1^2)$$

Die Schubkraft F_s mit dem Impulssatz ist gleich dem Energiesatz!
Die theoretische (ideale) Leistung wird:

$$P_{th} = F_s \cdot c_s = \frac{\dot{m}}{2}\,(c_2^2 - c_1^2) \text{ in W}$$

Beispiel 2.16

Ein Schiff hat eine Geschwindigkeit von c_1 12 km/h. Die Schiffsschraube hat einen Durchmesser $D_s = 1 \text{ m}^{\varnothing}$.

Wie groß ist der vom Propeller erfasste Wasserstrom $\dot{V}$ bei einem Schub von 11 kN?

$$F_s = \varrho \cdot \dot{V} \cdot (c_2 - c_1) = 1000 \cdot \dot{V} \cdot \left(c_2 - \frac{12.000}{3600}\right)$$

mit $c_s = \dfrac{c_1 + c_2}{2}$ folgt :

$$F_s = 1000 \cdot D_s^2 \cdot \frac{\pi}{4} \cdot \frac{c_2 + 3{,}33}{2} \cdot (c_2 - 3{,}33) = 11.000 \text{ N}$$

$$c_2 = 6{,}26\frac{m}{s}$$

$$c_s = 4{,}8\frac{m}{s}$$

$$\dot{V} = D_s^2 \cdot \frac{\pi}{4} \cdot 4{,}8 = 1^2 \cdot 0{,}785 \cdot 4{,}8 = \mathbf{3{,}77}\,\frac{\mathbf{m^3}}{\mathbf{s}} \text{ mit dem Impulssatz.}$$

Mit dem Energiesatz:

$$F_s = D_s^2 \cdot \frac{\pi}{4} \cdot \frac{\varrho}{2} \cdot (c_2^2 - c_1^2) = 1^2 \cdot 0{,}785 \cdot 500 \cdot (c_2^2 - 3{,}33^2)$$

$$c_2 = 6{,}26\frac{m}{s}$$

$$\dot{V} = 3{,}77\frac{m^3}{s}$$

b) **Windrad** (Windturbine, Windkonverter), Abb. 2.34

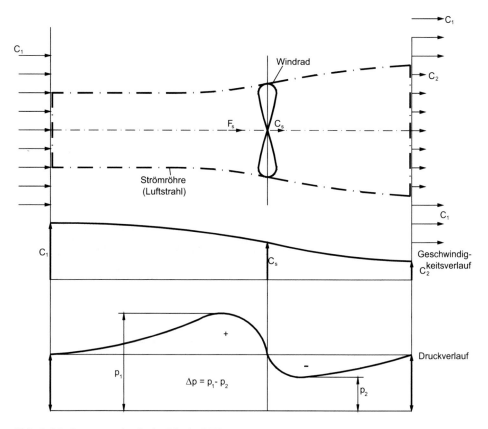

Abb. 2.34 Strömung durch ein Windrad [1]

Gemäß Abb. 2.35 (inkompressibel vorausgesetzt)

- Schub nach dem Energiesatz:

$$\frac{p_1}{\varrho} + \frac{c_1^2}{2} = \frac{p_2}{\varrho} + \frac{c_2^2}{2}; \quad \Delta p = p_1 - p_2 = \frac{\varrho}{2}(c_2^2 - c_1^2)$$

$$F_s = A \cdot \Delta p = D_s^2 \cdot \frac{\pi}{s} \cdot \frac{\varrho}{2} \cdot (c_1^2 - c_2^2) \, (\text{abgeführt})$$

- Schub nach dem Impulssatz ($c_s = \frac{c_1 + c_2}{2}$)

$$F_s = D_s^2 \cdot \frac{\pi}{4} \cdot c_s \cdot \varrho \cdot (c_1 - c_2) = D_s^2 \cdot \frac{\pi}{4} \cdot \frac{\varrho}{2} \cdot (c_1^2 - c_2^2)$$

Auch hier gilt: Energiesatz = Impulssatz

Abb. 2.35 Bestandteile einer
Windkraftanlage

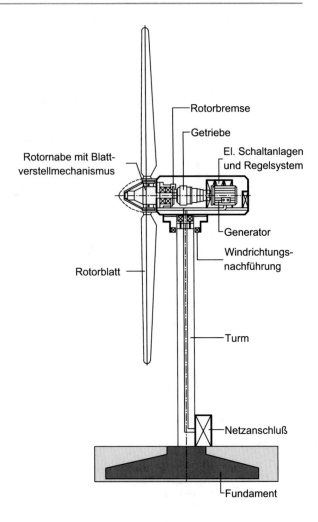

Die theoretische (ideale) Leistung:

$$P_{th} = F_s \cdot c_s = \frac{\dot{m}}{2} \cdot (c_1^2 - c_2^2) \text{ in W}$$

Man erkennt: Die Geschwindigkeiten – Indizes – sind umgekehrt zwischen Arbeits- und Kraftmaschinen bei Absolutwerten.

Der Wind kann bis ca. 60 m/s als inkompressible Strömung angenommen werden.

Die angebotene Windenergie ergibt sich zu:

$$E_{km} = \frac{m}{2} \cdot c_1^2 \text{ bzw. } \dot{E}_{km} = \frac{\dot{m}}{2} \cdot c_1^2 = D^2 \cdot \frac{\pi}{4} \cdot \varrho \cdot \frac{c_1^3}{2}$$

Die theoretisch dem Wind entzogene Leistung wird zu:

$$P_{th} = D^2 \cdot \frac{\pi}{4} \cdot \frac{c_1 + c_2}{2} \cdot \frac{\varrho}{2} \cdot \left(c_1^2 - c_2^2\right)$$

P_{th} wird Null bei $c_1 = c_2$ (Leerlauf)

Nun muss der Wind mit einer gewissen Geschwindigkeit c_2 abströmen, um eine Leistung zu erhalten. Aus obengenannter Gleichung erkennt man, dass die zugeführte oder aufgenommene Leistung von der abströmenden Geschwindigkeit c_2 abhängt:

$P_{th} = f(c_2)$ und mit $\frac{dP_{th}}{dc_2} = 0$ liefert die obengenannte Gleichung die ideale Leistung mit $c_2 = \frac{c_1}{3}$ und damit wird:

$$P_{th} = D^2 \cdot \frac{\pi}{4} \cdot \varrho \cdot c_1^3 \cdot \frac{8}{27} \text{ in W} \tag{2.72}$$

Vergleicht man diese ideale Windradleistung mit der maximalen Arbeitsfähigkeit der angebotenen Windenergie, so ergibt sich der ideale aerodynamische Wirkungsgrad:

$$\eta_{id} = \frac{P_{th}}{\dot{E}_{km}} = \frac{D^2 \cdot \frac{\pi}{4} \cdot \varrho \cdot c_1^3 \cdot \frac{8}{27}}{D^2 \cdot \frac{\pi}{4} \cdot \varrho \cdot \frac{c_1^3}{2}} = \frac{16}{27} = 0{,}5926 \mathrel{\widehat{=}} 59{,}26\,\%$$

Der reale aerodynamische Wirkungsgrad η_e liegt bei $\eta_e \approx 43\,\%$

Resümee: Man kann die Bernoulli-Gleichung auf Freistrahlen anwenden, in Verbindung mit dem Impulssatz.

2.6.1 Kraftwirkungen der Impulsströme

Die Kraftwirkung baut auf den genannten Erhaltungssätzen der Strömungstechnik auf:

- Kontinuitätsgleichung
- Energiesatz
- Impulssatz

a) Kreisbewegung mit konstanter Bahngeschwindigkeit

Die Bahngeschwindigkeit u ist konstant ($\omega = $ konstant), Abb. 2.36, ändert aber ständig die Richtung. Wie bereits festgestellt tritt bei Geschwindigkeitsänderung eine Beschleunigung auf und damit einhergehend eine Kraft. Das Gleiche tritt auf, wenn eine Geschwindigkeit die Richtung ändert. Man nennt diese Kraft, da sie den Körper aus der geradlinigen Bahn gegen das Zentrum des Kreises zieht *Zentripetalkraft* F_{zp}, Abb. 2.37.

In Tangentialrichtung ist die Bewegung gleichförmig (stationär) mit der Umfangsgeschwindigkeit u ($u = r \cdot \omega$). In der Normalrichtung ist die Bewegung durch die konstante Zentripetalkraft F_{zp}, gleichmäßig beschleunigt.

Mit ds anstelle von Δs wird:

Abb. 2.36 konstante
Bahngeschwindigkeit

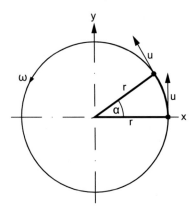

Abb. 2.37 Zentripetalkraft –
Zentrifugalkraft

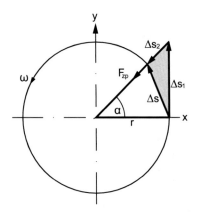

$\mathrm{d}s_1 = u \cdot \mathrm{d}t$ und $\mathrm{d}s_2 = -\frac{1}{2} \cdot a_{zp} \cdot \mathrm{d}t^2$ $((-)$ da nach innen gerichtet

(aus der Mechanik: $s = \frac{a}{2} \cdot t^2$)

und umgestellt:

$$\mathrm{d}s_2 = -\frac{1}{2} \cdot a_{zp} \cdot \frac{\mathrm{d}s_1^2}{u^2}$$

Nach dem Tangenten-Sekantensatz wird:

$$\mathrm{d}s_1^2 = 2 \cdot r \cdot \mathrm{d}s_2 \quad \text{und} \quad \mathrm{d}s_2 = -\frac{1}{2} \cdot a_{zp} \cdot \frac{2 \cdot r \cdot \mathrm{d}s_2}{u^2}$$

und schließlich die Zentripetalbeschleunigung:

$$a_{zp} = -\frac{u^2}{r} \text{bzw} \cdot a_{zp} = -r \cdot \omega^2$$

Die zentripetale Kraft:

$$F_{zp} = -m \cdot \frac{u^2}{r} = m \cdot r \cdot \omega^2 \text{ in N} \qquad (2.73)$$

Zu jeder Kraft gehört (nach Newton-Axiom) eine Gegenkraft. Im vorliegenden Fall die sogenannte Fliehkraft $F_z = -F_{zp}$ oder *Zentrifugalkraft*.

Punkt a) hat seine große Bedeutung in Kap. 3.

Anmerkung: die *ungleichförmige* Kreisbewegung ist die Bahn- oder Tangentialbeschleunigung. Diese tritt beim *Hochfahren* (instationär) oder *Runterfahren* von Strömungsmaschinen auf.

b) **Druckänderung durch die Fliehkraft (Abb. 2.38)**

Bei Rohrkrümmern wirkt *außen* ein größerer Druck als *innen*.
Es gilt: *konstanter Drall*

$$c \cdot r = c \cdot r_m = c_i \cdot r_i = c_a \cdot r_a$$

bei stationärer Strömung.
Anstelle von u (Umfangsgeschwindigkeit) tritt c (Strömungsgeschwindigkeit) auf:

$$
\begin{aligned}
dm &= \varrho \cdot dV = \varrho \cdot A \cdot dr \\
\frac{dF_z}{dA} &= dp = \varrho \cdot \omega^2 \cdot r \cdot dr; \quad \frac{dp}{dr} = \varrho \cdot \omega^2 \cdot r = \varrho \cdot \frac{c^2}{r}
\end{aligned}
\qquad (2.74)
$$

(bei Parallelströmung ist $r = \infty$ und $\frac{dp}{r} = 0$ und der stationäre Druck = konstant)
Die Gl. (2.74) stellt die sogenannte *Krümmungsdruckformel* dar.

Abb. 2.38 Fliehkraft durch Druckänderung

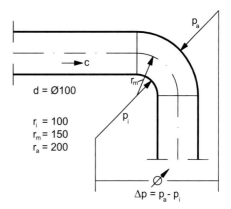

$$d = \varnothing 100$$

$$r_i = 100$$
$$r_m = 150$$
$$r_a = 200$$

$$\Delta p = p_a - p_i$$

Beispiel 2.17

Gegeben: 90°-Bogen, $\varnothing = 100$ mm mit $\dot{V} = 78{,}5\,\dfrac{1}{\text{s}}$ Wasser.

Wie groß ist Δp?

Druckanstieg zwischen r_i und r_a : $\dfrac{dp}{dr} = \varrho \cdot \dfrac{c^2}{r}$

$$c = \frac{\dot{V}}{A} = \frac{0{,}0785}{0{,}1^2 \cdot \dfrac{\pi}{4}} = 10\,\frac{\text{m}}{\text{s}}$$

$$dp = \varrho \cdot \frac{c^2}{r} \cdot dr; \; c \cdot r_\text{m} = 10 \cdot 0{,}15 = 1{,}5 \curvearrowright c = \frac{1{,}5}{r}$$

$$\int_{p_1}^{p_2} dp = \int_{r_1}^{r_\text{a}} \frac{1{,}5^2}{r^2} \cdot \frac{1}{r} \cdot dr = 2250 \cdot \int_{r_1}^{r_\text{a}} r^{-3} \cdot dr;$$

$$p_\text{a} - p_\text{i} = 2250\left[-\tfrac{1}{2} \cdot r^{-2}\right]_{0{,}1}^{0{,}2} = 84.375\text{Pa} = 0{,}844\ \text{bar}$$

(oder nach Bernoulli $\Delta p = \dfrac{\varrho}{2} \cdot \left(c_\text{i}^2 - c_\text{a}^2\right) = 500\left[\left(\dfrac{1{,}5}{0{,}1}\right)^2 - \left(\dfrac{1{,}5}{0{,}2}\right)^2\right] = 0{,}844$ bar)

c) Aktions- und Reaktionskraft

Ein freier Fluidstrahl, der auf eine Wand trifft, übt gegen die Wand eine Kraft aus, die man *Aktionskraft* nennt. Gleichzeitig wirkt eine Kraft entgegengesetzt auf die Düse, aus der der Strahl austritt.

Diese Kraft nennt man *Reaktionskraft* (Aktionskraft = Reaktionskraft) (Abb. 2.39).

$$F_\text{A} = -F_\text{R} = \dot{I}$$
$$F_\text{A} = \dot{m} \cdot c = \dot{V} \cdot \varrho c^2 = A \cdot \varrho \cdot c^2$$
$$\left(c \mathrel{\hat{=}} c_1 \text{ und } c_2 = 0 \text{ gemäß Gleichung 2.71}\right)$$

Beispiel 2.18 (Abb. 2.40, 2.41, 2.42 und 2.43)

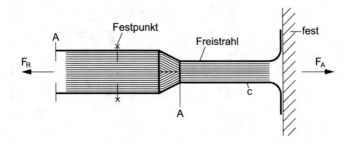

Abb. 2.39 Aktions- bzw. Reaktionskraft

Gesucht ist die Stoßdruckkraft eines Wasserstrahls (z. B. Feuerwehrschlauch), der aus einer
Düse von 40 mm ∅ mit einer Geschwindigkeit von $c = 25$ m/s austritt und senkrecht auf
die Wand trifft. Wie groß ist die Reaktionskraft (Rückstoßkraft), die z. B. der Feuerwehr-
mann aufbringen muss?

Abb. 2.40 Fluidstrahl auf eine
geneigte Wand

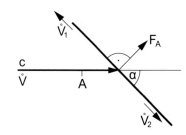

Abb. 2.41 Fluidstrahl auf eine
geknickte Wand

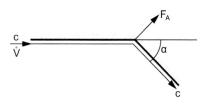

Abb. 2.42 Fluidstrahl auf eine
gewölbte Wand

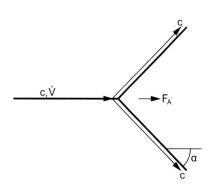

Abb. 2.43 Fluidstrahl auf eine
hohle Wand

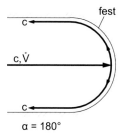

$$F_A = -F_R = A \cdot \varrho \cdot c^2 = 0{,}04^2 \cdot \frac{\pi}{4} \cdot 1000 \cdot 25^2 = \mathbf{785 \ N}$$

(Bei Luft wäre $F_A = -F_R = 0{,}942$ N).
Die Varianten (Abb. 2.40):

$$F_A = \dot{m} \cdot c \cdot \sin \alpha$$

$$\frac{\dot{V}_1}{\dot{V}} = \frac{1 - \cos \alpha}{2} ; \ \frac{\dot{V}_2}{\dot{V}} = \frac{1 + \cos \alpha}{2} ;$$

(Abb. 2.41)

$$F_{A-x} = \dot{m} \cdot c \cdot (1 - \cos \alpha)$$

$$F_{A-y} = \dot{m} \cdot c \cdot \sin \alpha$$

$$\text{mit } 1 - \cos \alpha = 2 \cdot \sin^2 \frac{\alpha}{2} \ \text{wird}$$

$$F_A = 2 \cdot \dot{m} \cdot c \cdot \sin \frac{\alpha}{2}$$

(Abb. 2.42)

$$F_A = \dot{m} \cdot c \cdot (1 - \cos \alpha)$$

- Ist die Fläche gegen Strahl erhaben $\alpha < 90°$, so wird F_A kleiner als bei einer ebenen Platte oder Wand. Ist die Fläche dagegen hohl, so wird $\cos\alpha$ negativ und damit F_A größer als bei einer ebenen Platte (Abb. 2.43).

$$F = F_A + F_R$$

$$F = \dot{m} \cdot c \cdot (1 - \cos \alpha) = \dot{m} \cdot c \cdot 2$$

Bewegt sich die Platte mit der Geschwindigkeit u im Beispiel 2.18, so kommt für die Berechnung der Aktionskraft (Stoßkraft) die relative Auftreffgeschwindigkeit in Ansatz:

$$F_A = \dot{m} (c - u) = \dot{V} \cdot \varrho \cdot (c - u) = A \cdot c \cdot \varrho \cdot (c - u)$$

so wird die Leistung der Stoßkraft zu (Abb. 2.44):

$$P_A = F_A \cdot u = \dot{m} (c - u) \cdot u = \dot{V} \cdot \varrho \cdot \left(c \cdot u - u^2 \right)$$

$$\frac{dP}{du} = 0 = \dot{V} \cdot \varrho \cdot c - \dot{V} \cdot \varrho \cdot 2 \cdot u$$

$$u = \frac{c}{2}$$

sodass die maximale Leistung:

$$p_{max} = \dot{m} \left(\frac{c^2}{2} - \frac{c^2}{4} \right) = \dot{m} \cdot \frac{c^2}{4} \text{ ist.}$$

Abb. 2.44 Die Funktion
Stoßkraft zur Strahl- und
Umfangsgeschwindigkeit

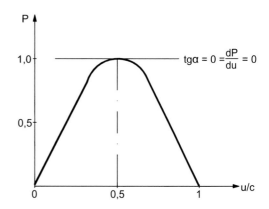

Abb. 2.45 Schaufel einer
Peltonturbiene

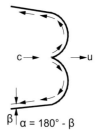

   Das Vorgenannte wird bei der sogenannten *Freistrahlturbine* (Pelton-Turbine) angewendet:

   Der aus der Düse austretende Wasserstrahl trifft aus becherförmige Schaufeln, die
gleichmäßig auf dem Umfang einer drehbaren gelagerten Scheibe verteilt sind (s. Kap. 3).
Der auftreffende Freistrahl wird durch eine scharfe Schneide in zwei gleiche Teile aufge-
spalten, die um nahezu 180° umgelenkt werden. Der austretende Strahl erhält den kleinen
Neigungswinkel β nach außen, damit er nicht gegen die Rückseite der folgenden Schaufel
stößt (Abb. 2.45)

   Die Schaufeln bewegen sich mit der Geschwindigkeit u in Richtung des Strahls. Für die
Berechnung kommt daher nur die relative Auftreffgeschwindigkeit $(c - u)$ in Betracht.

   Mit $\alpha = 180° - \beta$ wird dann:

$$F = \dot{m}\,(c - u)[1 - \cos(180° - \beta)] = \dot{m}\,(c - u)(1 + \cos\beta)$$

und

$$P_{\text{th}} = F \cdot u = \dot{m}\,(c - u) \cdot u(1 + \cos\beta)$$

und mit $u = \frac{c}{2}$ wird $P_{\text{th}}^{\max}$.

Beispiel 2.19

Eine Pelton-Turbine mit folgenden Daten: Laufrad $D = 860$ mm, $n = 390$ min^{-1}, Düse

$d = 80$ mm, $\dot{V} = 0{,}21 \dfrac{\text{m}^3}{\text{s}}$ $\beta = 5\,°$.

a) Strahlgeschwindigkeit

$$c = \frac{\dot{V}}{A} = \frac{0{,}21}{0{,}08^2 \cdot \frac{\pi}{4}} = \mathbf{41{,}8\frac{m}{s}}$$

Radumfangsgeschwindigkeit:

$$u = r \cdot \omega = r \cdot 2\pi \cdot f = r \cdot 2\pi \cdot \frac{n}{60} = 2 \cdot 0{,}43 \cdot 3{,}14 \cdot \frac{390}{60} = \mathbf{17{,}6\frac{m}{s}}$$

b) Die am Rad angreifende Kraft:

$$F_u = m(c - u)(1 + \cos\beta) = \dot{V} \cdot \varrho \cdot (c - u)(1 + \cos\beta)$$
$$= 0{,}21.1000(41{,}8 - 17{,}6)(1 + \cos 5°) = \mathbf{10{,}144 \ kN}$$

c) Turbinenleistung

$$P_h = F_u \cdot u = 10{,}144 \cdot 17{,}6 = \mathbf{178{,}53\,kW}$$

und mit $u = \frac{c}{2}$ wird: $u = \frac{41{,}8}{2} = 20{,}9\ \frac{m}{s}$

$$P_{\text{th}}^{\text{max}} = 0{,}21 \cdot 1000 \cdot (41{,}8 - 20{,}9)\left(1 + \cos 5°\right) \cdot 20{,}9 = \mathbf{183{,}11 \ kW}$$

Die *Aktions- und Reaktionskräfte* spielen bei den Kraft- und Arbeitsmaschinen eine wichtige Rolle.

Beispiel 2.20 (Abb. 2.46)

Rohrbogen $90°$, $p_{\ddot{u}} = 4$ bar(ü), $\dot{V} = 300\dfrac{1}{s}$, $c_1 = c_2 = \dfrac{0{,}3}{0{,}2^2\frac{\pi}{4}} = \mathbf{9{,}55\frac{m}{s}}$

a) Aktions-/Reaktionskraft:

$$-F_R = F_A = \left[(\dot{m} \cdot c_1 + p_{1\ddot{u}} \cdot A_1) \cdot \sin\alpha\right] + \left[(\dot{m} \cdot c_2 + p_{2\ddot{u}} \cdot A_2) \cdot \sin\alpha\right]$$

mit $\dot{m} = \dot{V} \cdot \varrho = 0{,}3 \cdot 1000 = 300\dfrac{\text{kg}}{\text{s}}$ ergibt sich:

$$= 2 \cdot 0{,}707 \cdot \left(300 \cdot 9{,}55 + 4 \cdot 10^5 \cdot 0{,}2^2 \cdot \frac{\pi}{4}\right) = \mathbf{21{,}8\,kN}$$

Abb. 2.46 Beispiel 2.20

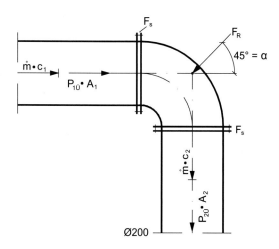

b) Schraubenkraft

$$F_s = F_A \cdot \sin\alpha = 21{,}8 \cdot 0{,}707 = \mathbf{15{,}41\ kN}$$

Beispiel 2.21

Für den Krümmer im Beispiel 2.17 bei $p = 6$ bar(ü) wird gesucht:

a) die resultierende Impulskraft F_i zu:

$$F_i = \left(\dot{m} \cdot c \cdot \sin 45°\right) + \left(\dot{m} \cdot c \cdot \sin 45°\right) = 2 \cdot 0{,}707 \cdot 0{,}0785 \cdot 1000 \cdot 10 = \mathbf{1110\ N}$$

b) die resultierende Druckkraft zu:

$$F_p = \left(A_1 \cdot p_1 \cdot \sin 45°\right) + \left(A_2 \cdot p_2 \cdot \sin 45°\right) = 2 \cdot 0{,}1^2 \cdot \frac{\pi}{4} \cdot 6 \cdot 10^5 \cdot 0{,}707 = \mathbf{6660\ N}$$

c) die resultierende Gesamtkraft des strömenden Wassers auf die Krümmungswand:

$$F = F_i + F_p = 1110 + 6660 = \mathbf{7770\,N}$$

Die Druckkräfte sind erheblich höher als die Impulskräfte.

So wie man Energie- und Druckbilanzen aufstellen kann $\left(p_1 + \dfrac{\varrho}{2} \cdot c_1^2 = p_2 + \dfrac{\varrho}{2} \cdot c_2 + \Delta p_v\right)$, lässt sich analog auch eine *Kraftbilanz* aufstellen (z. B. für den Festpunkt):

$A_1 \cdot p_1 + \dot{m} \cdot c_1 \qquad\qquad -F= \qquad\qquad A_2 \cdot p_2 + \dot{m} \cdot c_2; \qquad\qquad (-F) \text{ bei } 1 > 2$
$$(+F) \text{ bei } 1 < 2$$

Die eindrucksvollste Anwendung des Impulssatzes sind die Schubkraftantriebe:

- Flugzeugantriebe
- Turbo- und Luftstrahltriebwerke
- Raketen

a) Luftstrahltriebwerk (Gasturbine) (Abb. 2.47):

$$F_s = \dot{m}_G \cdot c_2 - \dot{m}_L \cdot c_1;$$

$\dot{m}_G = \dot{m}_L + \dot{m}_B$ (Gemisch aus Luft und kleinem Kraftstoffmassenstrom)
Da der Kraftstoffmassenstrom $\dot{m}_B \ll \dot{m}_L$ ist, gilt:
$F_s \approx m_L(c_2 - c_1)$; $c_1 =$ Fluggeschwindigkeit

b) Raketentriebwerk (Abb. 2.48):

$$F_s = \dot{m}_G \cdot c$$

Der Raketenschub hängt also im Gegensatz zum Schub des Luftstrahltriebwerks nicht von der Fluggeschwindigkeit ab, sondern nur von der Impulskraft (Reaktions- oder Rückstoßkraft) des austretenden Gasstrahls $\dot{m}_G$:

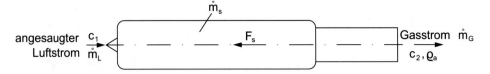

Abb. 2.47 Luftstrahltriebwerk

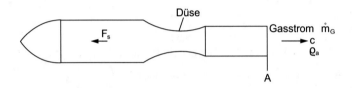

Abb. 2.48 Raketentriebwerk

$$\dot{m}_G = \varrho_G \cdot \dot{V}_G$$

und $F_s = p_G \cdot \dot{V}_G \cdot c = A \cdot c \cdot \varrho_G \cdot c = \varrho_G \cdot A \cdot c^2.$

Literatur

1. Weber, G.: Thermodynamik der Energiesysteme. VDE, Berlin/Offenbach (2005)

Strömungsmaschinen

3

Wie bereits eingangs erwähnt, wird in einer Strömungsmaschine an ein strömendes Fluid entweder a) **Arbeit übertragen** und ihm dadurch **Energie zugeführt**; dann handelt es sich um eine **Arbeitsmaschine** oder b) dem strömenden Fluid wird **Energie entzogen** und in **mechanische Arbeit** umgewandelt; dann handelt es sich um eine **Kraftmaschine**. An der Welle wird also Arbeit (= Energie bzw. Leistung) zu- oder abgeführt.

Strömungsarbeitsmaschine:	**Strömungskraftmaschine:**

• Verdichter (Ventilatoren)
• Pumpen
• Propeller
	• Wasserturbine
	• Windturbine
	• thermische Turbinen:
	   – Dampfturbine
	   – Gasturbine

Grundsätzlich könnte man jede *Kraftmaschine* durch Umkehr der Strömungs- und Drehrichtung zu einer *Arbeitsmaschine* machen (außer der Wasser-Freistrahl-Turbine). Der Wirkungsgrad hierbei wäre jedoch schlecht, da in den umgekehrt durchströmten Kanälen zu starke Erweiterung und daher Strömungsablösung erfolgt. Mit kleinen Verlusten könnte umgekehrt eine *Arbeitsmaschine* als *Kraftmaschine* laufen. Angewendet wird dies bei *Pumpenturbinen* für Speicherkraftwerke, wenn ein schlechterer Gesamtwirkungsgrad in Kauf genommen wird. Denn Francis-Laufräder können grundsätzlich als Pumpenlaufrad eingesetzt werden. Bei diesem Kompromiss des Gesamtwirkungsgrads ist der große Vorteil der geringere Bauaufwand.

Die Energieträger der Strömungsmaschine sind:

- Gase und Dämpfe bei thermischen Strömungsmaschinen
- Wasser bei hydraulischen Strömungsmaschinen
- Luft bei Windturbinen, Propellern, etc.

© Springer Fachmedien Wiesbaden GmbH, ein Teil von Springer Nature 2019
G. Weber, *Strömungs- und Kolbenmaschinen im Anlagenbau*,
https://doi.org/10.1007/978-3-658-24112-4_3

Die Hauptbetriebsdaten einer Strömungsmaschine sind:

- Massenstrom $\dot{m}$ in kg/s
- Volumenstrom $\dot{V}$ in m³/s
- spezifische Stutzenarbeit Y in J/kg
- Leistung P in W
- Wirkungsgrad η
- Drehzahl n in min^{-1}

3.1 Energieumsetzung im Laufrad (Abb. 3.1)

3.1.1 Drehimpuls (Drall)

Der in Abschn. 2.6 hergeleitete Impulssatz enthält die Dichte als freie Zustandsvariable und ist somit uneingeschränkt anwendbar für inkompressible und kompressible Fluide.

Ebenso hat der *Drallsatz* für inkompressible und kompressible Fluide und Strömungen Gültigkeit.

Die Leistungsentnahme (Kraftmaschine) bzw. die Leistungszuführung (Arbeitsmaschine) bei den Beispielen Propeller und Windrad (Abb. 2.33 und 2.34) mittels Energiesatz und Impulssatz ist eine Methode der Leistungsberechnung einer Strömungsmaschine.

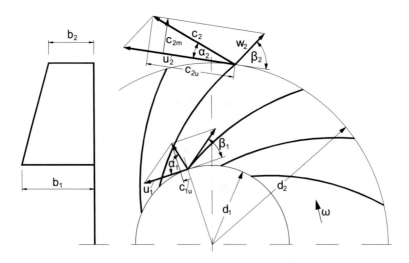

Abb. 3.1 Laufrad einer Arbeitsmaschine, Fluid-Ein- und Austritt einer Radialmaschine [1]

a) Energiesatz der Arbeitsmaschine

$$\frac{c_1^2}{2} + \frac{p_1}{\varrho} + \frac{\Delta p_t}{\varrho} = \frac{c_2^2}{2} + \frac{p_2}{\varrho}$$

$$\Delta p_t = (p_2 - p_1) + \frac{\varrho}{2} \cdot \left(c_2^2 - c_1^2\right) \text{ in Pa}$$

Δp_t = totale Druckerhöhung ($\hat{=}$ Antrieb)

b) Energiesatz der Kraftmaschine

$$\frac{c_1^2}{2} + \frac{p_1}{\varrho} = \frac{c_2^2}{2} + \frac{p_2}{\varrho} + \frac{\Delta p_t}{\varrho}; \quad \frac{\Delta p_t}{\varrho} = \text{spezifische Nutzenergie}$$

$$\frac{c_1^2}{2} + \frac{p_1}{\varrho} = \frac{c_2^2}{2} + \frac{p_2}{\varrho} + \frac{\Delta p_t}{\varrho}$$

Andererseits ist die Leistungsberechnung mit einer **Dralländerung** verbunden, z. B. das aufgezeigte Windrad mit **drallfreier** Zuströmung, (Abb. 3.2) und **drallbehafteter** Abströmung (Abb. 3.3).

Für die gesamte Energieumsetzung ist nach dem Impulssatz **nur** der Eintritt und der Austritt aus der ganzen Beschaufelung maßgebend:

$$P_{KM} = \dot{m} \left[\left(\frac{p_1}{\varrho} + \frac{c_1^2}{2}\right) - \left(\frac{p_2}{\varrho} + \frac{c_2^2}{2}\right) \right] \text{ bzw. } P_{AM} = \dot{m} \left[\left(\frac{p_2}{\varrho} + \frac{c_2^2}{2}\right) - \left(\frac{p_1}{\varrho} + \frac{c_1^2}{2}\right) \right]$$

P_{KM} = Kraftmaschine $\qquad\qquad\qquad\qquad\qquad P_{AM}$ = Arbeitsmaschine

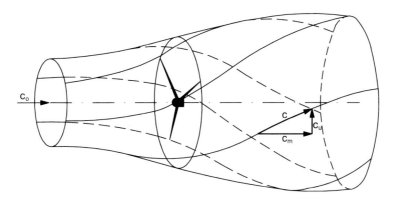

Abb. 3.2 Windraddurchströmung

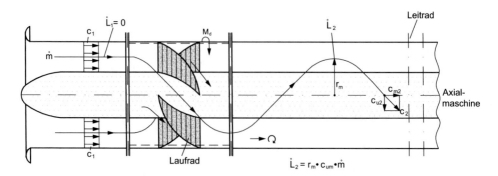

Abb. 3.3 Anschauliche Darstellung zum Drallbegriff (Axialmaschine ohne Leitrad) [4]

$$z_1, z_2 \text{ entfällt}$$

Anknüpfend an die *Kreisbewegung mit konstanter Bahngeschwindigkeit* in Abschn. 2.6 mit der Gl. (2.73) und dem Impulssatz $F = \dot{m}(c_1 - c_2)$ für die Kraftmaschine und $F = \dot{m}(c_2 - c_1)$ für die Arbeitsmaschine ist analog der Drehimpuls:

$$L = I \cdot r$$

und anstelle von c tritt c_u (Umfangskomponente), die im rechten Winkel angreifende Geschwindigkeit am Rad (Abb. 3.1). Die Umfangskomponente c_u ist die mitentscheidende Geschwindigkeit für die Leistungen.

$L = m \cdot c_u \cdot r = V \cdot \varrho \cdot c_u \cdot r$ (mit der Analogie $m \cdot c_u = I$)

$\dfrac{dL}{dt} = \dot{m} \cdot c_u \cdot r = M$ (Drehmoment)

$dM = d\left(\dfrac{d(m \cdot c_u \cdot r)}{dt}\right) = d\left(c_u \cdot r \cdot \dfrac{dm}{dt} + m \cdot \dfrac{dc_u \cdot r}{dt}\right)$; bei stationären Strömungen wird

$m \cdot \dfrac{dc_u \cdot r}{dt} = 0$

Anmerkung: Die Ein- und Austrittsquerschnitte müssen so weit von den Schaufeln entfernt liegen, dass die instationären Geschwindigkeitsanteile abgeklungen sind, sonst müsste mit zeitlichen Mittelwerten gerechnet werden.

$$M_{AM} = \int\limits_1^2 d\left(c_u \cdot r \cdot \frac{dm}{dt}\right) = \dot{m} \cdot (r_2 \cdot c_{u_2} - r_1 \cdot c_{u_1}) \text{ in Nm} \qquad (3.1)$$

M_{AM} = Drehmoment für die Arbeitsmaschine (Abb. 3.1)

$$M_{\text{KM}} = \int\limits_2^1 d\left(c_{\text{u}} \cdot r \cdot \frac{dm}{dt}\right) = \dot{m} \cdot (r_1 \cdot c_{\text{u}_1} - r_2 \cdot c_{\text{u}_2}) \text{ in Nm} \qquad (3.2)$$

und die theoretische Leistung:

$$P_{\text{th}} = M_{\text{AM}} \cdot \omega = \dot{m} \cdot \omega \cdot (r_2 \cdot c_{\text{u}_2} - r_1 \cdot c_{\text{u}_1}) \text{ in W bei Arbeitsmaschinen} \qquad (3.3)$$

bzw.:

$$P_{\text{th}} = M_{\text{KM}} \cdot \omega = \dot{m} \cdot \omega \cdot (r_1 \cdot c_{\text{u}_1} - r_2 \cdot c_{\text{u}_2}) \text{ in W bei Kraftmaschinen} \qquad (3.4)$$

$\omega = 2\pi \cdot f$ in s^{-1}

Nimmt man die Radumfangsgeschwindigkeit
$u = r \cdot \omega$, so werden die Gl. (3.3) und (3.4) zu:

$$P_{\text{th}} = \dot{m} \cdot (c_{\text{u}_2} \cdot u_2 - c_{\text{u}_1} \cdot u_1) \text{ bzw. } P_{\text{th}} = \dot{m} \cdot (c_{\text{u}_1} \cdot u_1 - c_{\text{u}_2} \cdot u_2) \qquad (3.5)$$

Bei axialen Strömungsmaschinen ist $r_1 = r_2 = r$ und

$$P_{\text{th}} = \dot{m} \cdot \omega \cdot r \cdot (c_{\text{u}_2} - c_{\text{u}_1}) \text{ bzw. } P_{\text{th}} = \dot{m} \cdot \omega \cdot r \cdot (c_{\text{u}_1} - c_{\text{u}_2}) \qquad (3.6)$$

Man strebt bei Arbeitsmaschinen $c_{\text{u}_1} = 0$ (stoßfreier Eintritt) an, d. h. drallfreie Anströmung und bei Kraftmaschinen $c_{\text{u}_2} = 0$ (stoßfreier Austritt) an, d. h. drallfreie Abströmung. Dadurch werden die maximalen bzw. minimalen Leistungen erzielt.

Man kann die zugeführten bzw. abgeführten Leistungen (verlustfrei) als Um-
wandlungsvarianten von:

$$P_{\text{th}} = F_{\text{s}} \cdot c_{\text{s}} \quad = \quad A \cdot \Delta p \cdot c_{\text{s}} \quad = \quad M \cdot \omega$$

sehen.

Gl. (3.5) wird als 1. Ausdrucksform der *EULER'SCHEN Strömungsmaschinen-
Hauptgleichung* bezeichnet. Sie lässt sich ganz allgemein formulieren als: ($Y_{\text{th}} = w_{\text{t}}^{\text{th}} =$
spezifische technische Arbeit)

$$Y_{\text{th}} = \pm\Delta(u \cdot c_{\text{u}}); \quad Y_{\text{th}}^{\text{AM}} = (c_{\text{u}_2} \cdot u_2 - c_{\text{u}_1} \cdot u_1) \qquad (3.7)$$

In der Darstellung der Geschwindigkeitspläne in Abb. 3.1 bedeuten:

c = Absolutgeschwindigkeit,
u = Umfangsgeschwindigkeit,
w = Relativgeschwindigkeit,
c_m = Meridiangeschwindigkeit.

Durch Umformung der geometrischen Beziehungen lässt sich die 2. Ausdrucksform der *Euler'schen Strömungsmaschinen-Hauptgleichung* darstellen.

Für die Arbeitsmaschinen gilt:

$$Y_{th} = \frac{1}{2} \left[\left(u_2^2 - u_1^2 \right) + \left(c_2^2 - c_1^2 \right) + \left(w_1^2 - w_2^2 \right) \right] \tag{3.8}$$

Das Gleiche gilt für Kraftmaschinen, jedoch mit umgekehrten Indizes.

Der 1. Ausdruck $\left(u_2^2 - u_1^2 \right)$ bzw. $\left(u_1^2 - u_2^2 \right)$ ist die Energieumsetzung durch die **Fliehkräfte** (Zentrifugalkräfte), der 2. Term $\left(c_2^2 - c_1^2 \right)$ bzw. $\left(c_1^2 - c_2^2 \right)$ ist die **kinetische Energie** der Absolutströmung und der 3. Term $\left(w_1^2 - w_2^2 \right)$ bzw. $\left(w_2^2 - w_1^2 \right)$ für die Energieumsetzung durch **Beschleunigung** bzw. **Verzögerung** der **Relativströmung** steht.

Bei Radialströmungsmaschinen wird – zur Erzielung hoher Stutzenarbeiten Y – das Laufrad für Arbeitsmaschinen ($u_2 > u_1$) zentrifugal und bei Kraftmaschinen ($u_1 > u_2$) zentripetal durchströmt.

Für Arbeitsmaschinen (Kreiselpumpen, Turbokompressoren, Ventilatoren) ist der Ausdruck:

$\frac{\varrho}{2} \cdot \left[\left(u_2^2 - u_1^2 \right) + \left(w_1^2 - w_2^2 \right) \right]$ die **statische Druckerhöhung** (oder **Spaltdruck**) (Abb. 3.4).

Nachstehend die 2. Form der EULER-Gleichung für Arbeitsmaschinen:

$$w_2^2 = u_2^2 + c_2^2 - 2u_2 \cdot c_2 \cdot cos\,\alpha_2$$

$$c_2 \cdot \cos \alpha_2 = c_{u_2}$$

$$w_2^2 = u_2^2 + c_2^2 - 2u_2 \cdot c_{u_2}$$

$$c_{u_2} = \frac{u_2^2 + c_2^2 - w_2^2}{2u_2}$$

$$w_1^2 = u_1^2 + c_1^2 - 2 \cdot u_1 \cdot c_1 \cdot \cos \alpha_1; \quad c_1 \cdot \cos \alpha_1 = c_{u_1};$$

$$w_1^2 = u_1^2 + c_1^2 - 2 \cdot u_1 \cdot c_{u_1}; \quad c_{u_1} = \frac{u_1^2 + c_1^2 - w_1^2}{2u_1};$$

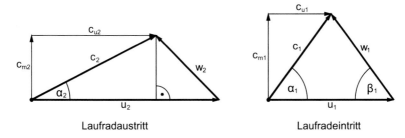

Abb. 3.4 Geschwindigkeitsdreiecke

eingesetzt in Gl. (3.7):

$$Y_{th} = \left(\frac{u_2^2 + c_2^2 - w_2^2}{2u_2} \cdot u_2 - \frac{u_1^2 + c_1^2 - w_1^2}{2u_1} \cdot u_1 \right) \text{ergibt:}$$

$$Y_{th} = \frac{1}{2} \left[\left(u_2^2 - u_1^2 \right) + \left(c_2^2 - c_1^2 \right) + \left(w_1^2 - w_2^2 \right) \right]$$

3.1.2   Zirkulationsströmung um die Laufschaufel

Ein Strömungsphänomen (Magnus Effekt):

Überlagert man einer reibungslosen Parallelströmung um einen Kreiszylinder eine konzentrische **Zirkulationsströmung** um den Zylinder in Form eines **Potenzialwirbels**, kombinieren sich die beiden Strömungen zu einer unsymmetrischen Strömung, die eine ungleichförmige Druckverteilung um den Zylinder und damit eine Querkraft hervorruft, die man als **Auftriebskraft** F_A bezeichnet (Abb. 3.5).

Auf das Wirbelgebiet ist die Energiegleichung anwendbar: $g \cdot z + \frac{p}{\varrho} + \frac{u^2}{2} =$ konstant

Die vorgenannte Einführung diente zum Verständnis der Auftriebskraft F_A an Strömungsmaschinen-Schaufeln. Diese Schaufeln sind in der Regel ebene oder leicht gekrümmte, stromlinienförmig schlanke Körper, bei deren Umströmung dynamische Auftriebskräfte entstehen (Abb. 3.6).

Gemäß Abb. 3.6 heben sich Zirkulationsanteile längs $\overline{BC}$ und $\overline{DA}$ auf, es verbleiben die Anteile $\overline{AB}$ und $\overline{CD}$.

Anteil AB: $\displaystyle\int_A^B c_{u_1} \cdot t_1$

Anteil CD: $\displaystyle\int_C^D c_{u_2} \cdot t_2$

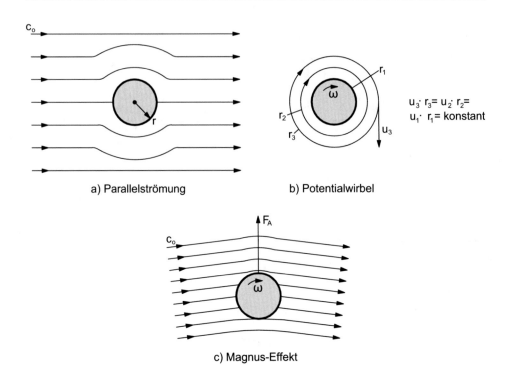

a) Parallelströmung   b) Potentialwirbel

c) Magnus-Effekt

Abb. 3.5 Zylinder in überlagerter Strömung aus Potenzialwirbel und Parallelströmung

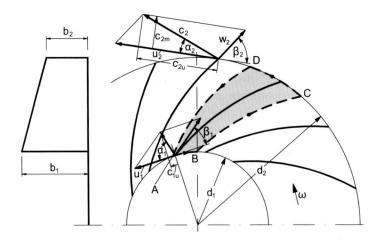

Abb. 3.6 Zur Erklärung der Schaufelzirkulation [1]

Die Schaufelzirkulation beträgt:

$$\Gamma_{sch} = c_{u_2} \cdot t_2 - c_{u_1} \cdot t_1 \text{ und mit } z \text{ Schaufeln } \Gamma = z \cdot \Gamma_{sch}$$

Setzt man $z \cdot t_2 = 2\pi \cdot r_2$ und $z \cdot t_1 = 2\pi \cdot r_1$, so wird

und
$$\Gamma = 2\pi(r_2 \cdot c_{u_2} - r_1 \cdot c_{u_1}) = 2\pi \cdot \frac{M_{AM}}{\dot{m}}$$

$$M_{AM} = \frac{\Gamma \cdot \dot{m}}{2\pi}; \text{ und } P_{th} = M_{AM} \cdot \omega = \dot{m} \cdot Y_{th} = \frac{\Gamma \cdot \dot{m} \cdot \omega}{2\pi}$$

Daraus wird die 3. Form der Euler'schen Gleichung abgeleitet:

$$Y_{th} = \frac{\Gamma \cdot \omega}{2\pi} = \frac{z \cdot \Gamma_{sch} \cdot \omega}{2\pi} = w_t \qquad (3.9)$$

Die gleiche Schreibweise gilt für Kraftmaschinen. Man kann auch die Zirkulation der Schaufel durch die Auftriebskraft F_{Asch} ausdrücken:

$$F_{Asch} = \varrho \cdot w \cdot b \cdot \Gamma_{sch} \qquad (3.10)$$

$w = $ (geometrisches Mittel aus w_1 und w_2)= $\sqrt{w_1 \cdot w_2}$
$b = $ Schaufelbreite (auch als Schaufelhöhe bezeichnet)
$\varrho = $ Dichte

Von grundlegender Bedeutung ist die Kenntnis der Strömungs- und Kraftverhältnisse für die **Tragflügel** der Flugzeuge (Abb. 3.7).
    Index $o \stackrel{\wedge}{=} $ oben
$u \stackrel{\wedge}{=} $ unten
    Bei der unsymmetrischen Umströmung des Tragflügels überlagert sich eine Parallelströmung mit der Zirkulationsströmung, sodass an der Flügeloberseite (Saugseite) eine höhere Geschwindigkeit als an der Unterseite des Flügels entsteht.

Abb. 3.7 Tragflügel

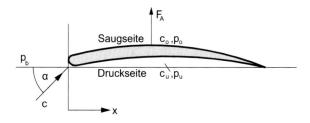

Nach Bernoulli:

$$\frac{p_o}{\varrho} + \frac{c_o^2}{2} = \frac{p_u}{\varrho} + \frac{c_u^2}{2}; \quad c_o > c_u \,\curvearrowright\, p_u > p_o$$

und $\Delta p = p_u - p_o = \frac{\varrho}{2}\left(c_o^2 - c_u^2\right)$ und $F_A = \Delta p \cdot A_{\text{Flügel}}$

Die allgemeine Auftriebskraft F_A bei Flugzeugen ist:

$$F_A = c_a \cdot \frac{\varrho}{2} \cdot c^2 \cdot A_{\text{Flügel}}$$

$c_a =$ dimensionsloser Auftriebsbeiwert, berücksichtigt die Profilform, Reibung, Anstell-
winkel α, Reynoldszahl Re. etc.

$c =$ Windgeschwindigkeit

Diese **Umströmung** als Überlagerung von *Potenzialströmungen* (parallele Strömungen)
und *Potenzialwirbeln* (Zirkulationsströmungen) wird von den Tragflügeln der Flugzeuge
ausgenutzt, indem die Auftriebskraft nach oben wirkt, während die Auftriebskraft bei den
Strömungsmaschinen ein Drehmoment bewirkt.

3.2   Kennzahlen

Die Kennzahlen der Strömungsmaschine basieren auf den Gesetzen der Ähnlichkeitsmechanik.
Sie sind dimensionslos und verknüpfen die wichtigsten Betriebsdaten der Maschine.

Nachstehend die wichtigsten Kennzahlen zur Charakterisierung des Betriebsverhaltens
und zur Darstellung der Kennfelder:

- **Durchflusszahl** φ (oder Lieferzahl oder Volumenzahl)

$$\varphi = \frac{Volumenstrom}{Laufradscheibenfläche \times Umfangsgeschwindigkeit} = \frac{\dot{V}}{D^2 \cdot \frac{\pi}{4} \cdot u}$$

$$= \frac{\dot{V}}{D^2 \cdot \frac{\pi}{4} \cdot D \cdot \pi \cdot M} = \frac{4 \cdot \dot{V}}{D^3 \cdot \pi^2 \cdot n} \tag{3.11}$$

$D =$ Laufradaußendurchmesser des Radial- oder Axiallaufrads in m
$n =$ Drehzahl in s^{-1}
$\dot{V} =$ Volumenstrom

- **Druckzahl** ψ

$$\psi = \frac{Y}{\frac{u^2}{2}} = \frac{2Y}{D^2 \cdot \pi^2 \cdot n^2} = \frac{\Delta p}{\frac{\varrho}{2} \cdot u^2}; \tag{3.12}$$

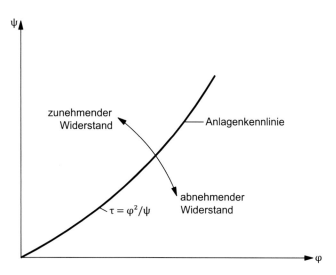

Abb. 3.8 Anlagenkennlinie

Y = spezifische Stutzenarbeit in m²/s² = J/kg =w_t

$$Y = \frac{\Delta p}{\varrho}$$

Δp = Totaldruckerhöhung in Pa

ϱ = Dichte in kg/m³

u = Umfangsgeschwindigkeit in m/s

$\frac{\varrho}{2} \cdot u^2$ = Staudruck

- **Drosselzahl τ**
  Die Anlagenkennlinie (Abb. 3.8) oder Widerstandskennlinie ist in der Regel eine Parabel, deren Steilheit durch die Drosselzahl τ bestimmt wird:

$$\tau = \frac{\varphi^2}{\psi} \tag{3.13}$$

$$\Delta p = S \cdot \dot{V}^2$$

Δp = Druckverlust der Anlage

S = Systemkonstante

- **Leistungszahl λ**
  $\lambda = \varphi \cdot \psi \cdot \eta$ für Kraftmaschinen
  $\lambda = \frac{\varphi \cdot \psi}{\eta}$ für Arbeitsmaschinen

η = Wirkungsgrad

Nimmt man $P = \dot{m} \cdot Y \cdot \eta$ bzw. $\dfrac{\dot{m} \cdot Y}{\eta}$; $\dot{m} = \dot{V} \cdot \varrho$; ergibt sich:

$$\lambda = \frac{8 \cdot P}{u^3 \cdot D^2 \cdot \pi \cdot \varrho} = \frac{8 \cdot P}{D^5 \cdot n^3 \cdot \pi^4 \cdot \varrho} \tag{3.14}$$

$$P \sim D^5 \cdot n^3$$

- **Laufzahl** σ (auch Schnelllaufzahl genannt)
  Nimmt man die Gleichung φ und ψ und stellt auf D um und danach Gleichsetzen von D ergibt sich:

$$\frac{\left(4 \cdot \dot{V}\right)^{\frac{1}{3}}}{\pi^{\frac{2}{3}} \cdot \varphi^{\frac{1}{3}} \cdot n^{\frac{1}{3}}} = \frac{(2Y)^{\frac{1}{2}}}{\pi \cdot n \cdot \psi^{\frac{1}{2}}}$$

$$n = \frac{(2Y)^{\frac{3}{4}} \cdot \varphi^{\frac{1}{2}} \cdot 1}{\left(4 \cdot \dot{V}\right)^{\frac{1}{2}} \cdot \psi^{\frac{3}{4}} \cdot \pi^{\frac{1}{2}}}$$

Der Ausdruck $\dfrac{\varphi^{\frac{1}{2}}}{\psi^{\frac{3}{4}}}$ ist eine dimensionslose Kennzahl, die man als **Laufzahl** σ bezeichnet.

$$n = \sigma \frac{(2Y)^{\frac{3}{4}}}{\left(4 \cdot \dot{V}\right)^{\frac{1}{2}} \cdot \pi^{\frac{1}{2}}}$$

und

$$\sigma = n \cdot \frac{2 \cdot \sqrt{\dot{V}} \cdot \sqrt{\pi}}{(2Y)^{\frac{3}{4}}} \tag{3.15}$$

- **spezifische Drehzahl** n_q (früher Schnell-Läufigkeit)
  Bei den inkompressiblen Fluiden ist noch der Begriff der spezifischen Drehzahl n_q üblich.
  Sie ist die Drehzahl einer geometrisch ähnlichen Strömungsmaschine mit $\dot{V} = 1 \dfrac{\mathrm{m}^3}{\mathrm{s}}$ und der Fall- bzw. Förderhöhe $H = 1$ m.

$$n_q = n \cdot \frac{\sqrt{\dot{V}}}{H^{\frac{3}{4}}} = \sigma \cdot 158 \text{ in min}^{-1} \tag{3.16}$$

Beispiel 3.1

a) Die Pelton-Turbine (San Bernadolit) hat eine Fallhöhe $H = 1000\,\text{m}$, einen Volumenstrom $\dot{V} = 1{,}36\dfrac{\text{m}^3}{\text{s}}$, $n = 750\,\text{min}^{-1}$.

Die spezifische Drehzahl ist:

$$n_q = 750 \cdot \frac{\sqrt{1{,}36}}{1000^{\frac{3}{4}}} = \mathbf{4{,}9\ min^{-1}} \quad \text{Langsamläufer}$$

$$\sigma = \frac{750}{60} \cdot \frac{2 \cdot \sqrt{1{,}36} \cdot \sqrt{\pi}}{\left(2 \cdot \frac{1000 \cdot 10^4}{1000}\right)^{\frac{3}{4}}} = \mathbf{0{,}051}; \quad Y = \frac{\Delta p}{\varrho} \ \text{in m}^2/\text{s}^2$$

Zwischen Laufzahl σ und der spezifischen Drehzahl besteht folgender Zusammenhang:

$$\frac{n_q}{\sigma} = \frac{4{,}9}{0{,}031} = \mathbf{158} \curvearrowright n_q = \sigma \cdot 158$$

(In der Literatur findet man 157,8)

b) Die Kaplan-Turbine (Rheinkraftwerk Ryburg) hat einen Volumenstrom $\dot{V} = 295\dfrac{\text{m}^3}{\text{s}}$, Fallhöhe $H = 11{,}5\,\text{m}$, $n = 75\,\text{min}^{-1}$.

$$n_q = 75 \cdot \frac{\sqrt{295}}{11{,}5^{\frac{3}{4}}} = \mathbf{206\ min^{-1}} \quad \text{Schnellläufer}$$

$$\sigma = \frac{75}{60} \cdot \frac{2 \cdot \sqrt{295} \cdot \sqrt{\pi}}{\left(2 \cdot \frac{11{,}5 \cdot 10^4}{1000}\right)^{\frac{3}{4}}} = \mathbf{1{,}3}$$

$$\frac{n_q}{\sigma} = \frac{206}{1{,}3} = \mathbf{158}$$

Man erkennt die zunächst widersprüchlich erscheinende Tatsache, dass der *Langsamläufer* eine höhere Drehzahl hat als der *Schnellläufer*.

Anmerkung: Der Begriff der spezifischen Drehzahl n_q als Zuordnung zwischen einer gewählten Laufraddrehzahl n, das bei einem Gefälle von $H = 1$ m den Volumenstrom $\dot{V} = 1\frac{m^3}{s}$, verarbeitet. Geometrisch ähnliche Maschinen haben die gleiche spezifische Drehzahl $n_q's$.

- **Durchmesserzahl δ**
  Nimmt man die Gleichungen φ und ψ und eliminiert n, so wird:

$$n = \frac{4 \cdot \dot{V}}{\varphi \cdot D^3 \cdot \pi^2} = \frac{(2Y)^{\frac{1}{2}}}{\psi^{\frac{1}{2}} \cdot D \cdot \pi};$$

$$D = \frac{2 \cdot \dot{V}^{\frac{1}{2}} \cdot \psi^{\frac{1}{4}}}{\varphi^{\frac{1}{2}} \cdot \pi^{\frac{1}{2}} \cdot (2Y)^{\frac{1}{4}}};$$

Nun nennt man

$$\delta = \frac{\psi^{\frac{1}{4}}}{\varphi^{\frac{1}{2}}} \quad \text{die Durchmesserzahl,} \tag{3.17}$$

sodass sich

$$\delta = \frac{D \cdot \pi^{\frac{1}{2}} \cdot (2Y)^{\frac{1}{4}}}{2 \cdot \dot{V}^{\frac{1}{2}}} \quad \text{bzw } D = \frac{2 \cdot \dot{V}^{\frac{1}{2}} \cdot \delta}{\pi^2 \cdot (2 \cdot Y)^{\frac{1}{4}}} \quad \text{ergibt.}$$

Analog zur spezifischen Drehzahl n_q kann man einen spezifischen Durchmesser D_q definieren:

$$D_q = D \cdot \frac{H^{\frac{1}{4}}}{\dot{V}^{\frac{1}{2}}} \quad \text{in m;} \tag{3.18}$$

$H = $ Fall- oder Förderhöhe in m
$\dot{V} = $ Volumenstrom in m³/s

Zwischen D_q und δ besteht der Zusammenhang:

$$\delta = 1{,}865 \cdot D_q$$

σ, n_q, δ und D_q beziehen sich auf die Optimalwerte, d. h. auf die besten Wirkungsgrade.

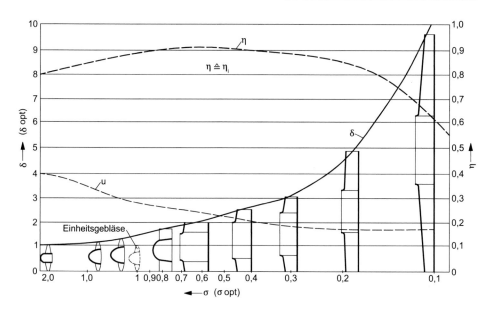

Abb. 3.9 Cordier-Diagramm für Strömungsarbeitsmaschinen, 1-Stufig [5]

Die Bedeutung der Kennzahlen σ und δ hat Cordier in einem σ,δ-Diagramm, Abb. 3.9, für beste Wirkungsgrade aufgezeigt. Trägt man die besten Räder jeder Bauart in das Diagramm ein, so liegen alle Räder in einem schmalen Kurvenband.

In Punkt $\sigma = 1$, $\delta = 1$ ist das Vergleichsrad gestrichelt angedeutet. Es liegt unterhalb der Kurve, weil es kein Rad mit bestem Wirkungsgrad gibt.

Beispiel 3.2

Ein Ventilator mit folgenden Daten: $\dot{V} = 4\,\dfrac{\mathrm{m}^3}{\mathrm{s}}$, $Y = 1000\,\dfrac{\mathrm{J}}{\mathrm{kg}}$, $n = 2900\,\mathrm{min}^{-1}$

Gesucht:

a) Bauart des Laufrades?
b) Welchen Durchmesser hat das Laufrad?

Aus Gl. (3.15):

$$\sigma = n \cdot \frac{2 \cdot \sqrt{\dot{V}} \cdot \sqrt{\pi}}{(2Y)^{\frac{3}{4}}}$$

$$\sigma = \frac{2900}{60} \cdot \frac{2 \cdot \sqrt{4} \cdot \sqrt{\pi}}{(2 \cdot 1000)^{\frac{3}{4}}} = \mathbf{1{,}15}$$

gemäß dem Diagramm ein **Axialrad** mit $\delta_{\mathrm{opt}} = 1{,}5$

$$\text{Gl. (3.17):} \ D = \frac{\delta \cdot 2 \cdot \dot{V}^{\frac{1}{2}}}{\pi^{\frac{1}{2}} \cdot (2Y)^{\frac{1}{4}}} = 1,5 \cdot \frac{\sqrt{4}}{(2 \cdot 1000)^{\frac{1}{4}}} \cdot \frac{2}{\sqrt{\pi}} = 0,5 \ \text{m}^{\varnothing} \ \left(= 500 \ \text{mm}^{\varnothing}\right)$$

3.2.1 Spezifische Stutzenarbeit auf mehrere Laufräder durch Aufteilung des Volumenstroms (s. Abschn. 3.3.2)

Gemäß der Gleichung $\psi = \frac{Y}{\frac{u^2}{2}}$ lässt sich die spezifische Stutzenarbeit durch die Druckzahl ψ und der Umfangsgeschwindigkeit u am Laufradaußendurchmesser D beschreiben. Die Druckzahl ψ ist für eine bestimmte Laufradbeschaufelung nach oben hin begrenzt und die Umfangsgeschwindigkeit u durch die Materialfestigkeit, sodass die maximale Stutzenarbeit Y_{max} einer Stufe:

$$Y_{\text{max}} = \psi_{\text{max}} \cdot \frac{u^2_{\text{max}}}{2} \ \text{beträgt.}$$

Bei einer höheren geforderten Stutzenarbeit wird mehrstufig ausgeführt (hinter einander):

$$Y_{\text{max}} \approx Y_{\text{St}_1} + Y_{\text{St}_2} + \ldots + Y_{\text{St}_n}$$

Die Durchflusszahl φ ist durch die Laufradgeometrie ebenfalls begrenzt, sodass

$$\dot{V}_{\text{max}} = \varphi_{\text{max}} \cdot \frac{\pi}{4} \cdot n_{\text{max}} \cdot D^3_{\text{max}}$$

der maximale Volumenstrom ist.

Bei höher gefordertem Volumenstrom werden gleichartige Laufräder parallel geschaltet als **mehrflutige Ausführung**.

Wird beides gefordert, große Volumenströme und große spezifische Stutzenarbeit, so werden diese Maschinen **mehrstufig-mehrflutig** ausgeführt (z. B. Endstufe großer Kondensatdampfturbinen, große Pumpen, große Verdichter).

3.3 Die wichtigsten Bauteile

Die Hauptbestandteile der Strömungsmaschine sind:

- Düse und Diffusor
- Schaufel-Leitrad-Laufrad

3.3.1 Düse und Diffusor

Beide werden in der Strömungstechnik für inkompressible und kompressible Fluide angewendet. Sie dienen zur Umsetzung von Druckenergie in Geschwindigkeitsenergie (Düse), Abb. 3.10, bzw. umgekehrt (Diffusor).

Für die Berechnungen liegen die Bernoulli-Gleichungen (2.20), (2.23), (2.24) und (2.30) für inkompressible und kompressible Medien zugrunde.

3.3.1.1 Inkompressible Fluide

Düse
Gl. (2.17) ohne z (da horizontal):

$$\Delta p = p_1 - p_2 = \frac{\varrho}{2}\left(c_2^2 - c_1^2\right)$$

Gl. (2.20) mit Druckverlust: $\Delta p_v = (p_1 - p_2) + \frac{\varrho}{2}\left(c_1^2 - c_2^2\right);$

Bei *Freistrahlen* (Pelton-Turbine, Beispiel 2.19): (ohne Δp_v)

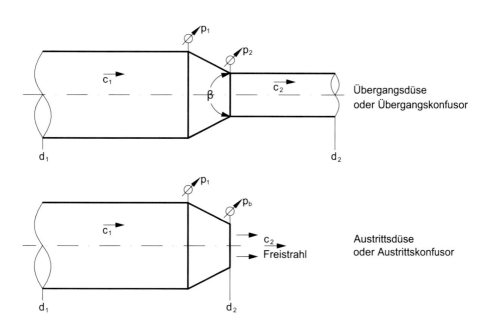

Abb. 3.10 Düsenarten

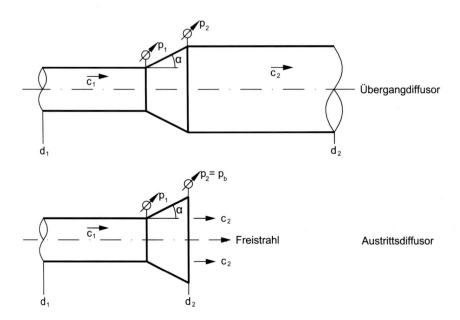

Abb. 3.11 Diffusor

$$\Delta p = (p - p_b) = \frac{\varrho}{2}\left(c_2^2 - c_1^2\right); \quad p - p_b = 0; \quad c_1 = 0; \quad z_2 = 0;$$

$$\left(p = \text{oberer Wasserspiegel}, p_b = \text{Barometer} - \text{bzw. atmosphärischer Druck}\right)$$

wird Gl. (2.21):

$$z_1 = H = \frac{c_2^2}{2g} \text{ und } c_2 = \sqrt{H \cdot 2g}$$

Diffusor

Der Diffusor ist die Umkehrung der Düse und hat die Geschwindigkeit in Druck umzu-setzen (Abb. 3.11).

Wegen der Abrissgefahr der Strömung sollte α maximal $15°$ sein. Eine Anwendung ist z. B. das *Saugrohr* bei Wasserturbinen. Man erreicht einen statischen Druckrückgewinn.

Beispiel 3.3 (Abb. 3.12)

Durch das Saugrohr einer Wasserturbine strömen 7 m³/s.

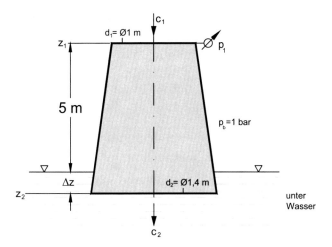

Abb. 3.12 Wie groß ist der Druck p_1 am Saugrohr-Eintritt p_1 ($=$ Wasserturbinen-Austritt) bei der Vernachlässigung der Strömungsverluste?

Anmerkung: Die Turbinenleistung ist gemäß Gl. (2.17) bei Vernachlässigung der kinetischen und potenziellen Energie innerhalb der Turbine sowie der vorgenannten Verluste: $P = \dot{V} \cdot \Delta p = \dot{V} \cdot (p_1 - p_2)$ wobei hier im Beispiel $p_{2-\text{Turbine}} = p_1$ am Saugrohr entspricht.

$$\text{Saugrohr} - \text{Eintritt}: z_1 = 5\,\text{m} + \Delta z, \quad A_1 = d_1^2 \cdot \frac{\pi}{4} = 0{,}785\,\text{m}^2, \quad c_1 = \frac{\dot{V}}{A_1} = 8{,}92\frac{\text{m}}{\text{s}}$$

$$\text{Saugrohr} - \text{Austritt}: z_2 = 0, p_2 = p_b + \varrho \cdot g \cdot \Delta z$$

$$A_2 = 1{,}4^2 \cdot \frac{\pi}{4} = 1{,}539\,\text{m}^2$$

$$c_2 = \frac{7}{1{,}539} = 4{,}55\frac{\text{m}}{\text{s}}$$

Gemäß Gl. (2.20) bezogen auf das Saugrohr gilt:

$$p_1 + \frac{\varrho}{2} \cdot c_1^2 + \varrho \cdot g \cdot (5 + \Delta z) = (p_b - \varrho \cdot g \cdot \Delta z) + \frac{\varrho}{2} \cdot c_2^2 + 0$$

$$p_1 = p_b + \frac{\varrho}{2} \cdot (c_2^2 - c_1^2) - \varrho \cdot g \cdot z_1$$

$$p_1 = 10^5 + 10351{,}25 - 39783{,}2 - 49050 = 21518{,}05\,\text{Pa} \,\widehat{=}\, p_{2-\text{Turbine}}$$

sodass die Turbinenleistungssteigerung zu:

$$P = \dot{V} \cdot (\Delta p + 0{,}78) \, (\text{bei } (100000 - 21518{,}05) = 0{,}78 \text{ bar(u)})) \text{ wird.}$$

Eine weitere Anwendung von *Düse-Diffusor* ist die Messung von Durchflussmengen mit dem sogenannten *Venturirohr* (Abb. 3.13).

Beispiel 3.4

Welcher Wasserstrom fließt durch das Venturirohr? (1 Torr = 133,32 Pa)

$$p_1 - p_2 = \frac{\varrho}{2} \cdot (c_2^2 - c_1^2) = 500 \cdot 133{,}32 = 66.660 \text{ Pa}$$

$$c_2 = c_1 \cdot \frac{d_1^2}{d_2^2} = c_1 \cdot \frac{0{,}08^2}{0{,}06^2}; \quad \text{Gl. (2.16)}; \ c_1 = \frac{c_2}{1{,}78}$$

$$66.660 \text{ Pa} = 500 \cdot \left(c_2^2 - \frac{c_2^2}{1{,}78^2} \right)$$

$$c_2 = 13{,}97 \, \frac{\text{m}}{\text{s}}$$

$$\dot{V} = c_2 \cdot A_2 = 13{,}97 \cdot 0{,}06^2 \cdot \frac{\pi}{4} = 39{,}45 \, \frac{\text{l}}{\text{s}}$$

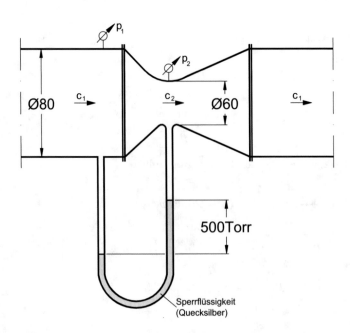

Abb. 3.13 Venturirohr

3.3.1.2 Düse- und Diffusorströmung für kompressible Fluide

Wie bereits erwähnt wird in einer *Düse* das Fluid durch Druckminderung beschleunigt, in einem *Diffusor* wird der Druck durch Verringerung der Geschwindigkeit erhöht.

In der Düse findet eine *Expansionsströmung*, im Diffusor eine *Kompressionsströmung* statt. In beiden Fällen wird $z_1 = z_2$ angesetzt, deren Werte im Vergleich zu p und c vernachlässigbar sind.

Düse mit Vorgeschwindigkeit $c_1 > 0$, Expansionsströmung (Abb. 3.14)

Es gelten die Gl. (2.14): adiabate reale Strömungsprozesse und die Gl. (2.23): Bernoulli-Gleichung für kompressible Fluide:

$$(h_1 - h_2) + \frac{1}{2}\left(c_1^2 - c_2^2\right) = 0$$

Gl. (2.23): $c_{2'} = \sqrt{c_1^2 + 2 \cdot \dfrac{\kappa}{\kappa - 1} \cdot p_1 \cdot v_1 \cdot \left[1 - \left(\dfrac{p_2}{p_1}\right)^{\frac{\kappa-1}{\kappa}}\right]}$

Bei der *reibungsfreien* adiabaten Düsenströmung ist bei vorgegebenem Druckverhältnis die Enthalpieabnahme und damit die Geschwindigkeitserhöhung am größten. Bei *reibungsbehafteten* Düsenströmungen wird diese durch den *isentropen Düsenwirkungsgrad* bewertet:

$$\eta_{\text{Dü}} = \frac{h_1 - h_2}{h_1 - h_{2'}} = \frac{\Delta h}{\Delta h_s} > 0{,}95$$

Für die Querschnittsfläche A gilt an jeder Stelle der Düse die Kontinuitätsgleichung:

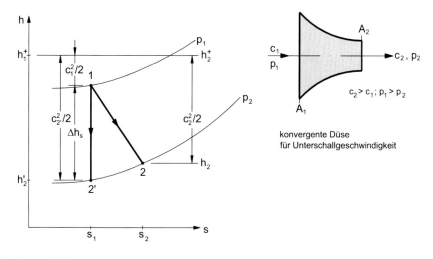

Abb. 3.14   Adiabate Düsenströmung $p_1 > p_2$

$$\dot{m} = \dot{V} \cdot \varrho = A \cdot c \cdot \varrho = konstant$$

und die Massenstromdichte $\dfrac{\dot{m}}{A} = c \cdot \varrho = konstant$

d. h. wird ϱ kleiner, so wird c größer.

Der theoretisch austretende Massenstrom ist:

$$\dot{m}_{\text{th}} = A \cdot c_{2'} \cdot \varrho_2 = A \cdot c_{2'} \cdot \varrho_1 \left(p_2/p_1\right)^{\frac{1}{\kappa}}$$

Es tritt in einer nicht erweiterten (konvergenten) Düse keine höhere Geschwindigkeit als die *Schallgeschwindigkeit* c_s bei isentroper Expansion ($c_2 = c_s$) auf.

Düse ohne Vorgeschwindigkeit $c_1 = 0$, Ausströmvorgang (Abb. 3.15)

$$(h_1 - h_{2'}) + \frac{c_{2'}^2}{2} = 0$$

$$c_{2'} = \sqrt{2 \cdot \Delta h_s} = \sqrt{2(h_1 - h_{2'})}$$

Ausströmformel Gleichung (11):

$$c_{2'} = \sqrt{2 \cdot \frac{\kappa}{\kappa - 1} \cdot p_1 \cdot v_1 \cdot \left[1 - \left(p_2/p_1\right)^{\frac{\kappa-1}{\kappa}}\right]} \; (isentrop)$$

oder:

$$c_{2'} = \sqrt{2 \cdot \frac{\kappa}{\kappa - 1} \cdot R \cdot T_1 \cdot \left[1 - \left(p_2/p_1\right)^{\frac{\kappa-1}{\kappa}}\right]}$$

Abb. 3.15 Ausströmvorgang

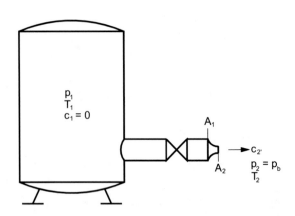

polytrop:

$$(h_1 - h_2) + \frac{c_2^2}{2} = 0; \quad c_2 = \sqrt{2(h_1 - h_2)}$$

Die vorgenannte Gleichung $\dot{m}_{th} = f\left(\frac{p_2}{p_1}\right)$ besagt, dass bei $\left(\frac{p_2}{p_1}\right) = 1$ $\dot{m}_{th} = 0$ wird und das Maximum der Kurve mit sinkendem Druckverhältnis $\frac{p_2}{p_1}$ erreicht wird (Abb. 3.16).

Durch Versuche wurde festgesellt, dass nach Unterschreitung von $\left[\left(\frac{p_2}{p_1}\right)_{krit}\right]$ $\dot{m}_{th}$ unabhängig vom Gegendruck p_2 konstant bleibt.

Dieses *Phänomen* wird als *Sperren* bezeichnet. Die Massenstromdichte $\varrho \cdot c$ erreicht ihr Maximum.

Je nach Größe von $\left(\frac{p_2}{p_1}\right)$ unterscheidet man:

- $\left(\frac{p_2}{p_1}\right) = \left(\frac{p_b}{p_1}\right) > \left(\frac{p_2}{p_1}\right)_{krit}$ *unterkritische Ausströmung*
- $\left(\frac{p_b}{p_1}\right) \leq \left(\frac{p_2}{p_1}\right) \leq \left(\frac{p_2}{p_1}\right)_{krit}$ *überkritische Ausströmung*

p_b=Umgebungsdruck
Das Druckverhältnis: (durch Umformen)

$\left(\frac{p_2}{p_1}\right)_{krit} = \left(\frac{2}{\kappa+1}\right)^{\frac{\kappa}{\kappa-1}}$ wird als *Laval-Druckverhältnis* bezeichnet: $p_1 = p_1 \left(\frac{2}{\kappa+1}\right)^{\frac{\kappa-1}{\kappa}}$

Bei adiabater, isentroper Expansion mit einer konvergenten Düse kann im Ausgangsquerschnitt bei $\left(\frac{p_2}{p_1}\right)_{krit}$ höchstens Schallgeschwindigkeit erreicht werden.

Diffusor-Verdichterströmung

Der Diffusor ist die Umkehrung der Düse. Daher gelten die für die Düse abgeleiteten Gleichungen bei umgekehrter Betrachtungsweise.

Analog der Kompression in der Arbeitsmaschine mit $W_{t_{12}} = 0$ lässt sich der adiabatische isentrope Strömungsprozess mit der folgenden Gleichung beschreiben:

Abb. 3.16 Zusammenhang Druckverhältnis und Massenstrom

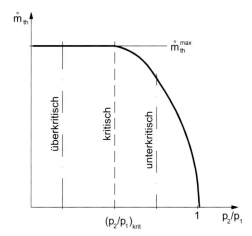

$$0 = (h_{2'} - h_1) + \frac{1}{2}\left(c_{2'}^2 - c_1^2\right) \text{ bzw. } 0 = (h_2 - h_1) + \frac{1}{2}\left(c_2^2 - c_1^2\right)$$

$$\frac{c_{2'}^2}{2} - \frac{c_1^2}{2} = \frac{\kappa}{\kappa - 1} \cdot R \cdot T_1 \cdot \left[1 - \left(p_2/p_1\right)^{\frac{\kappa-1}{\kappa}}\right]$$

Der Diffusorwirkungsgrad ist:

$$\eta_{Di} = \frac{h_2' - h_1}{h_2 - h_1} = \frac{\Delta h_s}{\Delta h} \approx 0{,}85 \text{ (kleiner als } \eta_{D\ddot{u}})$$

Bei der isentropen Diffusorströmung steigt der Druck mit abnehmender Geschwindigkeit.

Die realen Austrittsgeschwindigkeiten sind:

- Düse $c_2 = c_{2'} \cdot \eta_{D\ddot{u}}$
- Diffusor $c_2 = \frac{c_{2'}}{\eta_{Di}}$

Beispiel 3.5

Durch den in Abb. 3.17 dargestellten Unterschalldiffusor strömen pro Sekunde 0,1 kg Luft, $\kappa = 1{,}4$; $c_p = 1{,}0\frac{kJ}{kgK}$;

Sonstige Daten: $c_1 = 200\frac{m}{s}$; $c_2 = 50\frac{m}{s}$; $\eta_{Di} = 0{,}85$; $T_1 = 300$ K; $p_1 = 1$ bar; $R = 287\frac{J}{kgK}$

Gesucht: T_2; p_2; d_1; d_2

- $$h_2 - h_1 = \frac{1}{2}\left(c_1^2 - c_2^2\right); \quad h_2 - h_1 = c_p(T_2 - T_1);$$

$$\frac{c_1^2 - c_2^2}{2} = c_p(T_2 - T_1)$$

$$T_2 = \frac{40000 - 2500}{2 \cdot 1000} + 300 = \mathbf{318{,}75 \text{ K}}$$

- $$\eta_{Di} = \frac{h_{2'} - h_1}{h_2 - h_1} = 0{,}85 = \frac{c_p \cdot T_{2'} - c_p \cdot T_1}{c_p \cdot T_2 - c_p \cdot T_1} = \frac{T_{2'} - T_1}{T_2 - T_1};$$

$$T_{2'} = 0{,}85(318{,}75 - 300) + 300 = \mathbf{316 \text{ K}}$$

$$p_2 = p_1\left(\frac{T_{2'}}{T_1}\right)^{\frac{1,4}{0,4}} = 10^5 \cdot \left(\frac{316}{300}\right)^{3,5} = \mathbf{1{,}2 \text{ bar}}$$

-

$$\dot{m}_L = A \cdot c_1 \cdot \varrho_1; \; \varrho_1 = \frac{1}{v_1}; \; v_1 = \frac{R \cdot T_1}{p_1} = \frac{287 \cdot 300}{10^5} = 0{,}86 \frac{m^3}{kg}$$

$$d_1^2 \cdot \frac{\pi}{4} = \frac{0{,}1}{1{,}16 \cdot 200} = 4{,}31 \cdot 10^{-4} \; m^2 \curvearrowright d_1 = \mathbf{2{,}34 \; cm}$$

$$d_2^2 \cdot \frac{\pi}{4} = \frac{\dot{m} \cdot R \cdot T_2}{p_2 \cdot c_2} = \frac{0{,}1 \cdot 287 \cdot 318{,}75}{1{,}2 \cdot 10^5 \cdot 50} = 15{,}2 \cdot 10^{-4} \; m^2 = \mathbf{4{,}41 \; cm}$$

Abb. 3.17 Unterschall-Diffusor

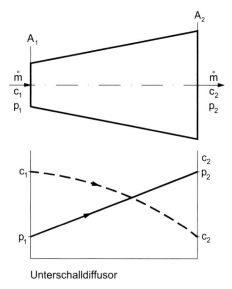

Unterschalldiffusor

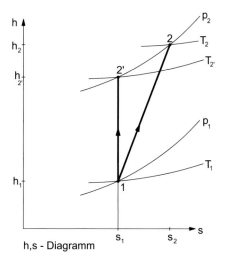

h,s - Diagramm

Lavaldüse

Bei Strömungen im Unterschallbereich des Diffusors nimmt mit zunehmendem Querschnitt A die Geschwindigkeit c ab (Abb. 3.18).

Bei Strömungen im Überschallbereich ist es genau umgekehrt! Dass bei abnehmendem Querschnitt A die Strömung verzögert und bei zunehmendem Querschnitt beschleunigt wird, ist ein neues **Phänomen**.

Erweiterte Düse für die Beschleunigung der Strömung auf Überschallgeschwindigkeit (Lavaldüse) (Abb. 3.19).

Überschalldiffusor: Eintrittsgeschwindigkeit über Schallgeschwindigkeit.

Im konvergenten adiabaten Düsenteil wird die maximal mögliche Schallgeschwindigkeit erzeugt und im anschließenden divergenten Düsenteil wird Überschallgeschwindigkeit erreicht. Voraussetzung ist das vorgenannte kritische Druckverhältnis

$$\left(\frac{p_2}{p_1}\right)_{krit} = \left(\frac{2}{\kappa + 1}\right)^{\frac{\kappa}{\kappa - 1}}.$$

Diese Überschalldüse wird nach einem ihrer Anwender *Laval-Düse* genannt (Abb. 3.20).

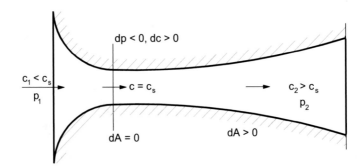

Abb. 3.18 Erweiterte Düse

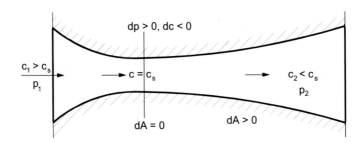

Abb. 3.19 Überschalldifusor

Eine Geschwindigkeitserhöhung geht in allen Fällen mit einer Herabsetzung der Dichte einher (Expansion). Eine Geschwindigkeitsverzögerung hingegen ergibt ein Ansteigen der Dichte (Kompression).

Die Massenstromdichte ist $\dfrac{\dot{m}}{A} = \varrho \cdot c = konstant$.

Machzahl Gl. (2.25): $Ma = \dfrac{c_s}{c_s} = 1$ bei A_{min}

$$Ma = \dfrac{c_1}{c_s} \leq 1 \text{ bei } A_1 \text{ (Unterschall)}$$

$$Ma = \dfrac{c_2'}{c_s} \geq 1 \text{ bei } A_2 \text{ (Überschall)}$$

Beispiel 3.6
Ausströmvorgang mit einer Lavaldüse: z. B. Heißluft

$$p_1 = 10 \text{ bar}, t_1 = 300\,^\circ\text{C}, p_2 = 1 \text{ bar}; \kappa = 1{,}4; \dot{m} = 1\frac{\text{kg}}{\text{s}}; v_1 = 0{,}16\frac{\text{m}^3}{\text{kg}}; c_1 = 0$$

- Laval-Druckverhältnis oder kritisches Druckverhältnis:

$$\left(p_2/p_1\right)_{krit} = \left(\frac{2}{\kappa+1}\right)^{\frac{\kappa}{\kappa-1}} = \mathbf{0{,}528}$$

- Strömungsgeschwindigkeit c_2' bei dem Laval-Druckverhältnis:

$$c_2 = \sqrt{2 \cdot \frac{\kappa}{\kappa-1} \cdot p_1 \cdot v_1 \cdot \left[1 - \left(p_2/p_1\right)^{\frac{\kappa-1}{\kappa}}\right]}$$

$$c_2 = \sqrt{2 \cdot \frac{1{,}4}{0{,}4} \cdot 10 \cdot 10^5 \cdot 0{,}16\left[1 - 0{,}528^{0{,}286}\right]} = \mathbf{436{,}35\,\frac{\text{m}}{\text{s}}}$$

$=c_s=$ Schallgeschwindigkeit im engsten Querschnitt.

Engster Querschnitt $A = \dfrac{\dot{m}}{\varrho_1 \cdot \left(p_2/p_1\right)^{\frac{1}{\kappa}} \cdot c_2} = \dfrac{1}{\frac{1}{0{,}16} \cdot 0{,}528^{0{,}714} \cdot 436{,}35} = 5{,}78 \cdot 10^{-4}$

$\text{m}^2 \mathrel{\widehat{=}} d = \mathbf{27{,}15\ mm}$

- Endströmungsgeschwindigkeit c_2'

$$c_2' = \sqrt{2 \cdot \frac{1{,}4}{0{,}4} \cdot 10 \cdot 10^5 \cdot 0{,}16\left[1 - \left(\frac{1}{10}\right)^{0{,}286}\right]} = \mathbf{735\frac{\text{m}}{\text{s}}}$$

$$A = 11{,}26 \cdot 10^{-4}\ \text{m}^2 \mathrel{\widehat{=}} d = \mathbf{38\ mm^\varnothing}$$

- Austrittstemperatur $T_2 = T_1 \left(p_2/p_1\right)^{\frac{\kappa-1}{\kappa}} = 573 \cdot 0{,}1^{0{,}286} = 296{,}6 \text{ K} = \mathbf{23{,}6\,^\circ\text{C}}$

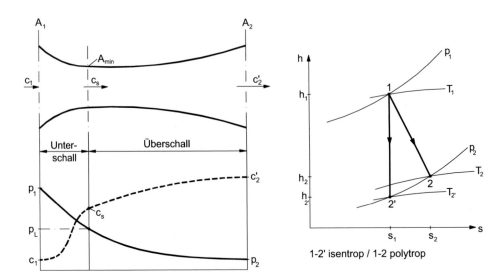

Abb. 3.20 Lavaldüse

Man kann nun für jeden Druck p_1 die zugehörige Dichte, Temperatur, Geschwindigkeit und den Durchmesser ermitteln (Abb. 3.21).

Wirkliche Expansion (polytropisch $1 \rightarrow 2$) gemäß Abb. 3.20.

$$p_1 = 9\,\text{bar}, v_1 = 0{,}16\frac{\text{m}^3}{\text{kg}}; T_1 = 573\,\text{K}; c_1 = 185\frac{\text{m}}{\text{s}}; d = 35\,\text{mm}^\emptyset$$

$$p_\text{L} = 5{,}28\,\text{bar}; v_\text{L} = 0{,}26\frac{\text{m}^3}{\text{kg}}; T_\text{L} = 477\,\text{K}; c_\text{L} = 436{,}35\frac{\text{m}}{\text{s}}; d = 27{,}15\,\text{mm}^\emptyset$$

$$p_2 = 1\,\text{bar}; v_2 = 0{,}83\frac{\text{m}^3}{\text{kg}}; T_2 = 297\,\text{K}; c_2 = 735\frac{\text{m}}{\text{s}}; d = 38\,\text{mm}^\emptyset$$

Lavaldüsen werden eingesetzt in:

- Gas- und Dampfturbinen
- Strahlapparaten
- Strahltriebwerken bei Flugzeugen
- Raketentriebwerken und Überschallwindkanälen.

3.3.2 Schaufel, Leit- und Laufräder

3.3.2.1 Die Schaufel

Hauptaufgabe dieses wichtigsten Bauelements aller Strömungsmaschinen ist die Umlenkung der Geschwindigkeit (außer Propeller und Windrad). Es gehören stets mehrere, meist

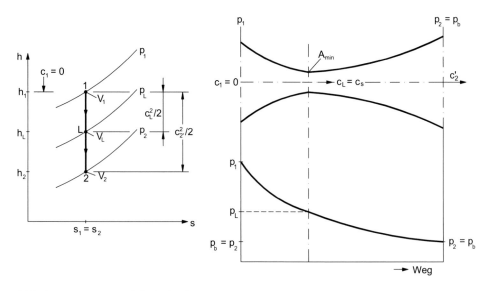

Abb. 3.21 Isentrope, adiabatische Gasströmung in einer Lavaldüse

viele gleichartige Schaufeln zusammen, und zwar gewöhnlich so, dass zwischen ihnen Kanäle entstehen.

Tritt bei der Strömung auf konstantem Radius keine Beschleunigung oder Verzögerung im Schaufelkanal auf, so handelt es sich um *Gleichdruckschaufeln*, andernfalls um *Reaktionsschaufeln* bzw. *Diffusorschaufeln* und *Überdruckschaufeln*. Ferner kann man eine Unterteilung vornehmen in axial, halbaxial und radial durchströmte Schaufelkanäle.

Bei radialer Durchströmung ist zwischen Zentrifugal- und Zentripetalwirkung, als der Beaufschlagung von innen nach außen und ihrem Gegenteil zu unterscheiden.

Gleichdruckschaufel (Abb. 3.22)

Bei Gleichdruck müssen die Geschwindigkeiten gleich sein, so wie die Querschnitte.

Eine mit *Stoß* angeströmte Gleichdruckschaufel verliert ihre Gleichdruckwirkung. Auch unsymmetrische Schaufelprofile können symmetrische Strömung, also Gleichdruckwirkung, ergeben.

Gleichdruckschaufeln als Leitrad z. B. zwischen zwei Laufrädern, wenn die Druckerhöhung nur im Laufrad stattfindet, z. B. bei Dampf- oder Gasturbinen.

Überdruckschaufel

Neben der Hauptaufgabe, der Richtungsänderung, hat sie die zweite Aufgabe, in ihrem Kanal Druck in Geschwindigkeit umzusetzen (Abb. 3.23).

Der Druck beim Eintritt ist höher als am Austritt. Am Schaufelkranz herrscht somit Überdruck. Die Kanalweite verringert sich mit der Schaufelneigung.

Die Überdruckschaufel kommt als Laufschaufel bei Turbinen vor und auch als Leitvorrichtung bei Verdichtern.

Abb. 3.22 Gleichdruckschaufel

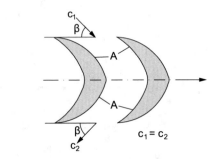

Abb. 3.23 Überdruckschaufel

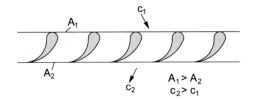

Diffusorschaufel

Die Diffusorschaufel soll nicht nur die Strömung umlenken, sondern im Gegensatz zur Überdruckschaufel auch Geschwindigkeit in Druck umwandeln.

Diese Aufgabe wird am besten in einem radial von innen nach außen durchströmten Rad bewältigt.

Alle aufgezeigten Schaufelvarianten dienen als Lauf- oder Leitschaufel der nachstehenden Abschnitte (Abb. 3.24).

3.3.2.2 Lauf- und Leiträder

In der Strömungsmaschine wird **stets** Druckenergie in Geschwindigkeitsenergie umgesetzt und umgekehrt.

Bei den Arbeitsmaschinen wird dem Fluid über die Welle und den Laufradkörper mechanische Leistung zugeführt. Diese Zunahme wirkt sich teils als Zunahme der kinetischen Energie, teils als Zunahme der Druckenergie aus (Abb. 3.25).

Wegen der kleinen Abmessungen der Maschine bleibt der Anteil der potenziellen Energie gering. Die kinetische Energie wird in einer nachgeschalteten **Leitvorrichtung** (feststehend) (Abb. 3.26) durch Verzögerung ebenfalls in Druckenergie umgesetzt, bis auf einen Rest, der zum Transport des Fluids notwendig ist. Da das Laufrad dem Fluids unweigerlich einen Drall aufprägt (s. Abb. 3.2 und 3.3), ist es auch Aufgabe der Leitvorrichtung, diesen Drall (unter Druckrückgewinnung) wieder rückgängig zu machen (den Drall wieder „aufstellen").

Bei den Kraftmaschinen wird die Druckenergie in einer feststehenden Leitvorrichtung in kinetische Energie umgewandelt und ein Drall erzeugt. Das Laufrad stellt den Drall wieder auf. Dabei wirkt ein Moment auf das Laufrad und mechanische Leistung wird dem Fluid entzogen.

Abb. 3.24 Pumpen- oder
Verdichterbeschaufelung [3]
(a = Leitschaufeln rückwärts
gekrümmt, geringe Erweiterung,
b = vorwärts gekrümmt, große
Umlenkung und Erweiterung,
c = gerade Schaufeln, d = aus
konstruktiven Gründen erhöhte
Wandstärke)

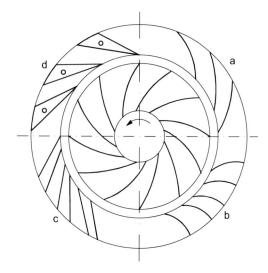

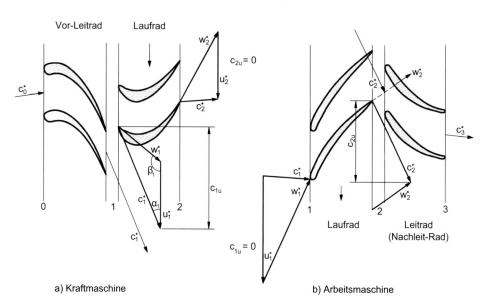

Abb. 3.25 Lauf- und Leitrad [1] (c = Absolut-, u = Umfangs-, w = Relativgeschwindigkeit)

Gemäß der eingangs aufgeführten allgemeinen Gleichung für Kolben- und Strömungsmaschinen gilt:

$$P = \Delta p \cdot \dot{V}$$

Dabei wird die Gl. (3.5) *Arbeitsmaschinen* zu:

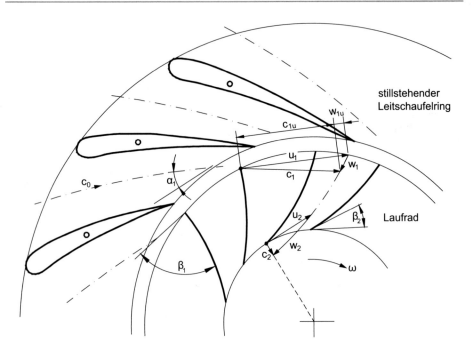

Abb. 3.26 Leit- und Laufschaufel einer Strömungsmaschine (Kraftmaschine) [1]

$$P_{\text{th}} = \dot{m} \cdot (c_{\text{u}_2} \cdot u_2 - c_{\text{u}_1} \cdot u_1) = \dot{V} \cdot \varrho (c_{\text{u}_2} \cdot u_2 - c_{\text{u}_1} \cdot u_1),$$

die Druckgleichung wird zu:

$$\Delta p_{\text{t}} = \frac{P_{\text{th}}}{\dot{V}} = \varrho (c_{\text{u}_2} \cdot u_2 - c_{\text{u}_1} \cdot u_1)$$

Aus Abb. 3.25b ist ersichtlich: Wenn die Anströmgeschwindigkeit c_1 axial erfolgt, Abb. 3.27, so wird $c_{u_1} = 0$ und die Antriebsleistung zu $P_{\text{th}} = \dot{m} \cdot c_{\text{u}_2} \cdot u_2$.

Das Gleiche gilt umgekehrt für die Kraftmaschine (s. Abb. 3.25), wenn die Abströmung c_2 axial ist, wird $c_{\text{u}_2} = 0$ und es gilt $P_{\text{th}} = \dot{m} \cdot c_{\text{u}_1} \cdot u_1$.

Man nennt dies **stoßfreier** Eintritt bzw. Austritt. Mit dem Leitrad kann man Ein- und Austritt variieren.

Leitrad

Leitapparate (Leitrad, Leitschaufel, Leitgitter, etc.) sind die Anordnung von Düsen oder Schaufeln, die im Gegensatz zum Läufer feststehen. Einstufige Strömungsmaschinen brauchen nicht immer einen Leitapparat: z. B. Ventilatoren, Windräder, Propeller, Pumpen. Bei Ventilatoren und Pumpen ist die **Gehäusespirale** zugleich Leitvorrichtung, welche die Strömungsgeschwindigkeit verzögert und in Druck umwandelt.

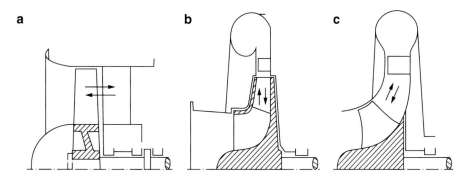

Abb. 3.27 Durchströmung: (**a**) axial, (**b**) radial, (**c**) diagonal [3]

Manchmal ist vor und hinter dem Laufrad ein Leitrad erforderlich (Abb. 3.26). Entweder besteht die Aufgabe darin, axial ankommende Strömung in Umfangsrichtung abzulenken oder umgekehrt. Im Vorleitrad ergibt sich eine beschleunigte Strömung, im Nachleitrad eine verzögerte.

Mehrstufige Maschinen müssen zwischen den einzelnen Laufrädern stets Leitapparate erhalten; denn die **An**strömrichtung eines Laufrads muss verschieden sein von der **Ab**strömrichtung des vorgehenden Rads; andernfalls könnte man beide Räder zu einer **Stufe** vereinigen.

Der Drallsatz gilt in Druckstutzen nicht mehr.

Der Druckstutzen kann als Diffusor bzw. als Düse ausgebildet werden.

Wie im letzten Abschnitt dargelegt, ist man bei Arbeitsmaschinen bestrebt, die Eintrittsgeschwindigkeit c_1 drallfrei zuzuführen, damit $c_{u_1} = 0$ und die Mindestantriebsleistung erreicht wird.

Bei den Kraftmaschinen ist die Abströmgeschwindigkeit c_2 drallfrei anzustreben, damit $c_{u_2} = 0$ wird, um dadurch die maximale Nutzleistung zu gewinnen.

Betrachtet man den Geschwindigkeitsplan am Laufrad-Eintritt einer Arbeitsmaschine, so erkennt man, dass bei gleichbleibender Meridiangeschwindigkeit c_m, aber unterschiedlicher Richtung der Relativgeschwindigkeit w_1 nach Betrag und Richtung (Vorzeichen) verschiedene Umfangskomponenten c_{u_1} entstehen.

$$\left[c_m = \frac{\text{Volumenstrom } \dot{V}}{\text{zur Strömungs} - \text{Richtung normale Querschnittsfläche } A} \right]$$

Fällt c_{u_1} in Richtung der Umfangsgeschwindigkeit u_1 spricht man von **Mitdrall** (oder Gleichdrall), fällt sie im entgegengesetzter Richtung der Umfangsgeschwindigkeit u_1, spricht man von **Gegendrall** (Abb. 3.28 und 3.29).

Je nach Größe und Vorzeichen von c_{u_1} ergibt sich gemäß (Gl. (2.29 und 3.7)) eine Zu- oder Abnahme der spezifischen Stutzenarbeit $Y_{th} = \dfrac{P_{th}}{\dot{m}}$ bzw. $Y_{th} = c_{u_2} \cdot u_2 - c_{u_1} \cdot u_1$ oder $\Delta p_t = \varrho \cdot Y_{th}$.

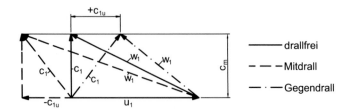

Abb. 3.28 Drallwirkung

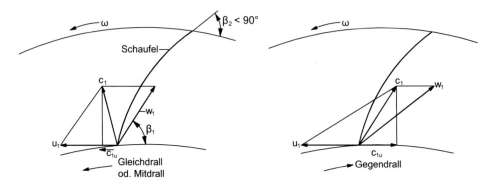

Abb. 3.29 Anströmung einer Arbeitsmaschine

Gleichzeitig ändert sich der Wirkungsgrad, er wird kleiner.

Da beim *Gegendrall* c_{u_1} negativ ist, tritt eine Druckerhöhung ein. Ein Eingangsleitrad ergibt also eine Druckvergrößerung gegenüber der normalen Kennlinie.

Beim *Mitdrall* wird der Druck kleiner und es sinkt die Leistung.

Für die theoretische Gesamtdruckerhöhung ist die Größe $\Delta c_u = c_{u_2} - c_{u_1}$ maßgebend. Bei dem Mitdrall wird Δc_u kleiner und damit Δp kleiner, beim Gegendrall wird Δc_u größer und damit Δp größer.

Anwendung findet der Mit- bzw. Gegendrall als sogenannte **Vordrallregelung** mit Vorleitapparaten zur Volumenstromregelung bei Arbeitsmaschinen (vorwiegend Pumpen, Ventilatoren). Die Änderung des Dralls (Drehmoment) des radial oder axial zuströmenden Fluids (Eintritt) beeinflusst die Kennlinie. Nachteilig gegenüber der Drehzahlregelung sind die ungünstigen Teillastwirkungsgrade.

Laufrad (Abb. 3.30, 3.31, 3.32 und 3.33)

Das Laufrad besteht ebenso wie das gewöhnliche Leitrad aus einer Anzahl Schaufeln die gleichmäßig am Umfang verteilt sind. Man unterscheidet bei den **radial** und **axial** durch-strömten Laufrädern solche mit und solche ohne Abdeckung. Bei Radialmaschinen *Deck-scheibe*, bei Axialmaschinen *Deckband* genannt. Diese Abdeckung wird dann vorgesehen,

Abb. 3.30 Beispiel von
Schaufelgittern (Lauf- und
Leiträdern) (**a**) Verzögerungs-,
(**b**) Beschleunigungs-,
(**c**) Umlenkgitter oder (**a**)
Diffusorgitter, (**b**)
Überdruckgitter, (**c**)
Gleichdruckgitter [3]

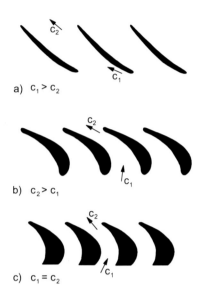

a) $c_1 > c_2$

b) $c_2 > c_1$

c) $c_1 = c_2$

wenn der Verlust durch *Umströmung* der Schaufeln wichtiger erscheinen als die Reibungs-verluste.

Axialbeschaufelte Laufräder – auch mit verstellbaren Laufschaufeln – werden z. B. bei Kaplan-Turbinen, Windrädern, Propellern eingesetzt.

3.3.3 Reaktionsgrad-Stufen

Eine weitere dimensionslose Kennzahl ist der **Reaktionsgrad r**, der als Quotient aus der sogenannten spezifischen Spaltdruckarbeit Y_{sp} und der spezifischen Stutzenarbeit Y der Maschine oder der einzelnen Stufe (= Laufrad + Leitrad) definiert ist:

$$r = \frac{spezifische\ Spaltdruckarbeit\ Y_{sp}}{spezifische\ Stutzenarbeit\ Y}$$

Die spezifische Spaltdruckarbeitsdifferenz Y_{sp} entspricht der statischen spezifischen Energiedifferenz $\frac{\Delta p}{\varrho}$ zwischen Laufradein- und austritt.

Der **Spaltdruck** ist die statische Druckdifferenz vor- und hinter dem Laufrad Δp_{st}.

Der **Gesamt-(Total-)Druck** ist $\Delta p_t = \Delta p_{st} + \Delta p_{dyn}$ mit $\Delta p_{dyn} = \frac{\varrho}{2}\left(c_2^2 - c_1^2\right)$ bei Arbeits-maschinen und dem Reaktionsgrad:

$$r = \frac{\Delta p_{stat}}{\Delta p_t} = \frac{\Delta p_{stat}}{\Delta p_{stat} + \Delta p_{dyn}} = \frac{\Delta p_t - \Delta p_{dyn}}{\Delta p_t} = 1 - \frac{\Delta p_{dyn}}{\Delta p_t} \qquad (3.19)$$

Abb. 3.31 Beispiel einer
Dampfturbinenbeschaufelung [1]

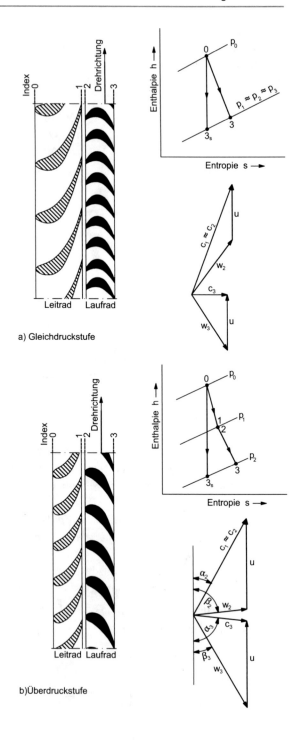

a) Gleichdruckstufe

b)Überdruckstufe

Abb. 3.32 Leit- und Laufgitter
(**a**) Verdichter, (**b**) Turbine [3]

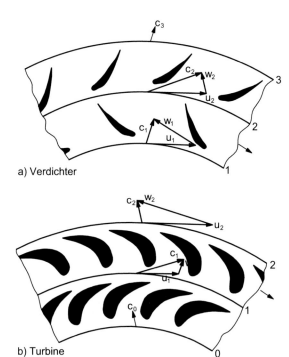

a) Verdichter

b) Turbine

Für Arbeitsmaschinen gilt:

$$r = 1 - \frac{c_2^2 - c_1^2}{2(c_{u_2} \cdot u_2 - c_{u_1} \cdot u_1)}$$

bzw. für Kraftmaschinen:

$$r = 1 - \frac{c_1^2 - c_2^2}{2(c_{u_1} \cdot u_1 - c_{u_2} \cdot u_2)} \tag{3.20}$$

oder mit Gl. (3.7)

$$Y_{\text{th}}^{\text{AM}} = (c_{u_2} \cdot u_2 - c_{u_1} \cdot u_1) \text{ bzw. } Y^{\text{AM}} = \frac{Y_{\text{th}}}{\eta_i} = \frac{\Delta p_t}{\varrho}$$

$$\text{bzw. } Y_{\text{th}}^{\text{KM}} = (c_{u_1} \cdot u_1 - c_{u_2} \cdot u_2) \text{ bzw. } Y^{\text{KM}} = Y_{\text{th}} \cdot \eta_i$$

und

$$r_{\text{AM}} = \frac{(c_{u_2} \cdot u_2 - c_{u_1} \cdot u_1) - \frac{1}{2}(c_2^2 - c_1^2)}{c_{u_2} \cdot u_2 - c_{u_1} \cdot u_1}$$

$$r_{\text{AM}} = 1 - \frac{c_2^2 - c_1^2}{2(c_{u_2} \cdot u_2 - c_{u_1} \cdot u_1)} \tag{3.21}$$

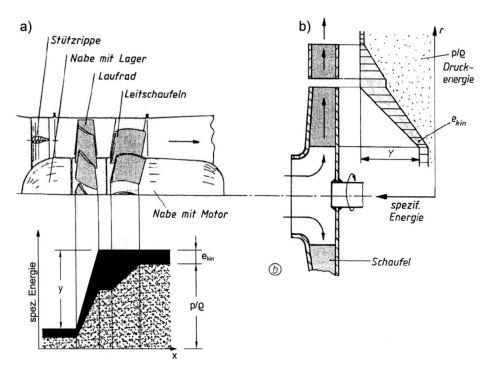

Abb. 3.33 Energieumsetzung in Strömungsmaschinen (**a**) Axialventilator, (**b**) Radialpumpe [2]

Das gesamte der Strömungsmaschine zur Verfügung stehende Gefälle (h in mWs, h in kJ/kg, $\frac{\Delta p_1}{\varrho}$ in m²/s²) kann beliebig, zuerst (in der Regel) teilweise in der Leitapparatur der Kraftmaschine und anschließend in der Laufschaufel bis zum Rest verarbeitet werden. Bei der Arbeitsmaschine ist dies in der Regel umgekehrt.

Eine **Stufe** bildet also Leitschaufel + Läufer, sodass sich:

$$r_{\text{Stu}} = \frac{L\ddot{a}ufer}{L\ddot{a}ufer + Leitrad} = \frac{h_{\text{Läu}}}{h_{\text{Läu}} + h_{\text{Leit}}}$$

ergibt.

Beispiel
Abb. 3.31: Bei der *Gleichdruckstufe* wäre $r = 0$, die Enthalpiedifferenz Δh wird allein im Leitrad verarbeitet. In der Laufschaufel wird bei gleichbleibendem Druck nur noch umgelenkt

In der *Überdruckstufe* ist $r = 0{,}5$, das Stufengefälle wird aufgeteilt 50:50 auf das Laufrad und das Leitrad.

Müssen große Gefälle verarbeitet werden, so werden **viele** Stufen benötigt, weil das pro Stufe zu verarbeitende Gefälle begrenzt ist.

Wasserturbinen verarbeiten das Gesamtgefälle in einer Stufe. Thermische Turbinen (Dampf-, Gasturbinen) sowie Verdichter benötigen eine Anzahl von Stufen. Pumpen können auch mehrstufig sein. Ventilatoren sind in der Regel einstufig.

Anmerkung zu den folgenden Abschnitten:
Für den *Anlagenbauer* in den technischen Ausrüstungen wie:

* in der Industrie
* Gebäudetechnik
* Rohrleitungsbau
* Kälte-Klimatechnik
* etc.

haben die *Arbeitsmaschinen* wie die

* Pumpen
* Ventilatoren
* Verdichter
* etc.

die größere Bedeutung als die *Kraftmaschinen*. Deshalb werden in den nachfolgenden Kapiteln die Arbeitsmaschinen ausführlicher behandelt.

Nachdem die Kraftmaschinen zu der Familie der Strömungs- und Kolbenmaschinen gehören, werden diese kompakter behandelt; zum einen zur technischen Allgemeinbildung, zum anderen hat die Energietechnik (BHKW's etc.) heute einen hohen Stellenwert.

3.4 Kraftmaschinen

Die im Arbeitsmedium (Flüssigkeit, Dampf oder Gas) vorhandene Energie wird hier in mechanische Energie umgewandelt, sodass andere Maschinen (z. B. Generatoren, Arbeitsmaschinen) angetrieben werden können.

Die Strömung im Leitrad ist immer beschleunigt, meist auch im Laufrad – relativ zu den umlaufenden Schaufelkanälen. Durch Relativbeschleunigungen an den wichtigsten Stellen ist die Ablösegefahr verringert, was das Auslegen dieser Maschinen und das Erreichen guter Wirkungsgerade erleichtert.

3.4.1   Wasserturbinen

Die Merkmale von Wasserturbinen sind:

- keine hohen Umfangsgeschwindigkeiten und Drehzahlen
- Leistungen von 1 kW bis 1000 MW
- Fallhöhen von 2 m bis 2000 m, Laufraddurchmesser von 0,3 bis 11 m

Einteilung der Wasserturbinen:

	H in m	$\dot{V}$ in m³/s	P in MW	η_{max}
Pelton	100–2000	0,5–50	0,5–250	0,91
Francis	15–700	0,7–1000	0,7–1000	0,92
Kaplan	5–70	1,0–1000	0,5–200	0,93

Bei der Umwandlung der Lageenergie besteht ein Gleichgewicht zwischen der im Zustrom zur Wasserkraftmaschine übergeleiteten mechanischen Energie und der im abströmenden Wasser noch enthaltene Energie.

Es gelten aus dem Abschn. 2.1.2 die Bernoulli-Gleichungen (2.17), (2.18), (2.20), (2.21) und (2.22):

$$z_1 \cdot g + \frac{p_1}{\varrho} + \frac{c_1^2}{2} = Y \cdot \eta_e + z_2 \cdot g + \frac{p_2}{\varrho} + \frac{c_2^2}{2}$$

$z_1 \cdot g + \dfrac{p_1}{\varrho} + \dfrac{c_1^2}{2}$ ist die spezifische Zuströmenergie zur Turbine

$Y \cdot \eta_e = w_t$ ist der spezifische Arbeitsgewinn

$z_2 \cdot g + \dfrac{p_2}{\varrho} + \dfrac{c_2^2}{2}$ ist die spezifische Abströmenergie nach der Turbine

$\eta_e =$ effektiver Wirkungsgrad

Die einzelnen Energieformen sind:

$$z_1 - z_2 = H \text{ geodätischer Höhenunterschied in m}$$

$$\frac{p_1 - p_2}{\varrho \cdot g} = \text{Überdruckhöhe in m}$$

$$\frac{c_1^2 - c_2^2}{2g} = \text{ Geschwindigkeitshöhe in m}$$

3.4.1.1 Wasserräder (Abb. 3.34 und 3.35)

Zu den Strömungskraftmaschinen im weiteren Sinne kann man auch die unter- und oberschlächtigen Wasserräder rechnen. Sie haben eine niedrige spezifische Drehzahl n_q, große Abmessungen und eine kleine Drehzahl.

Abb. 3.34 Wasseturbinen
(Arbeitsweise der
Wasserturbinen [3]: a – Pelton-
Turbine, b – Ossberger-Turbine,
c – Francis-Turbine, d – Dériaz-
Turbine, e – Kaplan-Turbine)

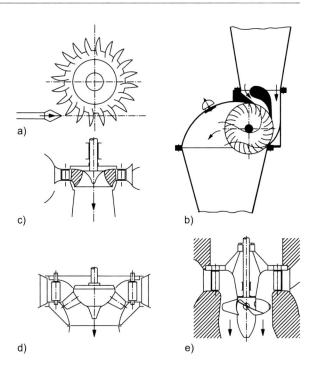

Nutzbar sind in Wasserrädern Gefälle von 0,1 m bis 12 m und Volumenströme $\dot{V} = 0,05 \ldots 5 \frac{\mathrm{m}^3}{\mathrm{s}}$. Drehzahlen von 2 bis 12 min^{-1} sind unter Einsatz von Getrieben verwertbar (Mahl- Öl- Walkmühlen, Stromerzeugung, etc.).

Es werden Wirkungsgrade von 30 % bis 80 % erreicht ($\eta_{\max}$ bei $u = \frac{c_1}{2}$).

3.4.1.2 Gleichdruck-Turbinen

Pelton-Freistrahlturbine (Abb. 3.36)
Aufbauend auf Abschn. 2.6.1c) – Beispiel 2.9:

Das Wasser wird in einer regelbaren Düse, an deren Austritt Atmosphärendruck herrscht, stark beschleunigt und gibt reine kinetische Energie an das Becherrad ab. Da sich im Laufrad der Druck nicht ändert, ist der *Reaktionsgrad* $r = 0$ (Gleichdruck).

Liegt c_2 senkrecht zu u, dann ist $c_{u_2} = 0$ und $H = \frac{c_{u_1} \cdot u}{g}$. Bei der Pelton-Turbine fallen c_1 und c_{u_1} zusammen, sodass $c_{u_1} = c_1$ wird. Die Zuströmgeschwindigkeit c_1 ist durch das gegebene Gefälle H festgelegt und ohne Verlust wird:

$$c_1 = \sqrt{2 \cdot g \cdot H} = \sqrt{2g \cdot \frac{c_1 \cdot u}{g}} \text{ und } u = \frac{c_1}{2}$$

$$P_{\mathrm{th}}^{\max} \text{ bei } \eta_{\mathrm{e}} = 1.$$

Abb. 3.35 Ober- und
unterschlächtiges Wasserrad [1]

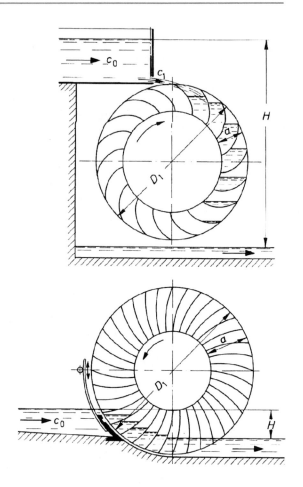

Abb. 3.36 Pelton-Turbine
$H = 358{,}5$ m; $\dot{V} = 12{,}35 \dfrac{\text{m}^3}{\text{s}}$;
$n = 385\,\text{min}^{-1}$; $P = 39$ MW

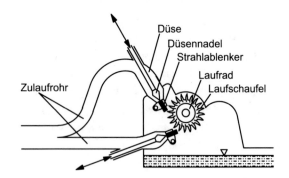

Beispiel 3.7

Eine adiabate Pelton-Turbine einer Wasserkraftanlage mit folgenden Daten:

$$\dot{V} = 5\frac{m^3}{s}; \; H = 16 \text{ m}; \; c_2 = 6\frac{m}{s}; \; \eta_e = 0{,}8; \text{ spezifische Wärmekapazität } c_w = 4{,}2\frac{kJ}{kgK}.$$

a) Welche Turbinenleistung wird erbracht?

b) Welche Temperaturdifferenz ergibt sich zwischen Ein- und Austritt der Turbine bei Vernachlässigung der Rohrleitungsverluste?

zu a)

$$P_{th} = \dot{m}\left(w_{t_1} - w_{t_2}\right) = \dot{m}\left(H \cdot g - \frac{c_2^2}{2}\right) = 5 \cdot 1000 \cdot \left(16 \cdot 9{,}81 - \frac{6^2}{2}\right) = \mathbf{694{,}80 \; kW}$$

$$P_e = P_{th} \cdot \eta_e = 694{,}80 \cdot 0{,}8 = \mathbf{555{,}84 \; kW}$$

zu b)

Dissipierte Leistung $P_{th} - P = 694{,}8 - 555{,}84 = \mathbf{138{,}96 \; kW}$

Nach dem 1. Hauptsatz gilt: $\dot{Q} = 138{,}96 = \dot{m} \cdot c_w \cdot \Delta t$

$$\Delta t = \frac{138{,}96}{5 \cdot 1000 \cdot 4{,}2} = \mathbf{0{,}0066 \; K}$$

Durchström-Turbine (Abb. 3.37)

Bei diesen Kleinturbinen durchströmen flache Freistrahlen, geführt durch verstellbare Leitschaufeln, ein trommelförmiges Laufrad, und zwar zuerst von außen nach innen, dann von innen nach außen.

Einsatz- und Leistungsbereiche:

$$\dot{V} = \text{von } 0{,}2 \ldots 7\frac{m^3}{s}; H = \text{von } 1 \text{ m} \ldots 200 \text{ m}; n = \text{von } 500 \text{ min}^{-1} \ldots 1000 \text{ min}^{-1};$$

$$P = \text{von } 1 \text{ kW} \ldots 1000 \text{ kW};$$

Wegen des Gleichdruckprinzips ist eine Teilbeaufschlagung (Aufteilung in Laufradzellen) möglich.

Gute Anpassungsfähigkeit an stark schwankende Wasserströme. Teilströme von 100 % bis 15 % des Nennvolumenstromes können bei ca. $\eta \geq 80\%$ verarbeitet werden.

3.4.1.3 Überdruckturbinen

Bei den Überdruckturbinen findet die Druckumsetzung (Beschleunigung) auch im Laufrad statt, hier ist also der *Reaktionsgrad* $r > 0$. Es findet keine potenzielle Beaufschlagung statt,

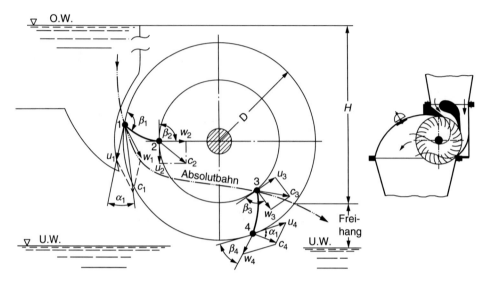

Abb. 3.37 Durchström-Turbine mit Geschwindigkeitsplänen [1]

wie bei der *Freistrahlturbine*, sondern das Laufrad arbeitet völlig im Wasser. Aus dem Laufrad erfolgt stets eine axiale Abströmung. Bei drehbaren Leitschaufeln wird das Leitrad meist radial von außen nach innen durchströmt.

Das mögliche Saugrohr (s. Beispiel 3.3) als Diffusor wird stets angewendet und ist bei kleinen Gefällen besonders wichtig.

Francis-Turbine (Abb. 3.38)

Bei Eintritt des Wassers in das Laufrad ist erst ein Teil des Gesamtgefälles als Einlaufgeschwindigkeit innerhalb des Leitrades verbraucht. Der Rest des Gefälles wird im Laufrad verarbeitet, wobei zusätzlich das vorgenannte Saugrohr nachgeschaltet wird, um die Energie im Laufrad soweit wie möglich auszunutzen. Am Austritt aus den Laufschaufeln herrscht *Überdruck* (s. Beispiel 3.3) und eine hohe Strömungsgeschwindigkeit. Diese wird im Diffusor (Saugrohr) abgebaut und in Druck zurück verwandelt, sodass das Wasser im Unterwasserkanal mit Umgebungsdruck zugeführt wird.

Das Saugrohr hat eine ähnliche Aufgabe wir die Leitschaufeln der Kreiselpumpe, die ebenfalls Geschwindigkeitsenergie in Druckenergie umwandeln.

Die Turbinenleistung Gl. (3.5) ist gegeben durch:

$$P_e = \dot{m} \cdot (c_{u_1} \cdot u_1 - c_{u_2} \cdot u_2) \cdot \eta_e$$

Mit einem Abströmwinkel von 90° wird $c_{u_2} = 0$ (stoßfrei) wird:

$$P_{max} = \dot{m} \cdot c_{u_1} \cdot u_1 \cdot \eta_e$$

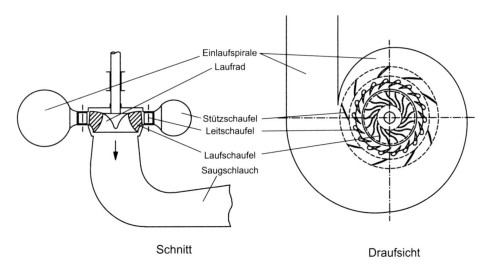

Schnitt   Draufsicht

Abb. 3.38 Francis-Turbine $H = 113,5$ m; $\dot{V} = 415\frac{\text{m}^3}{\text{s}}$; $n = 107,1$ Upm; $P = 415$ MW [3]

Kaplan-Turbine (Abb. 3.39)

Kaplan-Turbinen sind gekennzeichnet durch *axiale Durchströmung* des Laufrads und niedrige Gefälle. Die noch seltene *Propellerturbine* hat feste Laufschaufeln. Die von dem Erfinder Kaplan entwickelte Propellerturbine mit **im Betrieb verstellbaren** Laufschaufeln kann schwankenden Betriebsbedingungen angepasst werden.

Die Kaplan-Turbine ist besonders geeignet für große Volumenströme und kleines Gefälle H.

3.4.1.4 Pumpspeicher-Turbinenanlage

Der Maschinensatz eines Pumpspeicher-Werks besteht heute aus z. B. einer Francis-Turbine, einem Generator/Motor und einer Speicherpumpe (Abb. 3.40).

Turbinenbetrieb:

(z. B. Tagsüber-Spitzenbetrieb)

Die abgekoppelte Pumpe ist stillgesetzt, die Francis-Turbine treibt den Generator an.

Pumpenbetrieb: (z. B. nachts)

Die abgekoppelte Turbine ist stillgesetzt, der Generator, der jetzt als Motor arbeitet, treibt die Pumpe zur Förderung in das Speicherbecken.

Der vorgenannte Aufbau mit getrennter Turbine und getrennter Pumpe hat den Vorteil, dass beide Maschinen für einen hohen Wirkungsgrad ausgelegt werden können. Nimmt man einen schlechteren Wirkungsgrad in Kauf, dann lassen sich beide Maschinen vereinigen und es entsteht eine **Pumpenturbine**, weil Francis-Laufräder grundsätzlich als Pumpenrad eingesetzt werden können, aber die Schaufelwinkel für optimale Wirkungsgerade an Pumpen und Turbinen etwas verschieden sein müssen.

Abb. 3.39 Kaplan-Turbine,
$H = 9{,}6$ m; $\dot{V} = 408\frac{\text{m}^3}{\text{s}}$;
$n = 65{,}2$ min^{-1};
$P = 34{,}7$ MW [3]

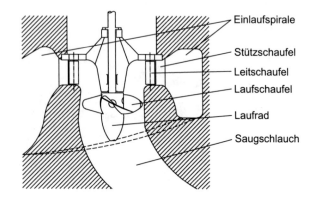

— Einlaufspirale

— Stützschaufel

— Leitschaufel

— Laufschaufel

— Laufrad

— Saugschlauch

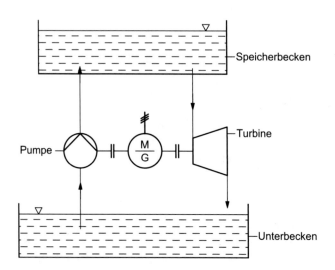

—Speicherbecken

—Turbine

Pumpe —

—Unterbecken

Abb. 3.40 Pumpenturbine

Beispiel 3.8
Eine Wasserkraftanlage mit einer Francis-Turbine hat folgende Daten:

$$H_{\text{geo}} = 156{,}5 \text{ m}; \ \dot{V} = 4{,}4\frac{\text{m}^3}{\text{s}}; n = 750 \text{ min}^{-1}; \varrho = 1000\frac{\text{kg}}{\text{m}^3};$$

Turbinenrad $D_1 = 1$ m; $D_2 = 0{,}75$ m; $\eta_{\text{e}} = 0{,}8$; $\alpha = 17°$.

a) effektive Turbinenleistung P_e

$$P_e = \dot{m} \cdot g \cdot H_{geo} \cdot \eta_e = 4,4 \cdot 1000 \cdot 9,81 \cdot 156,5 \cdot 0,8 = \mathbf{5404\ kW}$$

b) spezifische Drehzahl n_q, Gl. (3.16)

$$n_q = \frac{n\sqrt{\dot{V}}}{H^{\frac{3}{4}}} = 750 \cdot \frac{\sqrt{4,4}}{156,5^{\frac{3}{4}}} = \mathbf{36\ min^{-1}}$$

c) Zuströmgeschwindigkeit c_o

$$c_o = \sqrt{2 \cdot g \cdot H_{geo}} = \sqrt{2 \cdot 9,81 \cdot 156,5} = \mathbf{55{,}41\frac{m}{s}}$$

d) Umfangskomponente c_{u_1} bei Austrittskomponente $c_{u_2} = 0$

$$u_1 = D_1 \cdot \pi \cdot \frac{n}{60} = 1 \cdot 3,14 \cdot \frac{750}{60} = \mathbf{39{,}25\frac{m}{s}}$$

$$u_2 = D_2 \cdot \pi \cdot \frac{n}{60} = 0,75 \cdot 3,14 \cdot \frac{750}{60} = \mathbf{29{,}44\frac{m}{s}}$$

$$H = \frac{(c_{u_1} \cdot u_1 - c_{u_2} \cdot u_2)}{g \cdot \eta_e}; \quad c_{u_1} = \frac{156,5 \cdot 0,8 \cdot 9,81}{39,25} = \mathbf{31{,}29\frac{m}{s}}$$

e) Geschwindigkeitsplan (Abb. 3.41)

$$c_1 = \frac{c_{u_1}}{\cos \alpha} = \frac{31,29}{0,956} = \mathbf{32{,}71\frac{m}{s}}$$

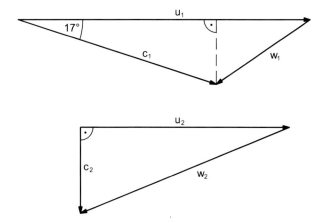

Abb. 3.41 Geschwindigkeitsplan der Francis-Turbine

$$c_2 = \frac{\dot{V}}{D_2^2 \cdot \frac{\pi}{4}} = \frac{4{,}4}{0{,}75^2 \cdot \frac{\pi}{4}} = \mathbf{9{,}96 \frac{m}{s}}$$

f) Reaktionsgrad

$$r = \frac{H_{\text{Lauf}}}{H_{\text{Stufe}}} = \frac{H_{\text{Stufe}} - H_{\text{dyn}}}{H_{\text{Stufe}}} = \frac{156{,}5 - H_{\text{dyn}}}{156{,}5} = \frac{156{,}5 - 50}{156{,}5} = 0{,}68$$

$$H_{\text{dyn}} = \frac{c_1^2}{2g} - \frac{c_2^2}{2g} = \frac{32{,}71^2 - 9{,}96^2}{2 \cdot 9{,}81} = 49{,}48 \text{ m}$$

$$\left(H_{\text{Stufe}} = \frac{c_{u_1} \cdot u_1}{\eta_e \cdot g} = \frac{31{,}29 \cdot 39{,}25}{0{,}8 \cdot 9{,}81} = 156{,}5 \text{ m} \right)$$

Die Leistungsregelung bei Francis-Turbinen erfolgt durch Leitschaufelverstellung. Dabei ändert sich der Zuströmwinkel α. Meist ist $n = konstant$, dann entstehen *Stoßverluste* (Mitdrall, Gegendrall) am Eintritt und damit Energieverluste.

3.4.2 Dampfturbinen (DT)

Dampfturbinen werden sowohl mit Heißdampf als auch mit Nassdampf betrieben. Es gibt *Axial- und Radialturbinen*. Nach dem Arbeitsverfahren gibt es *Gleichdruckturbinen* (Entspannung des Dampfes vorwiegend im vorgeschalteten *Leitteil* der Turbinenstufe) und *Überdruckturbinen* (Entspannung etwa je zur Hälfte im Leit- und Laufteil).

Bei Dampfturbinen enthält der Abdampf – anders als der Abwasserstrom einer Wasserturbine – ein hohes, meist nicht mehr nutzbares Arbeitsvermögen in der Enthalpie h_2. Gemäß Abb. 3.45 ist die Enthalpiedifferenz der heute üblichen Verfahren ersichtlich (bis $x = 0{,}85$ Nassdampfgebiet). Unterdruck entsteht, weil dem Abdampf die Wärme vom Kühlwasser entzogen wird (0,04 bis 0,1 bar), was in der *Kondensationsturbine* stattfindet, die vorwiegend als Kraftwerksturbine verwendet wird. Liegt der Druck des Abdampfs höher als der Atmosphärendruck, dann handelt es sich um *Gegendruckturbinen*, die in der Industrie Verwendung finden.

Bei allen Anlagen weltweit beträgt der Frischdampfdruck etwa 160 bar bis 250 bar. Mit neu entwickelten Werkstoffen wird zurzeit an 300 bar und 700 °C gearbeitet, und man strebt Netto-Wirkungsgrade von 50 % an (Abb. 3.42).

Man unterscheidet:

- Kraftturbinen (überwiegend Kondensationsturbinen)
  - 300 MW-Klasse
  - 600 MW-Klasse
  - 1000 MW-Klasse (260 bar, 550 °C)
- Industrieturbinen: von einigen 100 kW bis über 100 MW als Gegendruckturbine (Anzapf- und Enthalpieturbine).

Anzapfdampf heißt: Man entnimmt zwischen dem Enthalpiegefälle der Turbine einen Dampfteil für die Verwendung in der Produktion.

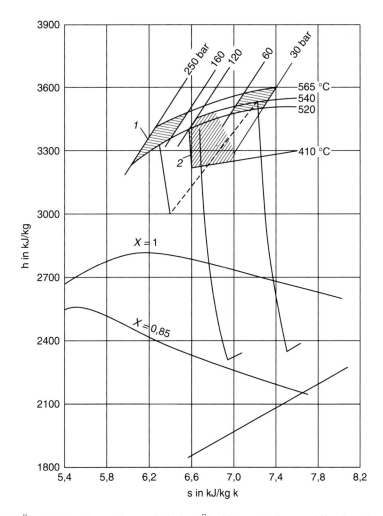

Abb. 3.42 Übliche Dampfzustände von Zwischen-Überhitzungsturbinen und Kondensationsturbinen im h,s-Diagramm für Wasserdampf [3]

Die maximal verwirklichte Leistung beträgt 1800 MW.

In Anlehnung an Abschn. 2.5 *Kreisprozesse für die Dampfkraftmaschine*:

Die Energie in Dampfkraftmaschinen (Turbine oder Motor oder Kolbenmaschine) ist die Enthalpie des Wasserdampfes. Dieser wird in Kesseln (oder Kernreaktoren) erzeugt.

Der ideale Dampfkraft-Kreisprozess ist der *Clausius-Rankine-Prozess*:

1-2 Isentrope Kompression, $s = $ konstant ($h_{12} = h_2 - h_1$) in der Speisewasserpumpe
2-3 Isobare Verdampfung und Überhitzung bei $p_2 = $ *konstant* ($h_{23} = h_3 - h_2$)
3-4 Isentrope Expansion, $s = $ *konstant* (Turbine oder Motor), ($h_{34} = h_3 - h_4$)
4-1 Isobare und zugleich isotherme Kondensation $p_1 = $ *konstant*, $T_1 = $ *konstant*, ($h_{14} = h_4 - h_1$)

Beim wirklichen Kreisprozess treten die Polytropen an die Stelle der Isentropen.

Nach Abb. 3.43 und 3.44 gilt:

$\dot{Q}_{zu} = \dot{m}_B \cdot H_u$ zugeführte Primärenergie
$\dot{m}_B = $ Brennstoffmasse in kg/s
$H_u = $ Heizwert in kJ/kg
$\dot{Q}_{23} = \eta_K \cdot \dot{Q}_{zu} = \dot{m}_D \cdot (h_3 - h_1)$, Kesselleistung

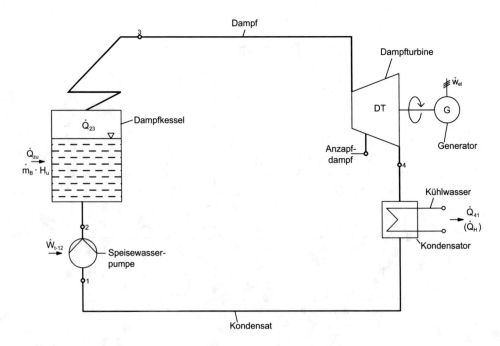

Abb. 3.43 Dampfkraft-Kreisprozess (Kondensationsbetrieb)

η_K = Kesselwirkungsgrad

$\dot{m}_D$ = Dampfstrom in kg/s

$h_1 = c_w \cdot t_1$, c_w=spezifische Wärmekapazität des Wassers

$\dot{W}_{t12}$ = Speisewasserpumpenleistung kJ/s

$\dot{W}_{t34} = \dot{m}_D \cdot (h_3 - h_4)$ Turbinenleistung in kJ/s

$\dot{Q}_{41} = \dot{m}_D \cdot (h_4 - h_1) = \dot{Q}_{ab}$ Kondensatorleistung

$$\eta_{th} = \frac{\dot{W}_{t34}}{\dot{Q}_{23}}; \quad \eta_c = 1 - \frac{T_u}{T_m} = \frac{\dot{Q}_{23}}{\dot{m}_D(s_{34} - s_1)}$$

η_{th} = thermischer Wirkungsgrad des idealen Kreisprozesses

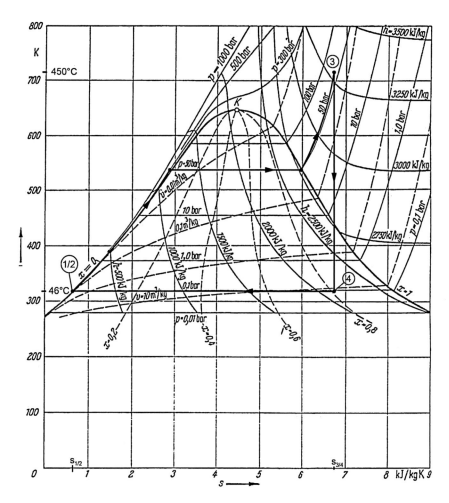

Abb. 3.44 T,s-Diagramm für Wasser mit Isobaren, Isochoren und Isenthalpen

Das T,s-Diagramm in Abb. 3.44 zeigt einen einfachen Dampfkraftprozess mit den spezifischen Werten: (Dampftabelle)

$$p_1 = 0,1 \text{ bar}, \quad p_2 = 50 \text{ bar}$$

$$(p_2 - p_1) = 49,9 \text{ bar (Speisewasserpumpe)} \triangleq \Delta t = \frac{\Delta p}{\varrho \cdot c_w} = 1,3 \text{ K}$$

$$t_1 = 46\,°C, \ t_2 = 47,3\,°C, \ t_3 = 450\,°C, \ (h_3 - h_4) \approx 1180\frac{kJ}{kg}, \ (h_3 - h_1) \approx 3100\frac{kJ}{kg},$$

$$\eta_{th} = \frac{h_3 - h_4}{h_3 - h_1} = \frac{1180}{3100} \approx 0,38$$

Beispiel 3.9
Die Expansion im h,s-Diagramm, Abb. 3.45:

3.4.2.1 Turbinenprozess

- Isentropes Gesamtgefälle (Isentrope Expansion)

$$\Delta h = h_1 - h_2 = 3450 - 1940 = \mathbf{1510\,\frac{kJ}{kg}}$$

Die Wärmeenergie $h_2 = 1940\frac{kJ}{kg}$ im Abdampf ist in der Turbine nicht mehr nutzbar. Thermischer Wirkungsgrad:

$$\eta_{th} = \frac{h_1 - h_2}{h_1} = \frac{1510}{3450} = \mathbf{0,438} \ (\triangleq 44\,\%)$$

- Polytropische Expansion
  Berücksichtigt man den inneren Wirkungsgrad η_i (Gl. (2.32)), so wird aus der Isentrope eine Polytrope (Abdampf wird trockener) und die Enthalpiedifferenz wird kleiner, wird unter Berücksichtigung der Dampferzeugerverluste ($\eta_k = 0,9$) und der mechanischen Verluste ($\eta_m = 0,98$) der effektive Wirkungsgrad bis zur Turbinenkupplung gemäß Gl. (2.65) zu:

$$\eta_e = \eta_{th} \cdot \eta_i \cdot \eta_k \cdot \eta_m = 0,438 \cdot 0,86 \cdot 0,9 \cdot 0,98 = \mathbf{0,33}$$

Es werden also aus der 100 %-igen Brennstoffenergie nur 33 % in mechanische Energie umgewandelt.

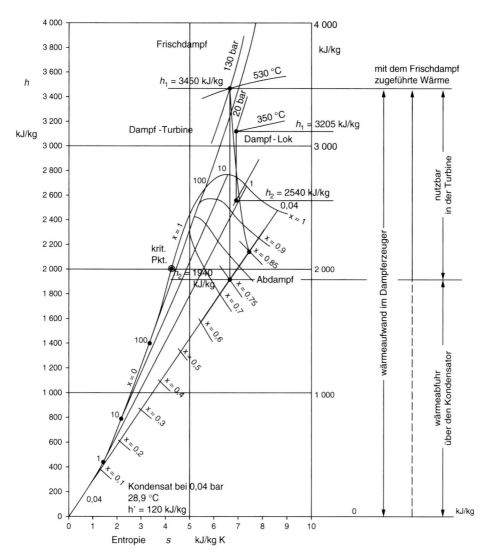

Abb. 3.45 Isentrope und Polytrope ($\eta_i = 0{,}86$) in einer Dampfturbine und in einer Kolbendampf-maschine (z. B. Lokomotive) [1]

Durch Verbesserung des Kreisprozesses wie:

- Zwischenüberhitzung des Turbinendampfes
- Vorwärmung des Speisewassers

lassen sich heute Werte von η_e bis 46 % erreichen.

3.4.2.2 Kolbendampfmaschine (z. B. Lokomotive)

Isentropisches Gefälle $\Delta h = h_1 - h_2 = 3205 - 2540 = \mathbf{665\frac{kJ}{kg}}$

Die Wärmeenergie $h_2 = 2540\frac{kJ}{kg}$ wird an die Umgebung abgegeben.

Thermischer Wirkungsgrad:

$$\eta_{th} = \frac{665}{3205} = \mathbf{0{,}21}, (21\,\%)$$

Mit dem Wirkungsgrad des Dampferzeugers ($\eta_k = 0{,}8$), dem inneren Wirkungsgrad ($\eta_i = 0{,}83$) und dem mechanischen Wirkungsgrad ($\eta_m = 0{,}92$) wird der effektive Wirkungsgrad der Kolbendampfmaschine zu:

$$\eta_e = 0{,}21 \cdot 0{,}8 \cdot 0{,}83 \cdot 0{,}92 = \mathbf{0{,}13} \left(\hat{=}13\,\%\right)$$

Nutzt man z. B. bei dem unter 3.4.2.1 aufgezeigten Turbinenprozess die von der zugeführten 100 %-igen *Primärenergie* übrige ca. 50 %-ige Restenergie (Abwärme), die über einen *Rückkühler* an die Atmosphäre abgeführt wird, als Nutzwärme für Heizzwecke (s Abschn. 2.5), so ist der Nutzungsgrad:

$$\eta_{nutz} = \frac{\dot{W}_{t_{12}} + \dot{Q}_{ab}}{\dot{Q}_{zu}} = \frac{33\,\% + \text{ca.}\ 50\,\%}{100\,\%} = \text{ca. } \mathbf{83\,\%}$$

Dieser Prozess heißt **Kraft-Wärme-Kopplung**!

Beispiel 3.10

Zustandsänderungen im h,s-Diagramm

Fall a) *Isobare Zustandsänderung*

Nassdampf von 10 bar, $x = 0{,}96$ auf $t_2 = 400\,°C$ überhitzt $h_1 = 2700\frac{kJ}{kg}$; $v_1 = 0{,}2\,\frac{m^3}{kg}$;

$t_1 = 180\,°C$; $h_2 = 3270\frac{kJ}{kg}$; $v_2 = 0{,}3\,\frac{m^3}{kg}$; $\Delta h = 3270 - 2700 = 570\frac{kJ}{kg}$;

Fall b) *Gefälleermittlung* mit Fall a) ($\eta_i = 0{,}8$)

- Isentrope Expansion von 3270 kJ/kg auf 2280 kJ/kg bei $x = 0{,}88$ und 0,05 bar (Praxis), $v_2 = 25\frac{m^3}{kg}$, 33 °C aus der Dampftafel bei 0,05 bar.

  Enthalpiegefälle $\Delta h_s = 990\frac{kJ}{kg}$;

- Polytrope Expansion $\Delta h = \Delta h_s \cdot \eta_i = 990 \cdot 0{,}8 = 792\frac{kJ}{kg}$ bei 0,05 bar, $x_2 = 0{,}962$; $v_2 = 27\frac{m^3}{kg}$

Fall c) *Drosselung* (Abb. 3.46)

- Frischdampf von 40 bar/400 °C expandiert isentrop auf 1 bar, $\Delta h_s = 760\frac{kJ}{kg}$
- Vorgenannter Zustand wird auf 4 bar gedrosselt und anschließend in der Turbine isentrop entspannt $p = 1$ bar; h bleibt bei der Drosselung konstant!

  $\Delta h_s = 340\frac{kJ}{kg}$ (ca. 55 % weniger); $t_1 = 376\,°C$

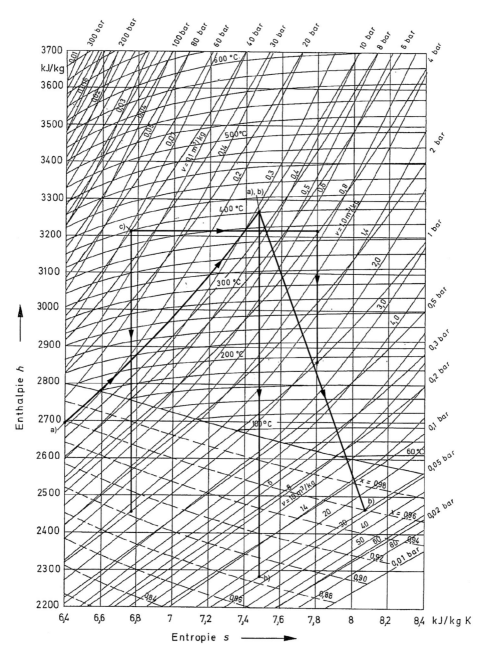

Abb. 3.46 h,s-Diagramm für Wasserdampf von Zustandsänderungen [1]

3.4.2.3 Die Energieumwandlung:

Thermische → Strömungs- → Mechanische Energie

Das zur Verfügung stehende Wärmegefälle (Enthalpiedifferenz) bei thermisches Turbinen wird in mechanische Energie umgesetzt (s. Reaktionsgrad r). Die Energie, die aus dem Wärmegefälle frei wird, vergrößert die Bewegungsenergie des Dampfes und innerhalb einer Stufe – die aus Leit- und Laufrad besteht – wird sie in eine, das Turbinenrad antreibende Umfangskraft F_u in mechanische Arbeit bzw. Leistung umgewandelt.

Um das zur Verfügung stehende Enthalpiegefälle von maximal ca. 1700 kJ/kg zu verarbeiten, werden mehrere Stufen benötigt. Die Einzelstufe (bestehend aus Leit- und Laufrad) kann je nach Durchmesser ca. 40...250 kJ/kg bewältigen.

Das spezifische Dampfvolumen v_D wird von Stufe zu Stufe immer größer, d. h. die Laufraddurchmesser werden von Stufe zu Stufe ebenfalls größer (Abb. 3.47 und 3.47a).

- 1. Energieumwandlung im Leitkanal (z. B. Lavaldüse)
  Nach dem 1. Hauptsatz *Strömungsprozesse* gilt:
  $w_t = 0$; Abschn. 3.3.1.2, Abb. 3.17: $h_1 \mathrel{\widehat{=}} h_0$; $c_1 \mathrel{\widehat{=}} c_0$

$$(h_0 - h_1) + \frac{1}{2}\left(c_0^2 - c_1^2\right) = 0$$

$$h_0 - h_1 = \frac{1}{2}\left(c_1^2 - c_0^2\right)$$

$$c_1 = \sqrt{2 \cdot (h_0 - h_1) + c_0^2}$$

Austrittsgeschwindigkeit der Lavaldüse = Eintrittsgeschwindigkeit der Turbine

- 2. Energieumwandlung im Leitrad z. B. einer Axialturbine:

  Die spezifische Strömungsenergie $\frac{c_1^2}{2}$ des Dampfes erzeugt mit dem Massenstrom $\dot{m}_D$
  die Umfangskraft $F_u = \dot{m}_D(c_{u_1} - c_{u_2})$ und mit Gl. (3.6):

$$M = F_u \cdot r = \dot{m}_D(c_{u_1} - c_{u_2}) \cdot r$$

$$P_{th} = M \cdot \omega = \dot{m}_D(c_{u_1} - c_{u_2}) \cdot r \cdot \omega = \dot{m}_D(c_{u_1} - c_{u_2}) \cdot u = \dot{m}_D \cdot (h_1 - h_2)$$

Im Dampfturbinenbau gibt es zwei Stufenausführungen (Abb. 3.31):

a) die *Gleichdruckturbine* mit $r = 0$, Gefälleverarbeitung nur in den Leitschaufeln
   und

b) die *Überdruckturbine* üblicherweise mit $r = 0{,}5$, Gefälleverarbeitung zu Hälfte in Leitrad und Laufrad verteilt.

Abb. 3.47 Enthalpieverlauf
einer mehrstufigen Turbine [1]

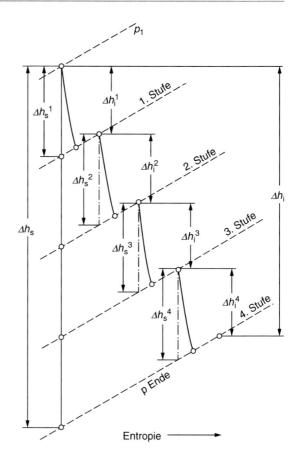

Abb. 3.47a Leitkanal als
Lavaldüse

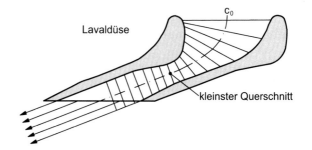

Im Gesamtwirkungsgrad sind beide etwa gleich. In beiden Fällen wird die Beschaufelung für ein bestimmtes Verhältnis $\frac{u}{c_1}$ ausgelegt:

- Gleichdruckstufe $\frac{u}{c_1} = 0,5$ $\left(\eta_{max} \text{ bei } r = 0, c_{u_2} = 0\right)$
- Überdruckstufe $\frac{u}{c_1} = 1,0$ $\left(\eta_{max} \text{ bei } r = 0,5, c_{u_2} = 0\right)$

Umfangsgeschwindigkeit u bis maximal 300 m/s
  Damit ergibt sich das Enthalpiegefälle:

- Gleichdruckturbine $\Delta h_{St} = \dfrac{c_1^2}{2} = 2u^2$

  und
- Überdruckturbine mit $r = 0,5$ wird η_{max} bei $u = c_1$ erreicht und $\Delta h_{St} = u^2$ zu verarbeitendes Enthalpiegefälle der Stufe. Durch das kleinere Enthalpiegefälle ergeben sich größere Stufenzahlen.

3.4.3 Gasturbinen (GT)

Die Gasturbine ist eine Wärmekraftmaschine, die durch Verbrennen vom Brennstoff (Öl oder Gas) freigesetzte Wärme in mechanische Energie (Wellenleistung) oder in Schubkraft (s. Abschn. 2.6) umsetzt. Sie besteht im einfachsten Falle aus einem Verdichter, einer Turbine und einer Brennkammer. Der Verdichter saugt einen Luftmassenstrom aus der Umgebung an und verdichtet diesen. Durch isobare Verbrennung eines Brennstoffmassenstroms mit diesem Luftmassenstrom (Brennstoff-Luftgemisch) in der Brennkammer wird zusätzlich die Temperatur des Arbeitsgases erhöht. Bei der anschließenden Entspannung des Arbeitsgases auf Umgebungsdruck in der Turbine kann diese so mehr Leistung abgeben, als der von ihr angetriebene Verdichter aufnimmt.

Der Leistungsüberschuss der Turbine steht als Nutzleistung (z. B. Generatorantrieb) zur Verfügung. Das Leistungsverhältnis liegt etwa bei 3:2:1, d. h. um z. B. 1000 kW Generatorleistung abzugeben, muss die Gasturbine 3000 kW leisten, von denen der Verdichter 2000 kW braucht.

Man unterscheidet zwei Prozessarten:

Offener Prozess: Das Arbeitsmedium Luft wird aus der Umgebung angesaugt und nach Durchströmen der vorgenannten Komponenten als Verbrennungsgas (Rauchgas) wieder an die Umgebung abgegeben (Abb. 3.48)

Geschlossener Prozess: Das Arbeitsmedium – Luft, Helium oder andere Gase – läuft im Kreislauf um und nimmt nicht an der Verbrennung teil. An die Stelle der Brennkammer tritt ein Wärmeüberträger (Erhitzer). Zum Schließen des thermodynamischen Kreisprozesses ist ein Rückkühler erforderlich. Die im Arbeitsmedium nach der Turbine enthaltene Abgaswärme wird zur Vorwärmung der verdichteten Luft vor dem Gaserhitzer benutzt (Abb. 3.49)

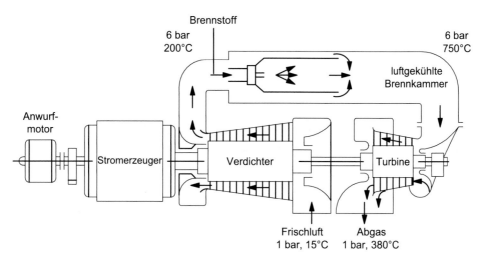

Abb. 3.48 Schema einer *offenen* Gasturbine [1]

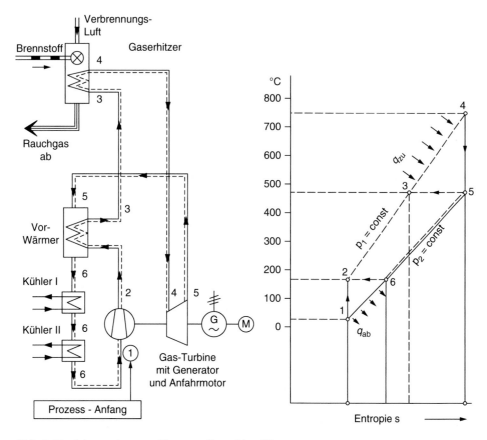

Abb. 3.49 Schema einer *geschlossenen* Gasturbine [1]

Auch hier kann man wie beim Dampfkraftprozess die Abwärme aus der Gasturbine nutzen:

a) In einem Abgaswärmeüberträger wird Dampf erzeugt zum Abtrieb einer Dampfturbine als sogenannter *Kombiprozess* oder GuD-Prozess (s. Abb. 3.55)
   oder
b) die Abwärme für Heißzwecke nutzen als *Kraft-Wärme-Kopplung*.

Eine weitere Anwendung ist die im Abschn. 2.6 aufgeführte Gasturbine als **Luftfahrt-triebwerk.** Die am Austritt der Verdichterturbine im Abgas enthaltene Expansionsener-gie wird in der *Schubdüse* (z. B. Lavaldüse) in kinetische Energie umgesetzt und als *Schubleistung*:

$$F_{Sch} = \dot{m}_G \cdot c_2 - \dot{m}_L \cdot c_1$$

$\dot{m}_G$ = Gemischmassenstrom
$\dot{m}_L$ = Luftmassenstrom
c_1 = Fluggeschwindigkeit
c_2 = Schubdüse-Austrittsgeschwidigkeit

   und

$$P_{Sch} = F_{Sch} \cdot c_2$$

abgegeben.
   In Anlehnung an Abschn. 2.5 *Kreisprozesse*:
   Der ideale Kreisprozess der Gastrubine ist der *Joule-Prozess*, der sich im h,s-, T,s- oder p,v-Diagramm darstellen lässt (Abb. 3.50).

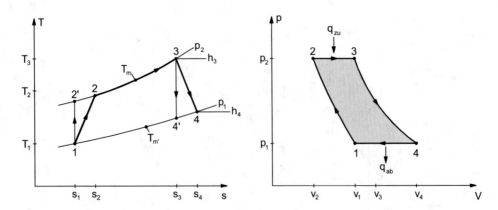

Abb. 3.50 Joule-Kreisprozess im T,s-; p,v-Diagramm

1-2' Isentrope Verdichtung mit dem Druckverhältnis $\pi = \frac{p_2}{p_1}$, (polytrope 1-2)

2-3 Isobare Wärmezufuhr q_{23}, $p_2 = konstant$

3-4' Isentrope Expansion von p_2 auf p_1 (polytrope 3-4)

4'-1 Isobare Wärmeabfuhr $q_{41'}$

$$q_{zu} = q_{23'} = c_p(T_3 - T_{2'}) = (h_3 - h_{2'})$$

$$q_{ab} = q_{41'} = c_p(T_{4'} - T_1) = (h_{4'} - h_1)$$

$$\eta_{th} = \frac{q_{zu} - q_{ab}}{q_{zu}} = \frac{w_t}{q_{zu}} = 1 - \frac{T_{m'}}{T_m}$$

spezifische Verdichterarbeit $w_{t12} = \frac{h_{2'} - h_1}{\eta_{iv}}$

spezifische Turbinenarbeit $w_{t34} = (h_3 - h_{4'}) \cdot \eta_{iT}$

nutzbare spezifische Arbeit $w_t = w_{t34} - w_{t12}$

GT-Leistung $P_e = \dot{m} \cdot w_t \cdot \eta_m$

Die Nutzarbeit hängt von $\frac{p_2}{p_1}$, und T_1, T_2 ab.

Der Verdichterwirkungsgrad $\eta_{iV} = $ ca. bis 0,83

Der Turbinenwirkungsgrad $\eta_{iT} = $ ca. bis 0,85

Die erzielbaren effektiven Wirkungsgrade η_e:

- $\dfrac{p_2}{p_1} = 17$; $t_3 = 1200\,°C$; $t_1 = 15\,°C$; $\eta_e \approx 0{,}34$

- $\dfrac{p_2}{p_1} = 12$; $t_3 = 900\,°C$; $t_1 = 15\,°C$; $\eta_e \approx 0{,}30$

- $\dfrac{p_2}{p_1} = 7$; $t_3 = 600\,°C$; $t_1 = 15\,°C$; $\eta_e \approx 0{,}20$

Die Abgastemperaturen liegen zwischen 400 °C und 500 °C, sodass die Abwärme, wie vorher beschrieben, genutzt werden kann.

Die Wärmebilanz der Gasturbine mit dem Arbeitsmedium *Rauchgas* ermittelt sich zu:

$$H_u + \lambda \cdot L_{min} \cdot c_{P_L} \cdot t_L = V_R \cdot c_{P_R} \cdot t_R$$

$H_u = $ Heizwert in kJ/kg

$\lambda = $ Luftüberschuss 1,0-...5,0-fach

L_{min} = theoretischer Luftbedarf der Verbrennung in m³/kg
c_{P_L} = spezifische Wärmekapazität von Luft in kJ/m³K
c_{P_R} = spezifische Wärmekapazität von Rauchgas in kJ/m³K

$$c_{P_R} \approx c_{P_L}$$

t_L bzw. t_R Luft- bzw. Rauchgastemperatur
v_R = spezifische Rauchgasvolumen in m³/kg

Das Enthalpiegefälle bei der Turbinenexpansion isentrop – maximal $\Delta h_s \approx 850\frac{kJ}{kg}$ – und wird auf mehreren Stufen verarbeitet (Abb. 3.51).
Die Industriegasturbinen mit polytropischer Entspannung erreichen Enthalpiedifferenzen von $\Delta h \approx 450\frac{kJ}{kg}$.

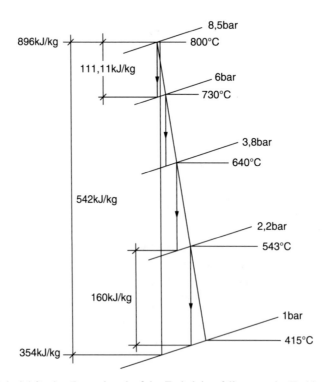

Abb. 3.51 Beispiel für den Zustandsverlauf des Enthalpiegefälles von vier Turbinenstufen [1]

Richtwerte im Vergleich mit der Dampfturbine:

	Gasturbine	Dampfturbine
Druck des Arbeitsmediums	<40 bar	<280 bar
Temperatur	<1400 °C	<580 °C
Austrittsdruck	≥1 bar	≥0,02 bar
Endtemperatur	>400 °C	>20 °C
Enthalpiegefälle	ca. $1000\frac{kJ}{kg}$	ca. $1500\frac{kJ}{kg}$
Stufenzahl	3 ... 8	20 ... 40

Die Gasturbine entspricht in ihren strömungstechnischen Grundlagen der schon behandelten Dampfturbine.

Als *Verdichter* in Gasturbinen finden sowohl *Radial- und Axial-Verdichter* Anwendung:

- Theoretische spezifische Verdichterarbeit Gl. (2.24) und (3.5)

$$w_{tv} = \frac{\kappa}{\kappa - 1} \cdot p_1 \cdot v_1 \cdot \left[\left(\frac{p_2}{p_1} \right)^{\frac{\kappa-1}{\kappa}} - 1 \right] = H \cdot g = c_{u_2} \cdot u_2 - c_{u_1} \cdot u_1 = \Delta h_s$$

Druckverhältnis pro Stufe:

$$\frac{p_2}{p_1} = \pi = 1,8 \ldots 2,4 \text{ Radialverdichter}$$

$$\frac{p_2}{p_1} = \pi = 1,1 \ldots 1,2 \text{ Axialverdichter}$$

Gesamtdruckverhältnis der Stufen ca. 8 ... 16

$$\text{Antriebsleistung: } P_e = \frac{\dot{m} \cdot w_{tv}}{\eta_e}$$

Als *Turbine* in Gasturbinen können wie Verdichter auch in radialer und axialer Bauart ausgeführt sein:

- theoretische spezifische Turbinenarbeit Gl. (2.30) und (3.6):

$$w_{tr} = \frac{\kappa}{\kappa - 1} \cdot p_1 \cdot v_1 \cdot \left[1 - \left(\frac{p_2}{p_1} \right)^{\frac{\kappa-1}{\kappa}} \right] = c_{u_1} \cdot u_1 - c_{u_2} \cdot u_2 = \Delta h_s$$

Überdruckturbine mit $r = 0,5$; $u = 250 \ldots 350 \frac{m}{s}$

$n = 3000 \text{ min}^{-1}$ (Generatorbetrieb)

$$\frac{u}{c_1} = 0,7 \dots 0,8$$

Überdruckstufen setzen im Vergleich zu Gleichdruckstufen kleinere Enthalpie-gefälle um.

- Die Nutzleistung oder abgegebene Leistung der Gasturbine beträgt:

$$P_N = P_T - P_V; \quad (w_t = w_{t_T} - w_{t_V})$$

Beispiel 3.11 (Abb. 3.48 und 3.50)
Eine *offene* Gasturbine hat folgende Parameter:

$$T_1 = 288 \text{ K}; p_1 = 1,013 \text{ bar}; \pi = \frac{p_2}{p_1} = 7,5; c_p = 1,0\frac{\text{kJ}}{\text{kgK}}; \kappa = 1,4; \eta_{iv} = 0,85;$$

$T_3 = 1150 \text{ K}; \eta_{i_T} = 0,9; \eta_m = 0,9; H_u = 10\frac{\text{kWh}}{\text{m}^3} \text{ oder } 7\frac{\text{kWh}}{\text{kg}};$

Auswertung mit den Gleichungen aus Abschn. 2.3:

- $T_{2'} = T_1 \left(\frac{p_2}{p_1}\right)^{\frac{\kappa-1}{\kappa}} = 288 \cdot 7,5^{0,286} = \mathbf{512,46 \ K}$

- $T_2 = T_1 + \frac{T_{2'}-T_1}{\eta_{iv}} = 288 + \frac{512,46-288}{0,85} = \mathbf{552,07 \ K}$

- $T_{4'} = T_3 \left(\frac{p_1}{p_2}\right)^{\frac{\kappa-1}{\kappa}} = 1150\left(\frac{1}{7,5}\right)^{0,286} = \mathbf{646,29 \ K}$

- $T_4 = T_3 - \eta_{i_T}(T_3 - T_{4'}) = 1150 - 0,9(1150 - 646,29) = \mathbf{696,66 \ K}$

- $w_{t_V} = c_P(T_2 - T_1) = 1,0(552,07 - 288) = \mathbf{264,07\frac{kJ}{kg}}$

oder

$$w_{t_V} = \frac{\frac{\kappa}{\kappa-1} \cdot p_1 \cdot v_1 \cdot \left[\left(\frac{p_2}{p_1}\right)^{\frac{\kappa-1}{\kappa}} - 1\right]}{\eta_{iv}}$$

- $q_{23} = c_p(T_3 - T_2) = 1,0(1150 - 552,07) = \mathbf{597,93\frac{kJ}{kg}}$
- $w_{t_T} = c_p(T_3 - T_4) = 1,0(1150 - 696,66) = \mathbf{453,34\frac{kJ}{kg}}$
- $q_{41} = c_p(T_4 - T_1) = 1,0(696,66 - 288)\mathbf{408,66\frac{kJ}{kg}}$
- $w_t = w_{t_T} - w_{t_V} = 453,34 - 264,07 = \mathbf{189,27\frac{kJ}{kg}}$
- $\eta_{th} = 1 - \frac{T_m'}{T_m}; \quad T_m' = \frac{T_{4'}-T_1}{\ln\frac{T_{4'}}{T_1}} = 437,6 \text{ K}$

$$T_m = \frac{T_3 - T_{2'}}{\ln\frac{T_3}{T_{2'}}} = 788,75 \text{ K}$$

$$\eta_{\mathrm{th}} = 1 - \frac{437{,}6}{788{,}75} = \mathbf{0{,}445}$$

- $\eta_{\mathrm{e}} = \eta_{\mathrm{th}} \cdot \eta_{\mathrm{iv}} \cdot \eta_{\mathrm{i_T}} \cdot \eta_{\mathrm{m}} = 0{,}445 \cdot 0{,}85 \cdot 0{,}9 \cdot 0{,}9 = \mathbf{0{,}31}$
- spezifischer Kraftstoffverbrauch $= \frac{1}{\eta_{\mathrm{e}} \cdot H_{\mathrm{u}}} = \frac{1}{0{,}31 \cdot 10} = \mathbf{0{,}323 \, \frac{m^3}{kWh}}$

3.4.4 Kraft-Wärme-Kopplung

Wie bereits erwähnt ist die Nutzung der Abwärme aus den Kreisprozessen (Abschn. 2.5) der Thermischen Turbinen (Abschn. 3.4.2 und 3.4.3) bzw. der Verbrennungsmotoren (Otto-/Dieselmotoren) die sogenannte **Kraft-Wärme-Kopplung** mit der Definition (Gl. (2.66)):

Kraft-Wärme-Kopplung (KWK) ist die gleichzeitige Gewinnung von mechanischer und thermischer Nutzenergie aus anderen Energieformen mittels eines thermodynamischen Prozesses in einer technischen Anlage.

Gemäß Abb. 3.43 ist es bei einer Kraft-Wärme-Kopplung nicht möglich, einfach die im Kondensator des Kraftwerks anfallende Abwärme als Heizwärme zu verwenden; denn ihre Temperatur (ca. 30 °C) ist zu niedrig, sie enthält zu wenig Exergie. Man muss die Heizwärme bei höherer Temperatur *auskoppeln*. Dies geschieht in einem *Heizkondensator*: hier kondensiert Dampf, welcher aus der Turbine entnommen wird, wodurch sich das Heizwasser erwärmt (Abb. 3.52). Man nennt den Dampf *Entnahmedampf* mit höherer Exergie, die dem Dampfkraftprozess entzogen wird. Die Heizwärmeabgabe mindert somit die elektrische Leistung und den thermischen Wirkungsgrad η_{th} des Kraftwerks, das jetzt **Heizkraftwerk** heißt, aber den *Nutzungsgrad* Gl. (2.66) erhöht (Abb. 3.52).

Neben dem Entnahmedampf eines Dampfkraftwerks bietet sich das Abgas von Verbrennungskraftanlagen als Wärmequelle an.

Gemäß Abb. 3.48 und 3.49 gibt es Gasturbinen-Heizkraftwerke und Verbrennungsmotoren-Heizkraftwerke (mit Otto-/Dieselmotoren), sogenannte *Blockheizkraftwerke* BHKW´s. Sie enthalten eine Motorenanlage mit einem oder mehreren Erdgas- oder Dieselmotoren, deren Abgas und Kühlwasser die Heizwärme liefert.

BHKW´s sind kleinere Anlagen mit Wärmeleistungen zwischen 100 kW und 15 MW. Daneben gibt es KWK-Anlagen auf der Basis von:

- Dampfmotoren im Leistungsbereich 40 kW bis 2500 kW
- Verbrennungsmotor-Wärmepumpen:
    Anstelle eines Elektromotors als Antrieb einer Kompressor-Wärmepumpe kommt als Antrieb ein Verbrennungsmotor zum Einsatz, dessen Abwärme aus Abgas und Kühlwasser plus der Energie aus einer Wärmequelle nutzbar gemacht wird. Nachteilig

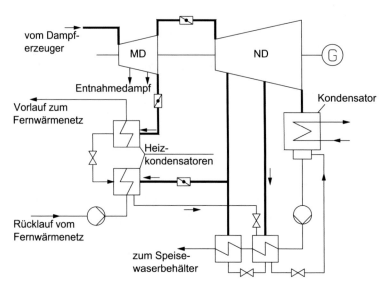

Abb. 3.52 Dampfheizkraftwerk mittels zweier Heizkondensatoren [7]

ist die niedrige Vorlauftemperatur von ca. 65 °C. Diese sogenannte *Niedertemperatur* dient der Heizung von Gebäuden, Schwimmbädern, etc. Weiterhin ist es möglich, die Abwärme aus den Motoren zum *Antrieb* einer *thermischen Kältemaschine* bzw. Wärmepumpe (Absorptions- oder Adsorptionskältemaschinen) zu nutzen, die sogenannte *Kraft-Wärme-Kälte-Kopplung* KWKK.

- ORC-Anlagen (Organie-Rankine-Cycles)

  Hier liegt der Clausius-Rankine-Dampf-Kreisprozess (Abb. 3.44) zugrunde. Anstelle von Wasserdampf wird ein organisches Arbeitsmittel (Kältemittel) verwendet. Der ORC-Prozess dient zur Umwandlung von Niedertemperaturwärme in mechanische Energie.

  Anwendung in der Geothermie.

- Stirling-Motoren (Heißgasmotor), s. Abschn. 4.3.2

  Es handelt sich um eine Kolben-Wärme-Kraftmaschine, deren Arbeitsfluid instationäre Teilprozesse durchläuft. Dem Arbeitsgas wird von außen über die Zylinderwand Wärme zugeführt und im Wechsel bei niedriger Temperatur Wärme abgeführt. Dabei wird Arbeit am Arbeitskolben abgegeben.

- Brennstoffzellen-Heizkraftwerk

  Im Gegensatz zu den Verbrennungskraftmaschinen kann die Brennstoffzelle die *Reaktionsarbeit* der Verbrennungsreaktion direkt nutzen und sie als elektrische Arbeit abgeben. Dadurch entfällt die Begrenzung hinsichtlich des Carnot-Faktors.

KWK-Anlagen werden unterschieden:

a) In Anlagen mit einem Freiheitsgrad, d. h. mechanische und thermische Energie werden im festen Verhältnis erzeugt
   und
b) In Anlagen mit zwei Freiheitsgrade die mit unterschiedlichen mechanischen und thermischen Verhältnissen betrieben werden können, d. h. z. B. *stromorientiert* oder *wärmeorientiert*.

Im Ramen dieses Buches wird dies nicht weiter vertieft.

Die Wirkungsweise eines Heizkraftwerks wird durch drei Kennzahlen beschrieben:

• den *Nutzungsfaktor* Gl. (2.66)

$$\eta_{\text{nutz}} = \frac{W_{\text{t}} + Q_{\text{H}}}{m_{\text{B}} \cdot H_{\text{u}}} \leq 1{,}0$$

• die *Stromkennzahl*

$$\sigma = \frac{W_{\text{tel}}}{Q_{\text{H}}}$$

• die *Stromausbeute*

$$\beta = \frac{W_{\text{tel}}}{m_{\text{B}} \cdot H_{\text{u}}}$$

Es besteht der Zusammenhang:

$$\eta_{\text{nutz}} = \beta \frac{1 + \sigma}{\sigma}$$

Nachstehend einige KWK-Anlagenschemen, Abb. 3.53, 3.54 und 3.55:

3.5 Arbeitsmaschinen

Hier wird an der Welle Energie zugeführt und über die Beschaufelung an ein strömendes Medium übertragen. Theoretisch kann man aus jeder Kraftmaschine durch Umkehren der Strömungs- und Drehrichtung eine Arbeitsmaschine machen (außer bei der Pelton-Turbine). Hierbei ist jedoch der Wirkungsgrad schlecht, da in den umgekehrten Kanälen zu starke Erweiterungen und daher Ablösung entsteht. Mit kleineren Verlusten könnte umgekehrt eine Arbeitsmaschine als Kraftmaschine laufen.

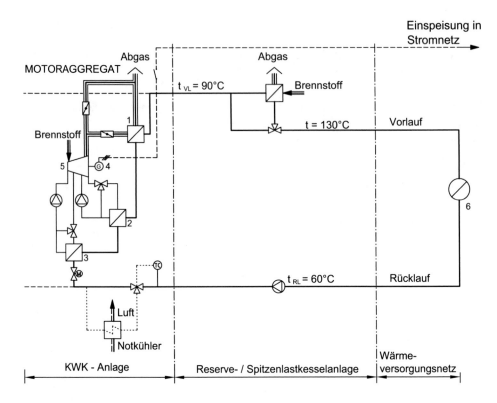

Abb. 3.53 KWK-Anlage mit Verbrennungsmotoren auf der Basis von Otto-/Diesel-Motoren [6]

1 = Abgas - Wärmetauscher   4 = Generator
2 = Kühlwasser - Wärmetauscher   5 = Motoraggregat
3 = Ölkühler   6 = Wärmeverbraucher

Bei den **Strömungsarbeitsmaschinen** wird das an der Welle aufgebrachte Drehmoment dem Fluid über die Rotorbeschaufelung Druck- und Geschwindigkeitsenergie zugeführt. Dabei strömt das Arbeitsmittel von niedrigem Energieniveau des Saugstutzens zum höheren Energieniveau des Druckstutzens.

3.5.1   Kreiselpumpe

Kreiselpumpen sind nach der Art der Energieumwandlung und mit Flüssigkeit als Strömungsmittel hydraulische Strömungsmaschinen.

Zu den charakteristischen Größen einer Kreiselpumpe gehören:

- Förderstrom $\dot{V}$
- Förderhöhe H

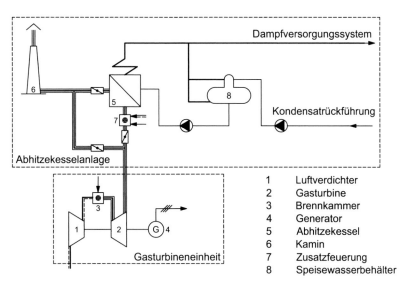

Abb. 3.54 KWK-Anlage mit einem offenen Gasturbinenprozess mit Dampferzeugung für Industriezwecke [6]

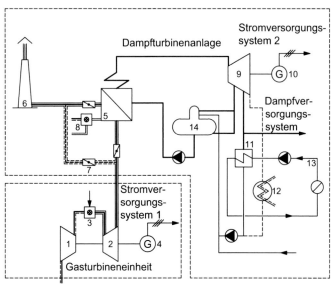

Abb. 3.55 KWK-Anlage mit einer GuD-Anlage [6]

- Saugverhalten
- Leistung, Drehzahl, Wirkungsgrad

Kreiselpumpen haben ein großes Anwendungsgebiet in:

- der Wasserwirtschaft
- Kraftwerksanlagen
- der Gebäudetechnik (Heizung, Kälte, Klima, etc.)
- der Fernheizung, Fernkühlung
- allen Industriezweigen

Die theoretischen Grundlagen wurden in den vorhergehenden Abschnitten behandelt.

Die 1-stufige, 1-flutige Radialpumpe, meist in Form der **Spiralgehäusepumpe**, ist die am häufigsten gebaute und eingesetzte Pumpe (Abb. 3.56).

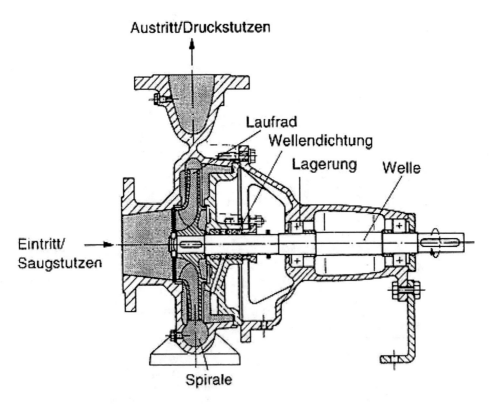

Abb. 3.56   1-stufige, 1-flutige Radialpumpe

Das um das Laufrad peripheral angeordnete **Spiralgehäuse** wirkt wie ein **Diffusor**. Wie bereits erwähnt wird der Anteil der kinetischen Energie gesenkt und der statische Druck erhöht. Zur Vergrößerung der Stufenförderhöhe wird bei Förderhöhen über $H \approx 100$ mWs mehrstufig ausgeführt, indem zwischen Laufrad und Spiralgehäuse noch ein **Leitrad** eingebaut wird.

Neben der Radialpumpe (s. Abb. 3.57 und 3.58) gibt es außerdem:

- Diagonalpumpen
- Axialpumpen (auch Propellerpumpe genannt), auch als Kaplanpumpe mit verstellbaren Laufschaufeln. Sie sind für große Förderungen in Dampfkraftwerken als Kühlwasserpumpe für die Kondensatanlagen.

  Weiterhin in Schöpfwerken, in Schleusen, etc.

  Spezifische Drehzahl $\eta_q = 130 \ldots 330$ min^{-1} (Abb. 3.59 und 3.60).

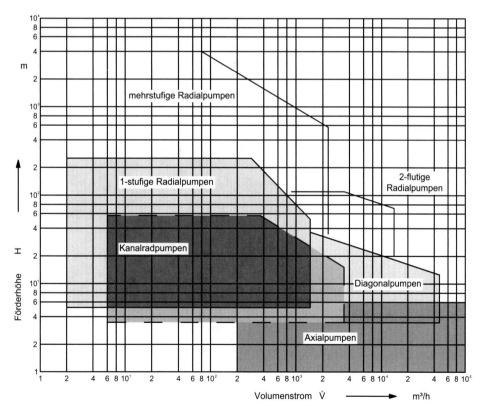

Abb. 3.57 Einsatzbereich der Kreiselpumpenbauart [1]

Abb. 3.58 1-stufige, 1-flutige Radialpumpen [KSB] (**a**) Sockelpumpe (Lagerträger), (**b**) Inlinepumpe (Rohrzwischeneinbau), (**c**) Heizungspumpe (Spaltrohrmotor)

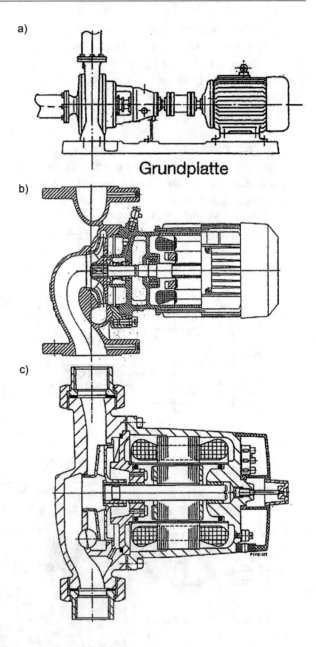

Grundplatte

Energieumsetzung gemäß Abschn. 2.1.2 und 3.1.1

a) Radialpumpe

   Gl. (3.3), (3.5) und (3.7):

$$Y = \frac{P_{th}}{\dot{m}} = (u_2 \cdot c_{u_2} - u_1 \cdot c_{u_1}) \text{ spezifische Förderarbeit in J/kg}$$

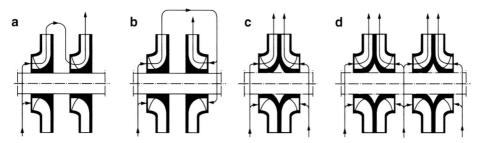

Abb. 3.59 Anordnung von Radialrädern a, b Reihenschaltung der Laufräder (mehrstufige Bauart). c, d Parallelschaltung der Laufräder (mehrströmige Bauart) (s. Abb. 3.100) [3]

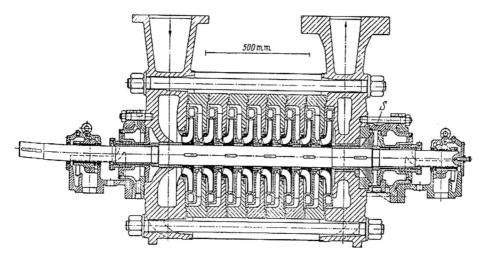

Abb. 3.60 8-stufige Kreiselpumpe, $\dot{m} = 83\dfrac{\text{kg}}{\text{s}}$, $p = 120\ bar$ [5]

$$P_{\text{e}} = \frac{P_{\text{th}}}{\eta_{\text{e}}} = \frac{\dot{m} \cdot Y}{\eta_{\text{e}}} = \frac{\Delta p_{\text{t}} \cdot \dot{V}}{\eta_{\text{e}}} = \frac{\varrho \cdot g \cdot H \cdot \dot{V}}{\eta_{\text{e}}} = \dot{m} \cdot w_{\text{t}} \text{ in W}$$

$$= \dot{m} \cdot \left[\left(\frac{p_2}{\varrho} + \frac{c_2^2}{2} \right) - \left(\frac{p_1}{\varrho} + \frac{c_1^2}{2} \right) \right] \text{ mit Berücksichtigung der Ein − und Austrittsgeschwindigkeiten}$$

$$H = \frac{(c_{u_2} \cdot u_2 - c_{u_1} \cdot u_1)}{g} = \frac{Y}{g} \text{ in m Förderhöhe}$$

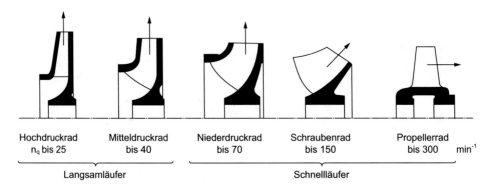

Hochdruckrad	Mitteldruckrad	Niederdruckrad	Schraubenrad	Propellerrad	
n_q bis 25	bis 40	bis 70	bis 150	bis 300	min⁻¹

Langsamläufer ⎵   Schnellläufer ⎵

Abb. 3.61 Laufräder

$\dot{V}$ = Volumenstrom in m³/s

c_1, c_2 = Strömungsgeschwindigkeit am Saug- bzw. am Druckstutzen in m/s

b) Axialpumpe

$$P_{th} = \dot{m} \cdot (c_{u_2} - c_{u_1}) \cdot u = \dot{V} \cdot \Delta p_t = \dot{m} \cdot Y_{th}$$

Der Reaktionsgrad r liegt bei der Kreiselpumpe bei

$$\frac{\Delta p_{Lauf}}{\Delta p_{Stufe}} = r = 0{,}5 \ldots 1{,}0$$

Die spezifische Drehzahl η_q der Laufradformen [1]

Gemäß Abschn. 3.2 *Kennzahlen*: (Gl. (3.16))

Mit der spezifischen Drehzahl η_q (bzw. Laufzahl σ) ist eine bestimmte Laufradform und Laufradgeometrie zugeordnet. Die spezifische Drehzahl kennzeichnet nur die Radform, die von der Größe der Maschine unabhängig ist (Abb. 3.61)

Widersprüchlich ist der Sprachgebrauch *Schnell- und Langsamläufer*. Wie das Beispiel 3.1 zeigt, hat η_q diese Bezeichnung und die wirkliche Drehzahl n ist das Gegenteil.

Anmerkung: In der Praxis bezeichnet man Kreiselpumpen

a) bis 20 m Förderhöhe als *Niederdruckpumpen*

b) von 20 m bis 60 m als *Mitteldruckpumpen*

und

c) über 60 m WS als *Hochdruckpumpen*.

3.5.1.1 Anlagensysteme

d_1 = saugseitiger Rohranschluss (Saugstutzen-ϕ) in m

d_2 = druckseitiger Rohranschluss (Druckstutzen-ϕ) in m

$(H_2 - H_1) = H_{geo}$ geodätische Höhe in m

c_a, c_e = Strömungsgeschwindigkeiten in Behälter

ϱ = Fluiddichte in kg/m³

c_1 = Sauggeschwindigkeit in m/s

c_2 = Druckgeschwindigkeit in m/s

Im Anlagenbau werden zwei Systeme unterschieden:

a) *Förderbetrieb* einer Flüssigkeit von Zustand 1 nach 2, wobei Δp_V bzw. H_V der Anlagenverlust ist, gemäß Abb. 3.62:

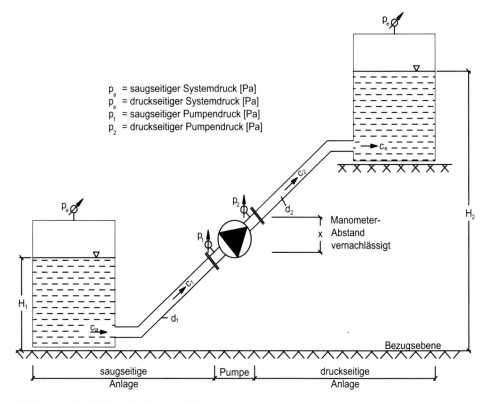

p_a = saugseitiger Systemdruck [Pa]
p_e = druckseitiger Systemdruck [Pa]
p_1 = saugseitiger Pumpendruck [Pa]
p_2 = druckseitiger Pumpendruck [Pa]

Abb. 3.62 *Förderbetrieb* einer Kreiselpumpe

Mit den **erweiterten** Bernoulli-Gleichungen (2.20), (2.21) und (2.22) mit dem Anlagendruckverlust wird die **Anlagenförderhöhe** H_A zu:

$$H_A = \frac{p_a - p_e}{\varrho \cdot g} + \frac{c_a^2 - c_e^2}{2 \cdot g} + (H_2 - H_1) + H_V;$$

c_a, c_e werden i. d. R. vernachlässigt

oder

$$H_A = \frac{p_2 - p_1}{\varrho \cdot g} + \frac{c_2^2 - c_1^2}{2 \cdot g}; \qquad \begin{array}{l} c_2 \text{ und } c_1 \text{ entstehen durch den unterschiedlichen Durchmesser} \\ \text{der in der Praxis a) } d_1 > d_2 \text{ und b) } d_1 = d_2 \curvearrowright c_1 = c_2 \end{array}$$

Der Pumpendruck Δp_{12} ist gleich der Anlagenförderhöhe:

$$H_P = H_A$$

und $P_e = H_P \cdot \varrho \cdot g \cdot \dfrac{\dot{V}}{\eta_e}$

Bei offenen Systemen ist $p_a = p_e = 0$ und die Pumpenförderhöhe wird zu:

$$H_P = H_A = H_{geo} + H_V$$

b) *Umwälzbetrieb*, bei dem die geodätischen Höhenunterschiede entfallen und lediglich der Anlagendruckverlust überwunden werden muss, Abb. 3.63:

Abb. 3.63 *Umwälzbetrieb*

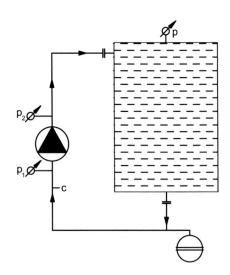

$$H_\mathrm{A} = H_\mathrm{P} = \frac{p_2 - p_1}{\varrho \cdot g} = H_\mathrm{V}$$

3.5.1.2 Saugverhalten-Haltedruckhöhe

Um Zerstörungen am Laufrad und seiner Umgebung, sowie Betriebsstörungen durch *Kavitationserscheinungen* zu vermeiden, dürfen Grenzwerte der Ansaugbedingungen von Kreiselpumpen nicht unterschritten werden.

Hierfür sind die *Haltedruckhöhe* H_HA oder der NPSH-Wert wichtige Begriffe.

Zum Verständnis der *Saugverhaltens* wird dies an einer Kolbenpumpe dargelegt:

Eine Kolbenpumpe kann bekanntlich Wasser aus Tiefen bis ca. 9 m ansaugen, wenn auf dem Saugspiegel ein Atmosphärendruck von 1 bar (ca. 10 mWs) liegt (Abb. 3.64).

Wird der Kolben angehoben, dann entsteht im Rohr unterhalb des Kolbens ein luftleerer Raum (Vakuum oder Unterdruck) und der Atmosphärendruck drückt das Wasser im Rohr hinauf.

Je langsamer (*c* klein) der Kolben bewegt wird, umso höher steigt die Wassersäule H_geo im Rohr hinauf.

Anmerkung: Je kleiner *c*, desto kleiner die Geschwindigkeitshöhe und desto kleiner die Verlusthöhe H_V ($H_\mathrm{V} = \zeta \cdot \frac{c^2}{2g}$).

Der Atmosphärendruck p_b hat aber nicht nur H_geo das Gleichgewicht zu halten, er muss auch alle bei der Bewegung des Wassers auftretenden vorgenannten Verlusthöhen (Reibungsverlust) überwinden. Weiterhin ist der Druck unter dem Kolben nicht Null, weil das Wasser bei jeder Temperatur gesättigten Dampf ausscheidet, dessen Druck p_D gemäß

Abb. 3.64 Kolbenpumpe
(p_b=Atmosphärendruck, $\frac{c^2}{2g}$=
Geschwindigkeitshöhe in m,
H_D=Dampfdruckhöhe
(Sattdampf),
temperaturabhängig aus der
Dampftafel in m,
H_V=Druckverlusthöhe
(Rohrreibung)in m)

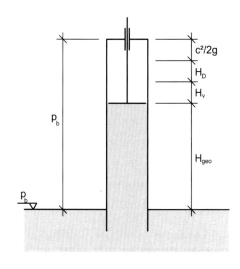

Dampfdruckkurve temperaturabhängig ist (z. B. Wasser von 15 °C hat einen Dampfdruck $p_D = 0,017$ bar) bzw. $H_D = \frac{0,017 \cdot 10^5}{\varrho \cdot g} = 0,17$ m.

Da dem Wasser die Geschwindigkeit c erteilt wurde, ist die Geschwindigkeitshöhe $\frac{c^2}{2g}$ von p_b aufzubringen, sodass die Bilanz wie folgt lautet:

$$\frac{p_b}{\varrho \cdot g} = H_{geo} + H_V + H_D + \frac{c^2}{2g}$$

Die maximale Saughöhe ergibt sich aus:

$$H_{geo}^{max} = \frac{p_b}{\varrho \cdot g} - \left(H_V + H_D + \frac{c^2}{2g} \right) \tag{3.22}$$

Grundsätzlich gelten für Kreiselpumpen die gleichen Überlegungen. Hier sind jedoch die Verhältnisse schwieriger: Einmal gibt es den *dichten Kolben* nicht, weil zwischen Laufrad und Gehäuse ein Spalt vorhanden ist (deshalb ist eine Kreiselpumpe nicht *selbstansaugend*). Zum anderen herrschen größere Fördermengen und damit höhere Strömungsgeschwindigkeiten in den verschiedenen Querschnitten der Anlage und der Pumpe.

Das Saugverhalten einer Kreiselpumpe wird durch die sogenannte *Kavitation* in der *saugseitigen* Pumpenanlage und in der Pumpe selbst bestimmt. Als Kavitation bezeichnet man die Bildung und das Zusammenfallen von Dampfblasen in strömenden Flüssigkeiten. Die Dampfblasen bilden sich an Stellen, an denen der Druck auf den zu der Temperatur der Flüssigkeit gehörenden Dampfdruck sinkt.

Kavitation kann nur in beschränktem Ausmaß zugelassen werden, denn ihre Folge sind Abfall der Förderhöhe und des Wirkungsgrads bis zum Abreißen der Förderung. Geräusche, Laufunruhe und Anfressungen am Laufrad und anderen Pumpeninnenteilen ebenso.

Bezeichnet man in der Gl. (3.22) H_{geo}^{max} als z_1^{max} und $H_V = H_{V_1}$ als saugseitige Verlusthöhe, c_1=Sauggeschwindigkeit, so ist die maximale Aufstellungshöhe der Pumpe gleich:

$$z_1^{max} = \frac{p_b - p_D}{\varrho \cdot g} - \left(H_{V_1} + \frac{c_1^2}{2g} \right) = H_{HA}^{max} \tag{3.23}$$

$p_b =$ atmosphärischer Luftdruck in Pa
$p_D =$ Flüssigkeitsdampfdruck bei der Fördertemperatur in Pa
$H_{V_1} =$ saugseitige Druckverlusthöhe in m
$c_1 =$ Sauggeschwindigkeit in m/s
$g = 9,81$ m/s^2
$\varrho =$ Flüssigkeitsdichte in kg/m³

H_{HA}^{max} = Haltedruckhöhe in m, maximal

Bei einer gegebenen Pumpenaufstellungshöhe z_1 ergibt sich die **vorhandene Haltedruckhöhe** H_{HA}^{vorh} zu:

$$H_{HA}^{vorh} = z_1^{max} - z_1 = NPSH_{vorh} \text{ (NPSH = Net - Positiv - Suction - Head)}$$

$$H_{HA}^{vorh} = \frac{p_b - p_D}{\varrho \cdot g} - \left(H_{V_1} + \frac{c_1^2}{2g} + z_1 \right) \qquad (3.24)$$

Nun hat die Kreiselpumpe des Herstellers ihren eigenen NPSH-Wert, der $NPSH_{erf}$ – *erforderlich* – genannt wird:
Nun gilt:

$$NPSH_{vorh} \geq NPSH_{erf} \qquad (3.25)$$

Man erkennt aus Gl. (3.25): je kleiner $NPSH_{erf}$, desto geringer die Gefahr der Kavitation!

Pumpen können nicht nur nach dem Gesichtspunkt eines möglichst kleinen $NPSH_{erf}$ konstruiert werden. Zwei verschiedene Pumpen können also bei gleichem Förderstrom, Förderhöhe und Drehzahl sehr verschiedene $NPSH_{erf}$ haben.

Wie bereits erwähnt: Wenn die Förderhöhe über 100 m liegt, dann sollten mehrere Stufen vorgesehen werden.

Bei **geschlossenen Anlagen** (z. B. Heizungs- und Kühlanlagen) sind Ausdehnungsgefäße (AG) erforderlich. Der Anlagendruck muss bei allen Betriebszuständen an jeder Stelle der Anlage größer sein als der Sättigungsdruck des Fluids. Bei der *NPSH*-Betrachtung tritt anstelle des Atmosphärendrucks p_b der Druck des Ausdehnungsgefäßes zur Verhinderung der Kavitation (Abb. 3.65).

Abb. 3.65 Ausdehnungsgefäß

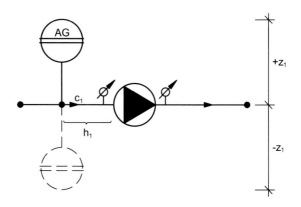

$$NPSH_{\text{vorh}} = H_{\text{HA}}^{\text{vorh}} = \frac{p_{\text{AG}} - p_{\text{D}}}{\varrho \cdot g} \pm z_1 - \left(h_{V_1} + \frac{c_1^2}{2g} \right) \qquad (3.26)$$

Für die vom Hersteller genannten $NPSH_{\text{erf}}$ addiert man i. d. R. einen Sicherheitszuschlag von ca. 0,5 m zu den Katalogwerten.

Beispiel 3.12

Für einen Förderstrom $\dot{V} = 108\frac{\text{m}^3}{\text{h}}$ und einer Förderhöhe $H_{\text{A}} = 280$ m sollen Laufräder mit etwa gleicher spezifischen Drehzahl $n_q = 20\ \text{min}^{-1}$ verwendet werden.

Wie groß ist die Stufenzahl für $n = 1450\ \text{min}^{-1}$ und $n = 2900\ \text{min}^{-1}$?

- Für $n = 1450\ \text{min}^{-1}$:

$$\text{Gl. (3.16): } H^{\frac{3}{4}} = \frac{n}{n_q} \cdot \sqrt{\dot{V}} = \frac{1450}{20} \cdot \sqrt{0{,}03} = 12{,}56$$

$$H = 29\ \text{m}$$

Stufenzahl $\frac{H_{\text{A}}}{H} = \frac{280}{29} = 9{,}6$ **gewählt 10 Stufen**

- Für $n = 2900\ \text{min}^{-1}$:

$$H^{\frac{3}{4}} = \frac{2900}{20} \cdot \sqrt{0{,}03} = 25{,}11$$

$$H = \textbf{73,5 m}$$

Stufenzahl $\frac{H_{\text{A}}}{H} = \frac{280}{73{,}5} = 3{,}8$ **gewählt 4 Stufen**

Beispiel 3.13

Eine radial arbeitende Kreiselpumpe fördert bei $n = 1500\ \text{min}^{-1}$ einen Volumenstrom $\dot{V} = 100\frac{\text{m}^3}{\text{h}}$, der unter einem Winkel von 90° gegen die Umfangsrichtung in das Laufrad eintritt und es mit der Absolutgeschwindigkeit von 15 m/s unter einem Winkel von 12° verlässt. Das Laufrad hat einen Ansaugdurchmesser von $d_1 = 140$ mm und am Austritt $d_2 = 300$ mm.

- Drehmoment vom Laufrad an das Wasser:

$$M = \dot{m}\left(c_{u_2} \cdot r_2 - c_{u_1} \cdot r_1 \right) = \frac{100 \cdot 1000}{3600}\left(15 \cdot \cos 12° - 0 \right) \cdot 0{,}15 = \textbf{61 Nm}$$

$$\left(c_{u_1} = c_1 \cdot \cos 90° = 0 \right)$$

- Schaufelleistung $P_{\text{th}} = M \cdot \omega = 61 \cdot 2\pi \cdot \frac{1500}{60} = \textbf{9,6 kW}$

Beispiel 3.14 (Abb. 3.66)

Wie groß ist p_1 bei $\dot{V} = 60\dfrac{\text{l}}{\text{s}}$ (15 °C), wenn der Druckverlust der Ansaugleitung $\Delta p = 5636$ Pa und $c_0 = 0$ (vernachlässigbar) ist.

Mit der erweiterten Bernoulli-Gleichung ergibt sich:

$$p_b + \varrho \cdot g \cdot z_0 + \frac{\varrho}{2} \cdot c_0^2 = p_1 + \varrho \cdot g \cdot z_1 + \frac{\varrho}{2} \cdot c_1^2 + \Delta p_V$$

$$10^5 + 0 + 0 = p_1 + 1000 \cdot 9{,}81 \cdot 5 + 500 \cdot c_1^2 + 5636$$

$$c_1 = \frac{0{,}06}{0{,}2^2 \cdot \frac{\pi}{4}} = 1{,}91 \frac{\text{m}}{\text{s}}$$

$$p_1 = 10^5 - \left(1000 \cdot 9{,}81 \cdot 5 + 500 \cdot 1{,}91^2 + 5636\right) = \textbf{43490 Pa} \approx 0{,}435 \text{ bar}$$

p_1 ist der Absolutdruck.

Der *Unterdruck* gegenüber der Umgebung:

$$p_{1_u} = 10^5 - 43490 = \textbf{0,565 bar}$$

Abb. 3.66 Saugende Kreiselpumpe

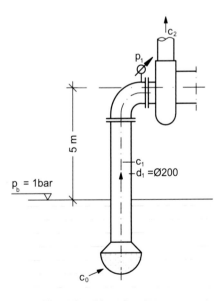

Beispiel 3.15

Aus einem Brunnen wird Wasser über eine Kreiselpumpe, die 3 m über dem Wasserspiegel aufgestellt ist, angesaugt:

$$p_b = 1 \text{ bar}; H_D = 0,23 \text{ m}; H_{V_1} = 0,95 \text{ m}; c_1 = 2\frac{\text{m}}{\text{s}}$$

- Haltedruckhöhe H_{HA}^{vorh}

$$H_{HA}^{vorh} = NPSH_{vorh}$$

$$= \frac{p_b}{\varrho \cdot g} - \left(H_D + z_1 + H_{V_1} + \frac{c_1^2}{2g}\right) = 10,2 - (0,23 + 3 + 0,95 + 0,2) = \mathbf{5,82 \ m}$$

- Haltedruckhöhe bei einem höher liegenden Behälter mit 3 m Zulaufhöhe

$$H_{HA}^{vorh} = NPSH_{vorh}$$

$$= \frac{p_b}{\varrho \cdot g} + z_1 - \left(H_D + H_{V_1} + \frac{c_1^2}{2g}\right) = 10,2 + 3 - (0,23 + 0,95 + 0,2) = \mathbf{11,82 \ m}$$

Beispiel 3.16

Eine Heizungsanlage mit 75 °C ($\varrho = 975\frac{\text{kg}}{\text{m}^3}$; $p_D = 0,386$ bar) Heizungstemperatur, Außdehnungsgefäßdruck $p_{AG} = 1,5$ bar; $h_{V_1} = 1,56$ m; $z_{AG} = 1,5$ m (c_1 vernachlässigt). Welcher Druck im Ausdehnungsgefäß ist erforderlich?

- $$NPSH_{vorh} = \frac{(1,5 - 0,386) \cdot 10^5}{975 \cdot 9,81} + 1,5 - 1,56 = \mathbf{11,59 \ m}$$

- $$NPSH_{vorh} \text{ bei } 110\,°C \left(p_D = 1,43 \text{ bar}, \varrho = 951\frac{\text{kg}}{\text{m}^3}\right)$$

$$h_{V_1} = 1,56 \text{ m}; z_{AG} = -1,5 \text{ m}$$

$$NPSH_{vorh} = \frac{(1,5 - 1,43) \cdot 10^5}{951 \cdot 9,81} - 1,5 - 1,56 = \mathbf{-2,31 \ m}$$

Hier findet man keine Pumpe in den Katalogen, folglich muss man den Druck p_{AG} erhöhen auf z. B. 2,0 bar.

$$NPSH_{\text{vorh}} = \frac{(2 - 1{,}43) \cdot 10^5}{951 \cdot 9{,}81} - 1{,}5 - 1{,}56 = \mathbf{3{,}05\ m}$$

Anmerkung: Die *selbstansaugende Kreiselpumpe* kann Luft ansaugen und fördern, also ein Vakuum herstellen. Die Pumpwirkung erfolgt durch ein im Gehäuse vom Laufrad in Umlauf versetzter Wasserring (s. Abb. 4.7). Dieser übernimmt die Abdichtung zwischen Laufrad und Gehäuse und verhindert eine Luftrückströmung.

3.5.2 Ventilatoren und Gebläse

Vorbemerkung:
Ventilatoren und Gebläse gehören in die Familie der Kreiselverdichter (Abschn. 3.5.4). Aus Gründen der gemeinsamen Merkmale von Pumpen, Ventilatoren und Gebläsen im Abschn. 3.5.3 wird dieser Abschnitt dem Abschn. 3.5.4 vorweggenommen.

Ventilatoren und Gebläse sind Verdichter zur Förderung von Luft und Gasen. Im Aufbau und Wirkungsweise ähneln sie den Kreiselpumpen. Gesetze, die dort gelten, sind grundsätzlich auch für Kreiselverdichter anwendbar. Ventilatoren werden 1-stufig radial oder axial ausgeführt; Gebläse 1-stufig oder mit wenigen Stufen ebenfalls radial oder axial (Abb. 3.67).

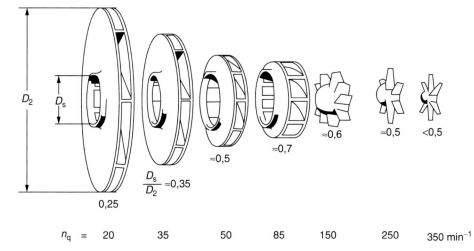

Abb. 3.67 Laufradformen von Ventilatoren, Gebläse und Verdichtern [1]

Einteilung: (s. Abb. 1-2)

- Ventilatoren $\frac{p_2}{p_1}$ bis 1,3
  - Niederdruckventilatoren bis $\Delta p_t \approx 700$ Pa
  - Mitteldruckventilatoren bis $\Delta p_t = 700 \ldots 3000$ Pa
  - Hochdruckventilatoren bis $\Delta p_t = 3000 \ldots 30$ kPa
- Gebläse $\frac{p_2}{p_1} = 1,3 \ldots 3,0$
- Kompressoren $\frac{p_2}{p_1} > 3,0$

Die spezifische Stutzenarbeit oder spezifische Förderarbeit beim Ansaugen kalter Luft sollte bei $Y \leq 25\frac{kJ}{kg}$ für Ventilatoren liegen.

Bei Ventilatoren mit kleinen Druckverhältnissen kann die Volumenänderung des Gases vernachlässigt und das Fluid inkompressibel behandelt werden. ($\Delta p_t \leq 3000$ Pa).

Bei Gebläsen und Hochdruckventilatoren muss die Dichteänderung berücksichtigt werden.

Im Allgemeinen werden Radialgebläse für kleinere Förderströme und größere Druckdifferenzen, Axialgebläse für größere Förderströme und kleinere Druckerhöhungen vorgesehen.

3.5.2.1 Radialventilatoren und –gebläse (Abb. 3.69)

Das Arbeitsmedium tritt axial in den Saugstutzen ein, wird im Laufrad radial umgelenkt und verlässt die Maschine durch den tangentialen Druckstutzen. Bei 1-stufigen Maschinen kann das Laufrad entweder direkt auf dem Motorwellenstumpf aufgesetzt werden oder bei größeren Gebläsen in fliegender Anordnung auf der in zwei Lagern gelagerte Welle befestigt werden. Wird das Laufrad auf einer Welle aufgesetzt, kann der Antrieb entweder direkt (Abb. 3.68, 3.69 und 3.70) oder über Keilriemen bzw. Getriebe erfolgen. Durch die Zwischenschaltung eines Riementriebes kann die Gebläsedrehzahl beliebig festgelegt werden, während bei Direktanrieb die Gebläsedrehzahl gleich der nur in bestimmten Werten wählbaren Motordrehzahl ist.

2-flutige Radialgebläse saugen beidseitig an (Abb. 3.71).

Energieumsetzung (gemäß Abschn. 2.1.2 und 3.1.1)

Gl. (3.3), (3.5), und (3.7): (Abb. 3.1)

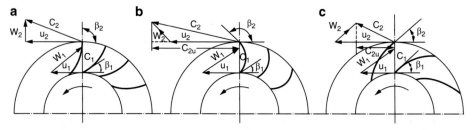

Abb. 3.68 Geschwindigkeitsdreiecke von Laufradformen (**a**) radial endende gekrümmte Schaufel, (**b**) vorwärts gekrümmte Schaufel (Trommelläufer), (**c**) rückwärts gekrümmte Schaufel [1]

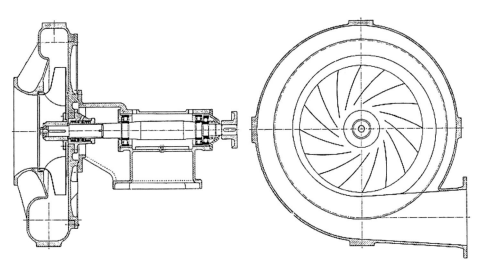

Abb. 3.69 Radialventilator mit direktem Motorantrieb, im Spiralgehäuse [5]

Abb. 3.70 Radialventilator mit Spiralgehäuse mit Trommelläufer [5]

$$Y_{th} = \frac{P_{th}}{\dot{m}} = (c_{u_2} \cdot u_2 - c_{u_1} \cdot u_1) \text{ in J/kg}$$

$$P = \frac{P_{th}}{\eta_e} = \frac{\dot{m} \cdot Y}{\eta_e} = \frac{\Delta p_t \cdot \dot{V}}{\eta_e} = \frac{\varrho \cdot g \cdot H \cdot \dot{V}}{\eta_e} = \dot{m} \cdot w_t \text{ in W}$$

$$= \dot{m} \cdot \left[\left(\frac{p_2}{\varrho} + \frac{c_2^2}{2} \right) - \left(\frac{p_1}{\varrho} + \frac{c_1^2}{2} \right) \right] \qquad \text{mit der Berücksichtigung der Ein- und Austrittsgeschwindigkeit}$$

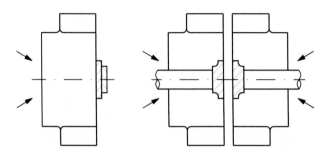

Abb. 3.71 Ansaugendes Radiallaufrad (**a**) einseitig, (**b**) doppelseitig

Bei $\frac{p_2}{p_1} \geq 3000$ Pa muss mit Gl. (2.58) und (2.60) gerechnet werden:

$$P = \frac{P_{th}}{\eta_e} = \frac{\dot{m} \cdot \frac{\kappa}{\kappa-1} \cdot p_1 \cdot v_1 \cdot \left[\left(\frac{p_2}{p_1}\right)^{\frac{\kappa-1}{\kappa}} - 1 \right]}{\eta_e}$$

Bezüglich *Kennzahlen* (Abschn. 3.2) gilt das Gleiche, wie das in Abschn. 3.5.1 gesagte.

Beispiel 3.17 *Auslegung eines Radialventilators*

Geforderte Daten: Luftvolumenstrom $\dot{V} = 15000\frac{\mathrm{m}^3}{\mathrm{h}}$, Förderdruck $\Delta p_t = 1800$ Pa, Drehzahl $n = 1450$ min^{-1}, Ansauggeschwindigkeit $c_1 = 20\frac{\mathrm{m}}{\mathrm{s}}$, Luftdichte $\varrho = 1{,}22\frac{\mathrm{kg}}{\mathrm{m}^3}$.

Ansaugzustand: $p_b = 1{,}013$ bar; $t_B = 20$ °C

Gesucht sind alle relevanten Auslegungsdaten.

Mit den Kennzahlen aus Abschn. 3.2 ergibt sich:

- Gl. (3.16) spezifische Drehzahl n_q

$$n_q = n \cdot \frac{\dot{V}^{\frac{1}{2}}}{H^{\frac{3}{4}}}; H = \frac{\Delta p_t}{\varrho \cdot g} = \frac{1800}{1{,}22 \cdot 9{,}81} = \mathbf{150{,}4 \ m}$$

$$n_q = 1450 \cdot \frac{4{,}17^{\frac{1}{2}}}{150{,}4^{\frac{3}{4}}} = \mathbf{69 \ min^{-1}}$$

$$\sigma = \frac{69}{158} = \mathbf{0{,}44}$$

Aus Abb. 3.9 *Codierdiagramm* wird $\delta = 2{,}4$ abgelesen (Radiallaufrad) für $\eta_i = 0{,}9$ und mit $\eta_{mech} \approx 0{,}9$ wird $\eta_e = 0{,}8$.

- Gl. (3.18) $D_q = D \cdot \frac{H^{\frac{1}{4}}}{V^{\frac{1}{2}}} = \delta/1,865$

$$D = \frac{2,4}{1,865} \cdot \frac{4,17^{\frac{1}{2}}}{150,4^{\frac{1}{4}}} = \mathbf{0,75 \ m}$$

- Umfangsgeschwindigkeit $u_2 = D \cdot \pi \cdot \frac{n}{60} = 0,75 \cdot 3,14 \cdot \frac{1450}{60} = \mathbf{57 \frac{m}{s}}$

- Eintrittsdurchmesser $A = \frac{\dot{V}}{c_1} = \frac{4,17}{20} = 0,21 \ m^2, d = \mathbf{0,51 \ m}$

- Umfangsgeschwindigkeit: $u_1 = d \cdot \pi \cdot \frac{n}{60} = 0,5 \cdot 3,14 \cdot \frac{1450}{60} \approx \mathbf{38 \frac{m}{s}}$

- Aufzeichnen des Geschwindigkeitsplans

  Eintrittsseite: stoßfrei $\alpha_1 = 90°$, ergibt eine Relativgeschwindigkeit $w_1 = 44 \frac{m}{s}$

  Austrittsseite:

  - Gl. (3.3): $P_{th} = \dot{m} \cdot \omega \cdot (r_2 \cdot c_{u2})$

$$Y_{th} = \frac{P_{th}}{\dot{m}} = \frac{Y}{\eta_e} = \frac{\Delta p_t / \varrho}{\eta_e} = \frac{H \cdot g}{\eta_e}$$

$$= \frac{1475,41}{0,8} = 1844,26 \ m^2/s^2$$

$$Y_{th} = 2\pi \cdot f \cdot (r_2 \cdot c_{u2});$$

$$c_{zu} = \mathbf{32,4 \frac{m}{s}}$$

Mit β_2 kann das Austrittsdreieck gezeichnet werden (Abb. 3.72).

- Leistungsbedarf $P_e = \frac{\Delta p_t \cdot \dot{V}}{\eta_e} = \frac{1800 \cdot 4,17}{0,8} = \mathbf{9,57 \ kW}$

  oder:

$$P_e = \dot{m} \cdot c_{zu} \cdot u_2 = 4,17 \cdot 1,22 \cdot 32,4 \cdot 57 \ W = 9395,41 \ W$$

3.5.2.2 Axialventilatoren und Gebläse

Im Gegensatz zu Radialventilatoren, die axial ansaugen und radial ausblasen, geschieht dies bei Axialventilatoren ausschließlich in axialer Richtung. Dabei erfährt das Fördermedium beim Verlassen des Laufrads eine sich in axialer Richtung fortsetzende, sehr nachteilige Drallströmung (Abb. 3.2 und 3.3), die i. d. R. jedoch, wie in Abschn. 3.3.2.2 bereits vorgestellt, im *Nachleitrad* aufgehoben wird, Abb. 3.73.

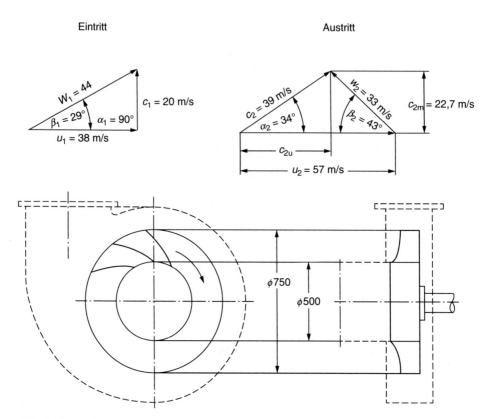

Abb. 3.72 Radialventilator mit Geschwindigkeitsdreiecken

Bei größeren Förderströmen und kleineren Druckerhöhungen werden in der Gebäudetechnik, Tunnelbelüftung, Kraftwerken, Windkanälen etc. 1-stufige (auch mehrstufige) Axialgebläse verwendet.

Vorteile dieser Strömungsmaschine sind:

- hoher Wirkungsgrad
- großer Betriebsbereich bei guten Teillastwirkungsgraden
- gute Regelbarkeit bei variablen Volumenströmen und Drücken

Nachteilig ist neben hoher Geräusche vor allem die *instabile Kennlinie* (s. Abschn. 3.5.3).

Neben den sonstigen Einflüssen, wie z. B. Schaufelzahl, Schaufelprofil, Schaufeleinstellwinkel, ist ein wesentliches Kriterium für den Förderdruck das *Nabenverhältnis* (Abb. 3.74).

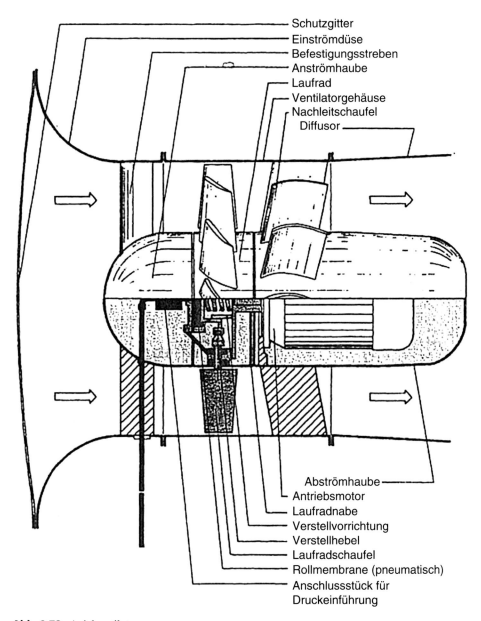

Schutzgitter
Einströmdüse
Befestigungsstreben
Anströmhaube
Laufrad
Ventilatorgehäuse
Nachleitschaufel
Diffusor

Abströmhaube
Antriebsmotor
Laufradnabe
Verstellvorrichtung
Verstellhebel
Laufradschaufel
Rollmembrane (pneumatisch)
Anschlussstück für
Druckeinführung

Abb. 3.73 Axialventilator

Unter dem Nabenverhältnis versteht man: d/D

	Nabenverhältnis	Drücke bis
Niederdruckventilator	0,25 bis 0,4	ca. 300 Pa
Mitteldruckventilator	0,4 bis 0,5	ca. 3000 Pa
Hochdruckventilator	0,5 bis 0,7	ca. 10000 Pa

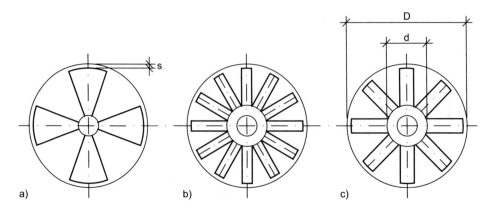

Abb. 3.74 Laufradarten a) Niederdruckventilator, b) Mitteldruckventilator, c) Hochdruckventilator

Die Energieumsetzung ist auch hier analog wie bei den Pumpen und Radialventilatoren dargestellt, jedoch mit Gl. (3.6) ergibt sich: (s. Abb. 3.2, 3.3 und 3.33)

$$\frac{\Delta p}{\varrho} = u \cdot (c_{u_2} - c_{u_1});$$

$$\text{bzw. } P = \dot{m} \cdot u \cdot (c_{u_2} - c_{u_1});$$

und bei $p_2/p_1 \geq 3000$ Pa mit Gl. (2.58) und (2.60)

Bei Ventilatoren kommen im Allgemeinen nur solche Anordnungen in Frage, bei der vor und hinter dem Ventilator eine Rohrleitung angeschlossen werden kann. Da in Rohrleitungen *Drallströmungen* nicht brauchbar sind, bedeutet dies, dass die Zu- und Abströmung drallfrei, d. h. in axialer Richtung erfolgen muss (Abb. 3.75).

Um diese verlustreiche Drallkomponente kinetischer Druckenergie (dynamischer Druck) in statische nutzbare Druckenergie umzuwandeln, werden Leiträder vor oder hinter dem Laufrad angebracht.

Dadurch erreicht man einen annähernd drallfreien Austritt hinter dem Ventilator.

Nun gibt es drei wichtige Varianten, um das Vorgenannte zu realisieren:

1. Leitrad **vor** dem Laufrad (Vorleitend) (Abb. 3.76).

   Das Leitrad erzeugt einen Gegendrall, der im Laufrad aufgehoben wird. Es entsteht eine axiale Abströmung.

   ($\Delta p = \varrho \cdot u \cdot c_{u_1}$ ($c_{u_2} = 0$), weil c_{u_1} negativ gerichtet ist)

   Im vorgeschalteten Leitrad sinkt der Druck zur Erzeugung der Umfangskomponente c_{u_1}, sodass vor dem Laufrad ein Unterdruck $\frac{\varrho}{2} \cdot c_{u_1}^2$ entsteht. Der Reaktionsgrad r wird größer 1:

Abb. 3.75 Axialventilator
ohne Vor- und Nachleitrad

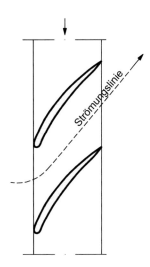

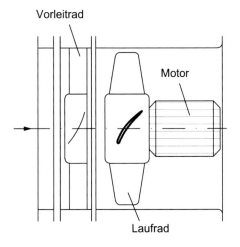

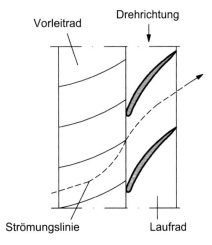

Abb. 3.76 Vorleitrad

$$\Delta p_{st} = \varrho \cdot u \cdot c_{u_1} + \frac{\varrho}{2} \cdot c_{u_1}^2$$

$$r = \frac{\varrho \cdot u \cdot c_{u_1} + \frac{\varrho}{2} \cdot c_{u_1}^2}{\varrho \cdot u \cdot c_{u_1}} = 1 + \frac{c_{u_1}}{u} \geq 1$$

2. Leitrad **nach** dem Laufrad (Nachleitrad) (Abb. 3.77):

   axiale Zuführung zum Laufrad mit Drallerzeugung durch das Laufrad, hinter dem Laufrad wird der Drall wieder aufgerichtet, um axial abzuströmen (s. Abschn. 3.3.2.2). Dies ist der häufigste Fall in der Praxis.

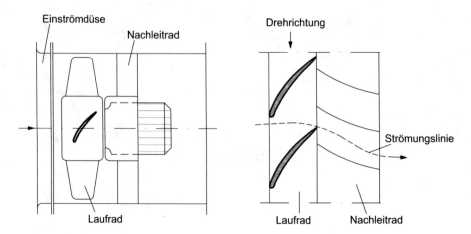

Abb. 3.77 Nachleitrad

$$\Delta p = \varrho \cdot u \cdot c_{u_2}$$

3. **Vor** und **hinter** dem Laufrad befindet sich ein Leitrad:
Die absoluten Ein- und Austrittsgeschwindigkeiten sind $c_1 = c_2$. Das Laufrad erzeugt nur statischen Druck:

$$\Delta p = \varrho \cdot u \cdot 2 \cdot c_{u_1} = \varrho \cdot u \cdot 2 \cdot c_{u_2} \text{ und } r = 1{,}0$$

Zur Erzielung hoher Drücke können zwei hintereinanderliegende gegenläufige Axialventilatoren eingesetzt werden. Der 2. Axialventilator dient als drehendes Nachleitrad, oder der 1. Axialventilator dient als Vorleitrad.

Diese Schaltung ist nicht zu verwechseln mit zwei hintereinander geschalteten (Serienschaltung) Axialventilatoren, die normale Leitapparate besitzen.

3.5.3   Betriebsverhalten von Kreiselpumpen und Ventilatoren

Wie bereits erwähnt, werden Ventilatoren im Anlagenbau bei Berechnungen wie Pumpen behandelt, d. h. Förderung inkompressibler Fluide.

Bei Strömungsarbeitsmaschinen – Pumpen, Ventilatoren, Verdichtern – werden von einer Anlage oder einem Prozess unterschiedliche, anpassbare Werte für Massenstrom, Volumenstrom und spezifische Stutzenarbeit gefordert.

Die Einstellung der verlangten Betriebswerte erfolgt entweder durch Verändern der Geometrie der Maschine, wie Leitrad- oder Laufradverstellung, Varianten der Drehzahl oder durch Parallel-, Reihen- und Bypass-Schaltung.

Das Betriebsverhalten der Strömungsmaschinen wird durch *Kennlinien* oder Kennfelder der relevanten Betriebsgrößen dargestellt.

Kennlinien werden im Allgemeinen durch Versuche an Original- oder Modellmaschinen gewonnen. Die Darstellung der Kennlinien kann dimensionsbehaftet oder dimensionslos erfolgen. Vielfach wählt man anstelle der Kurvendarstellung der Betriebswerte die Tabellenform, z. B. in Katalogen für Pumpen und Ventilatoren, wobei die Aussagefähigkeit von Tabellen geringer ist als die der grafischen Kennfelder.

3.5.3.1 Anlagenkennlinie

Die Anlagenkennlinie oder *Rohrnetzkennlinie* oder *Rohrleitungskennlinie* gibt den Zusammenhang zwischen der für den Fördervorgang erforderlichen Stutzenarbeit Y der Strömungsarbeitsmaschine und des durch die Anlage geförderten Volumenstroms $\dot{V}$ bzw. Massenstrom $\dot{m}$ an (Abb. 3.78).

Aus Abschn. 2.1.2 mit den Gl. (2.20) bis (2.22) *erweiterte Bernoulli-Gleichung* mit dem Anlagen-Verlustglied $\frac{\Delta p_V}{\varrho}$ muss ein Arbeitsglied $\frac{\Delta p_t}{\varrho} = Y$ eine Förderung ermöglichen:

$$\frac{p_1}{\varrho} + \frac{c_1^2}{2} + g \cdot z_1 + \frac{\Delta p_t}{\varrho} = \frac{p_2}{\varrho} + \frac{c_2^2}{2} + g \cdot z_2 + \frac{\Delta p_V}{\varrho}$$

Allgemein gilt für die Saug- und Druckseite einer Rohrleitung: $p = p_s + p_d$ (Abb. 3.79).

$$Y = \frac{\Delta p_t}{\varrho} = \frac{p_{2-St} - p_{1-St}}{\varrho} + \frac{1}{2}\left(c_2^2 - c_1^2\right) \ [+g(z_2 - z_1)]$$

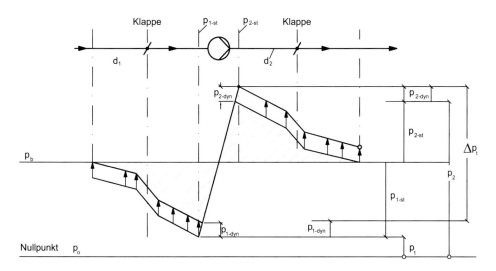

Abb. 3.78 Druckverlauf eines Ventilators oder Pumpe mit Saug- und Druckleitung [1]

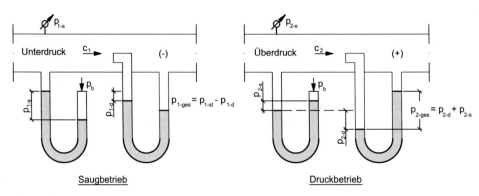

Abb. 3.79 Saug- und Druckseite zu Abb. 3.78 [4]

Die Verluste in Rohrleitungsanlagen, wie Rohre, Armaturen, Formstücke, Einbauten (z. B. Wärmeüberträger, Geräte etc.), werden als Vielfaches des dynamischen Anteils der Bernoulli-Gleichung ausgedrückt, wobei der Multiplikationsfaktor als Widerstandszahl ζ bzw. λ für Rohre oder Kanäle bezeichnet wird.

$$\Delta p_V = \left(\sum \zeta + \frac{\lambda}{d} \cdot l \right) \cdot \frac{\varrho}{2} \cdot c^2 \text{ in Pa} \tag{3.27}$$

ζ = dimensionslose Widerstandszahl für die vorgenannten Armaturen (aus Tabellen), Einbauten vom Hersteller, ζ wird aus Versuchen ermittelt.

λ = Rohrreibungszahl (dimensionslos) aus Diagrammen

d = Rohrdurchmesser bzw. hydraulischer Durchmesser in m

l = Rohrleitungslänge in m

c = Strömungsgeschwindigkeit in m/s

Die Darstellung des gesamten Druckverlusts Δp_V einer Anlage über einen veränderlichen Volumenstrom $\dot{V}$ nennt man *Anlagenkennlinie* einer z. B. Heizungs- oder Lüftungsanlage.

Mit Gl. (3.27): $c = \dfrac{\dot{V}}{A}$

$$\Delta p_V = \left(\frac{\lambda}{d} \cdot l + \sum \zeta \right) \cdot \frac{\varrho}{2} \cdot \frac{\dot{V}^2}{A^2}$$

und durch Umformen ergibt sich:

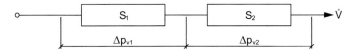

Abb. 3.80 Serienschaltung

Abb. 3.81 Parallelschaltung

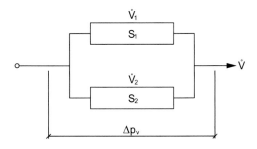

$$\Delta p_V = \left(\lambda \cdot \frac{l}{d \cdot A^2} \cdot \frac{\varrho}{2} + \sum \zeta \cdot \frac{\varrho}{2 \cdot A^2} \right) \cdot \dot{V}^2 = S \cdot \dot{V}^2 \tag{3.28}$$

Analog den elektrischen Schaltungen gilt auch hier:

a) Serienschaltung (Abb. 3.80)

$$\Delta p_V = \Delta p_{V_1} + \Delta p_{V_2} + \ldots + \Delta p_{V_n}$$

$$S \cdot \dot{V}^2 = (S_1 + S_2 + \ldots + S_n) \cdot \dot{V}^2$$

b) Parallelschaltung (Abb. 3.81)

$$\dot{V} = \dot{V}_1 + \dot{V}_2 + \ldots + \dot{V}_n$$

$$\left(\frac{\Delta p_V}{S} \right)^{\frac{1}{2}} = \left(\frac{\Delta p_{V_1}}{S_1} \right)^{\frac{1}{2}} + \left(\frac{\Delta p_{V_2}}{S_2} \right)^{\frac{1}{2}} + \ldots + \left(\frac{\Delta p_{V_n}}{S_n} \right)^{\frac{1}{2}}$$

$$\frac{1}{\sqrt{S}} = \frac{1}{\sqrt{S_1}} + \frac{1}{\sqrt{S_2}} + \ldots + \frac{1}{\sqrt{S_n}}$$

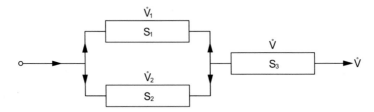

Abb. 3.82 Gemischte Schaltung

c) gemischte Schaltung, Abb. 3.82

$$S = S_3 + \frac{S_1 \cdot S_2}{\left(\sqrt{S_1} + \sqrt{S_2}\right)^2}$$

Die mindestens aufzuwendende Antriebsleistung zur Überwindung des Druckverlusts ist für Pumpen und Ventilatoren (Abb. 3.83):
$$P_{min} = \Delta p_V \cdot \dot{V} = S \cdot \dot{V}^3 = H_V \cdot \varrho \cdot g \cdot \dot{V} \text{ in W}$$
Betrachtet man Abb. 3.62, so wird die Anlagenkennlinie: *Fördertrieb*.
Bei Ventilatoren wird H_{geo} vernachlässigt.
und Abb. 3.63: *Umwälzbetrieb*

3.5.3.2 Pumpen-Ventilator-Kennlinien (Drosselkurven)

Unter Drosselkurven oder Kennlinien versteht man die Funktion $\Delta p_t = f\left(\dot{V}\right)$ oder $Y = \dfrac{\Delta p_t}{\varrho}$

$= f\left(\dot{V}\right)$ bei konstanter Drehzahl. Bei Förderung kompressibler Fluide (s. Abschn. 3.5.4) wird die spezifische Stutzenarbeit Y meist auf den angesaugten Volumenstrom bezogen oder $Y = f\left(\dot{m}\right)$.

Ausgehend von Gl. (3.5) für radiale Laufräder:

$$Y_{th\infty} = u_2 \cdot c_{u_2} - u_1 \cdot c_{u_1} \text{ (bei unendlich vielen Laufschaufeln)}$$

bzw. bei $c_{u_1} = 0$: $Y_{th\infty} = u_2 \cdot c_{u_2}$.

Nach Abb. 3.1 Laufrad einer Arbeitsmaschine, Fluid-Ein- und Austritt einer Radialmaschine [1] ist der Einfluss des Austrittswinkels β_2 gemäß Abb. 3.84:

Die *reale* Drosselkurve erhält man (Abb. 3.85):

- Minderleistungseffekt durch endliche Schaufelzahl $Y_{th} = Y_{th\infty} \cdot \mu$
- Kanalreibung in allen strömungsführenden Bauteilen, sowie Spaltverluste im Laufradspalt
- Stoßverluste am Eintritt vom Laufrad oder Leitrad

Bei gleicher Maschinengröße und gleichem Fluid lauten die Modellgesetze wie folgt:

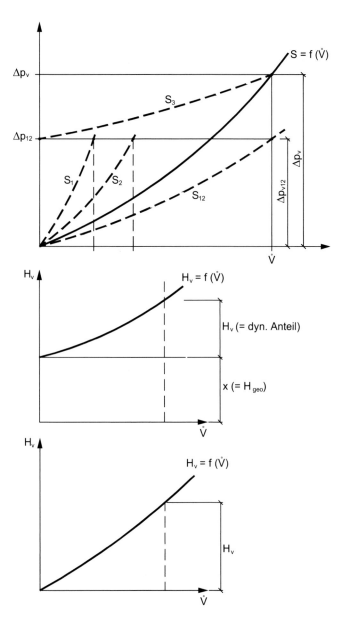

Abb. 3.83 Anlagenkennlinien: 1) und 3) ohne geodätische Höhe (Umlaufbetrieb); 2) Förderbetrieb mit geodätischer Höhe

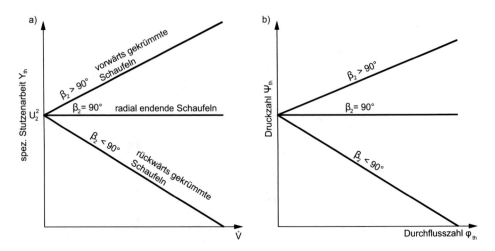

Abb. 3.84 (**a**) Theoretische Drosselkurve $Y_{th\infty} = f(\dot{V})$; (**b**) Dimensionslose, theoretische Drosselkurve $\psi_{th\infty} = f(\varphi_{th})$

$$\dot{V} \sim n; \; H \sim n^2; \; P \sim n^3$$

und daraus ergeben sich die Affinitätsgesetze:

$$\frac{\dot{V}_1}{\dot{V}_2} = \frac{n_1}{n_2}; \; \frac{H_1}{H_2} = \frac{\Delta p_{t_1}}{\Delta p_{t_2}} = \left(\frac{n_1}{n_2}\right)^2; \; \frac{P_1}{P_2} = \left(\frac{n_1}{n_2}\right)^3 \qquad (3.29)$$

Ähnlich wie die Kennlinie (Drosselkurve) wird die Leistungskurve $P = f(\dot{V})$ bestimmt:

$$P_{th\infty} = \dot{m} \cdot Y_{th\infty} = \varrho \cdot \dot{V} \cdot Y_{th\infty}$$

Die Funktion $P_{th\infty} = f(\dot{V})$ ist eine Parabel, deren Krümmung durch den Schaufelaustrittswinkel β_2 beeinflusst wird.

Gemäß Abb. 3.86 für Winkel $\beta_2 > 90°$ wird $P_{th\infty}>$, für $\beta_2 < 90°$ wird $P_{th\infty}$ kleiner.

Die reale Leistungsfunktion $P = f(\dot{V})$ erhält man mit:

$$P = \frac{P_{th\infty}}{\eta_e} \text{ in W}$$

Kennfelder einer Strömungsarbeitsmaschine (Abb. 3.87, 3.88 und 3.89)

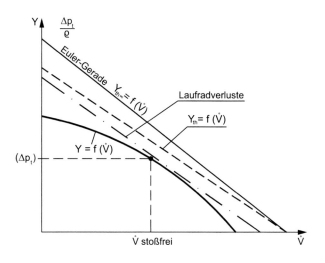

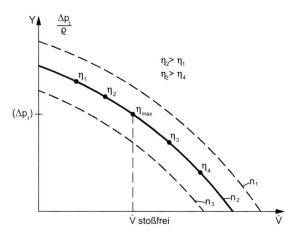

Abb. 3.85 Reale Kennlinie (Drosselkurve) $Y = f(\dot{V})$ bzw. $\Delta p_t = f(\dot{V})$, (rückwärtsgekrümmt $\beta_2 < 90°$)

- Drosselkurve $Y = f(\dot{V})$ oder Kennlinie $\Delta p_t = f(\dot{V})$ oder $H = f(\dot{V})$
- Leistungskurve $P = f(\dot{V})$
- Wirkungsgradkurve $\eta = f(\dot{V})$

3.5.3.3 Anwendung der Kennzahlen

Die in Abschn. 3.2 aufgeführten Kennzahlen für Strömungsmaschinen werden zur Charakterisierung des Betriebsverhaltens und der Bauart verwendet.

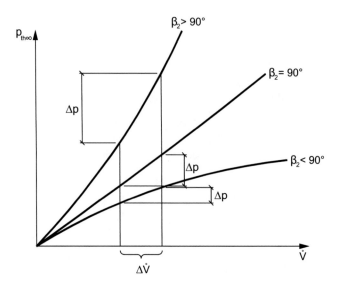

Abb. 3.86 Theoretische Leistung in Abhängigkeit vom Schaufelaustrittswinkel β_2 (s. Abb. 3.1)

Pumpen

Kennzahlen des Betriebsverhaltens:

- φ Durchflusszahl, Gl. (3.11)
- ψ Druckzahl, Gl. (3.12)
- λ Leistungszahl, Gl. (3.16)

Kennzahlen der Pumpenbauart:

- σ Laufzahl Gl. (3.15) bzw. spezifische Drehzahl n_q Gl. (3.16)
- δ Durchmesserzahl Gl. (3.17)

Im Pumpenanlagenbau werden i. d. R. Kennfelder mit $H = f(\dot{V})$ verwendet und relative Darstellung:

- relative Förderhöhe $^{H}/_{H_{opt}}$
      und
- relativer Förderstrom $\frac{\dot{V}}{\dot{V}_{opt}}$

Das Optimum liegt bei $\eta = 1$ und somit ergibt sich:

$$\frac{\eta}{\eta_{opt}} = \frac{H}{H_{opt}} = \frac{\dot{V}}{\dot{V}_{opt}} = 1,0$$

gemäß Abb. 3.90, 3.91 und 3.92.

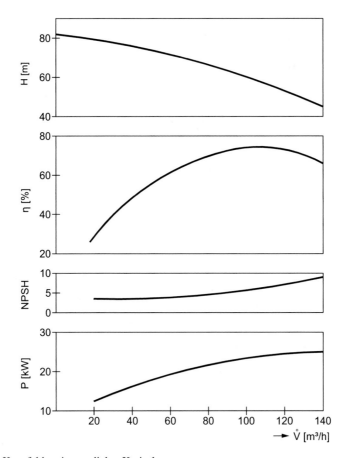

Abb. 3.87 Kennfelder einer radialen Kreiselpumpe

Ventilatoren

Kennzahlen des Betriebsverhaltens:

- φ Durchflusszahl, Gl. (3.11)
- ψ Druckzahl, Gl. (3.12)
- λ Leistungszahl, Gl. (3.16)

Kennzahlen der Ventilatorbauart sind:

- σ Laufzahl Gl. (3.15) bzw. spezifische Drehzahl n_q Gl. (3.16)
- δ Durchmesserzahl Gl. (3.17) bzw. spezifischer Durchmesser D_q

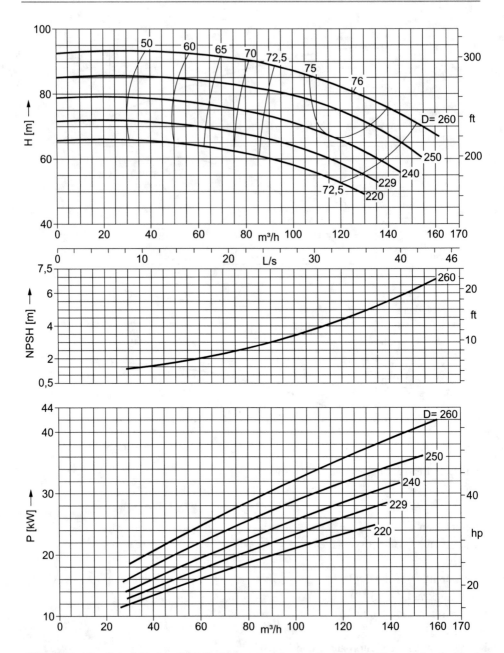

Abb. 3.88 Kennlinienfeld einer Radialkreiselpumpe, Kurvenschar mit verschiedenen Laufraddurchmessern (Fa. KSB)

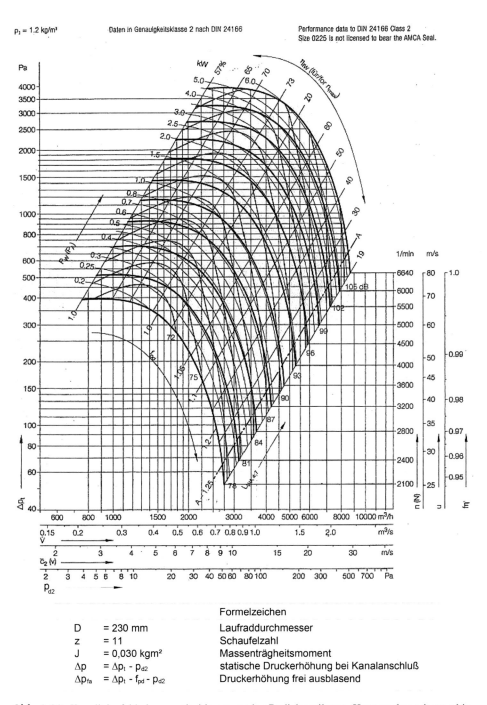

Formelzeichen

D	= 230 mm	Laufraddurchmesser
z	= 11	Schaufelzahl
J	= 0,030 kgm²	Massenträgheitsmoment
Δp	= Δpₜ - p_d2	statische Druckerhöhung bei Kanalanschluß
Δp_fa	= Δpₜ - f_pd - p_d2	Druckerhöhung frei ausblasend

Abb. 3.89 Kennlinienfeld eines zweiseitig saugenden Radialventilators, Kurvenschar mit verschiedenen Drehzahlen (Fa. Gebhardt)

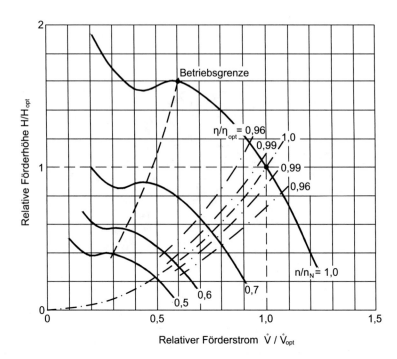

Abb. 3.90 Kennfeld einer drehzahlgeregelten Axialpumpe, $n_q \approx 200 \text{ min}^{-1}$ [3]

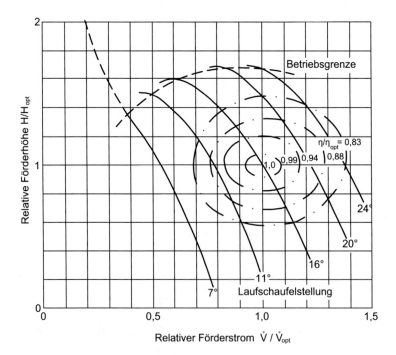

Abb. 3.91 Kennfeld einer Laufschaufel-verstellbaren Axialpumpe, $n_q \approx 200 \text{ min}^{-1}$ [3]

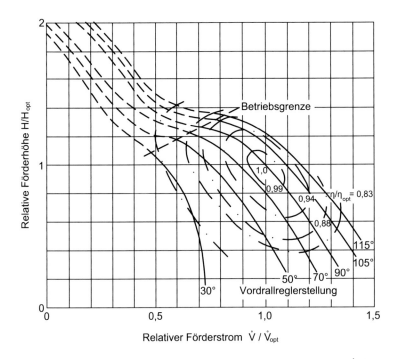

Abb. 3.92 Kennfeld einer vordrall-geregelten halbaxialen Pumpe $n_q \approx 160 \text{ min}^{-1}$ [3]

Beim Projektieren ist man interessiert, D_2 und Drehzahl n für die geforderten Daten Fördervolumen $\dot{V}$ und Gesamtdruckerhöhung Δp_t bzw. H_t, die Bauart des Ventilators (axial oder radial), bei einem optimalen Wirkungsgrad η_{max} auszulegen.

Um entscheiden zu können, welcher Ventilatortyp, welcher Durchmesser D_2 und welche Drehzahl n für die geforderten Daten von $\dot{V}$ und Δp_t oder H_t geeignet sind, verwendet man das *Codier-Diagramm* Abb. 3.9 (s. Beispiel 3.17).

Zusammenfassend für die vorgegebenen Werte Δp_t und $\dot{V}$ liefert:

- die D_q,n_q-Kurve den Ventilatortyp
- die ψ,n_q-Kurve die Umfangsgeschwindigkeit u, den Durchmesser D, die Laufraddrehzahl n
- die η_i,n_q-Kurve die Antriebsleistung

Die Ausnahme mit völlig anderem Strömungsmechanismus ist der Trommelläufer, der völlig aus dem Rahmen der übrigen Ventilatoren fällt.

Beispiel 3.18

Ein Ventilator soll $\dot{V} = 4\frac{\text{m}^3}{\text{s}}$ und $\Delta p_t = 600 \text{ Pa}$ bringen, $\varrho = 1{,}2\frac{\text{kg}}{\text{m}^3}$. An Motordrehzahlen stehen zur Verfügung: $n = 2800, \ 1450, \ 950, \ 720$ und 560 min^{-1}. Zu bestimmen sind für jede Drehzahl der n_q-Wert, ψ- und der η-Wert.

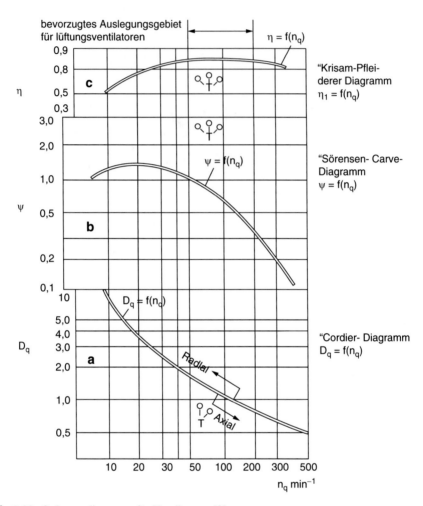

Abb. 3.93 Ordnungsdiagramm für Ventilatoren [8]

$$H_t = \frac{\Delta p_t}{g \cdot \varrho} = \frac{600}{9{,}81 \cdot 1{,}2} = 51 \text{ m}; \quad n_q = n \cdot \frac{\sqrt{4}}{51^{\frac{3}{4}}} = n \cdot 0{,}1$$

Aus Abb. 3.93: (gleiches Ergebnis bei Vorgehensweise gemäß Beispiel 3.17)

n	n_q					u_2	D_2	P
min^{-1}	min^{-1}	Typ	ψ	η		m/s	m	kW
560	56	Radial	0,8	0,85		35	1,2	2,8
720	72	Radial	0,7	0,85		37	1,0	2,8

(Fortsetzung)

n	n_q				u_2	D_2	P
min^{-1}	min^{-1}	Typ	ψ	η	m/s	m	kW
950	95	Radial	0,62	0,85	39	0,8	2,8
1450	145	Axial	0,4	0,84	50	0,65	2,8
2800	280	Axial	0,2	0,8	70	0,48	3,0

Zu beachten:

- Abnahme des Laufraddurchmessers D mit größer werdender Schnell-Läufigkeit und höherer Umfangsgeschwindigkeit u
- günstiger Platzbedarf, günstige Investition des Axialventilators.
- Nachteil: Lautstärke, Lebensdauer

Um für beliebige Kombinationen von D, Δp_t, $\dot{V}$, n den richtigen Ventilator auszumachen, sollen die nachstehenden Abbildungen behilflich sein. Die Abb. 3.94 und 3.95 basieren auf den Gleichungen im Abschn. 3.2.

Abb. 3.94 Kennfeld eines Hochleistungs-Radialventilators mit hohem Wirkungsgrad

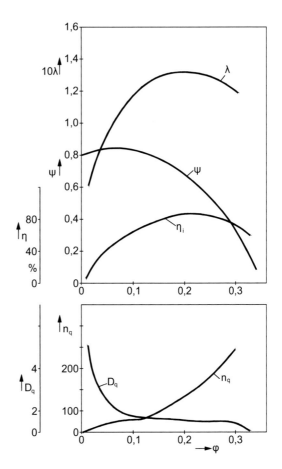

Abb. 3.95 Kennfeld eines
Hochleistungs-Axialventilators
mit hohem Wirkungsgrad

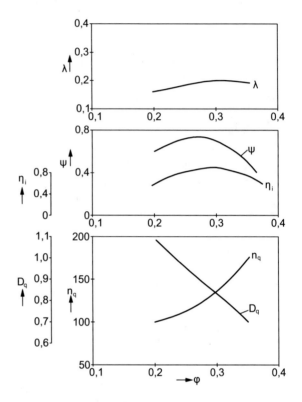

Die Abbildung macht nicht nur eine Aussage für den Bestpunkt, sondern auch für beliebige andere Betriebspunkte. Theoretisch könnte man mit einem einzigen Ventilatortyp alle vorkommenden Bedarfsfälle bearbeiten. Dies wäre nicht wirtschaftlich, man legt für η_{max} aus, was einer $n_q \approx 7{,}5 \ldots 150 \ \text{min}^{-1}$ entspricht.

In Abb. 3.95 ist das Kennfeld eines Axialventilators mit großem Durchmesserverhältnis (siehe Abb. 3.74) und hohem Wirkungsgrad dargestellt. Empfohlene spezifische Drehzahl $n_q = 100 \ldots 150 \ \text{min}^{-1}$ bei der Auslegung.

Abb. 3.96 zeigt einen **Trommelläufer**, der in der Lüftungstechnik eine gewisse Bedeutung hat.

Seine Kennzeichen sind:

* großes Durchmesserverhältnis
* hohe Schaufelzahl
* breites Laufrad, stark vorwärts gekrümmte Schaufeln.

Sein Betriebsverhalten hat erhebliche Abweichungen von den übrigen Ventilatoren. Empfohlene spezifische Drehzahl $n_q = 60 \ldots 75 \ \text{min}^{-1}$ mit ca. $\eta = 0{,}65$ bei der Auslegung.

Abb. 3.96 Kennfeld eines
Trommelläufers mit vorwärts
gekrümmten Schaufeln

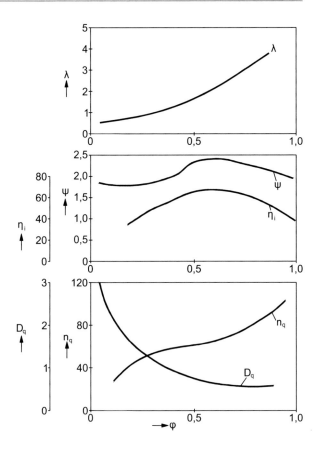

Vorteil: kleine Baugrößen, niedrige Drehzahl und relative niedrige Investitionskosten.

Zu den Trommelläufern gehören auch die sogenannten **Querstromventilatoren** (Walzenlüfter).

Neben den dimensionslosen Kennlinien arbeitet man in der Praxis mit den dimensionsbehafteten Einheitskennfeldern Abb. 3.88 und 3.89.

Es kann direkt abgelesen werden:

• Gesamtdruck, Volumenstrom
• Drehzahl, Umfangsgeschwindigkeit
• Wirkungsgrad, Leistung etc.

3.5.3.4 Zusammenwirken von Anlagenkennlinie und Drosselkurven zu Betriebskennlinien

Nicht nur die Pumpen und die Ventilatoren haben Kennzahlen, sondern gemäß Abschn. 3.2 auch die Anlage mit der *Drosselzahl* $\tau = \frac{\varphi^2}{\psi}$, Gl. (3.13), die dimensionslos ist. Mit der dimensionslosen Drosselkurve $\psi = f(\varphi)$ ergibt sich die dimensionslose **Betriebskennlinie**.

In der Praxis wird mit dimensionsbehafteter Darstellung gearbeitet. Die vorgenannte Drosselzahl τ der Anlage ist analog der *Anlagenkennlinie* Gl. (3.28) $S = \dfrac{\Delta p_V}{\dot{V}^2}$ mit Abb. 3.83).

Nun gibt es verschiedene Drosselkurven:

- nach Abb. 3.85: $Y = f(\dot{V})$ oder $\Delta p_t = f(\dot{V})$ oder $H_t = f(\dot{V})$ als *dimensionsbehaftete* lineare Darstellung.

  Daneben die *logarithmische* Darstellung $\lg Y = f(\lg \dot{V})$ bzw. $\lg \Delta p_t = f(\lg \dot{V})$
- die *relative* Darstellung (Abb. 3.90, 3.91 und 3.92)
- die *dimensionslose* lineare Darstellung (Abb. 3.84)

Es gibt flache und steile Drosselkurven.

Weiterhin gibt es *instabile* Drosselkurven, Abb. 3.98.

Beim Zusammenwirken der Anlagenkennlinie – Strömungsmaschine ist das Wichtigste, den Betriebspunkt B im optimalen Wirkungsgrad η_{max} (Abb. 3.85) auszulegen. Die Auslegungsmethoden gehören zu den vernachlässigten Gebieten. (Der heutige Stromverbrauch, z. B. der Pumpen, beträgt ca. 8 ... 9 % des gesamten Stromverbrauchs in Deutschland.)

Nachdem die Wellenleistung $P_W = \dfrac{\Delta p_t \cdot \dot{V}}{\eta_e}$ ist, erkennt man wie wichtig der Betriebspunkt ist.

Nachstehend Betriebskennlinien mit verschiedenen Betriebspunkten (Abb. 3.99, 3.100 und 3.101).

Abb. 3.97 Dimensionslose
Betriebskennlinie

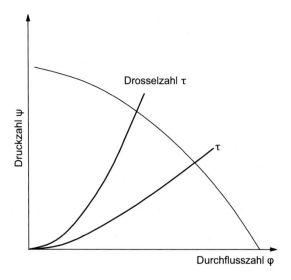

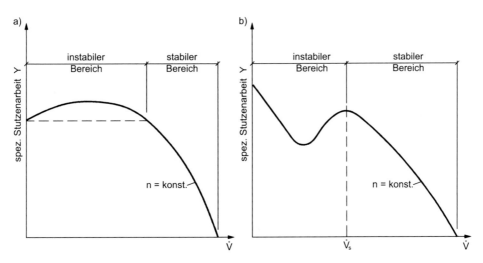

Abb. 3.98 Instabile Drosselkurven oder Kennlinien a) Radialventilator, b) Axialventilator

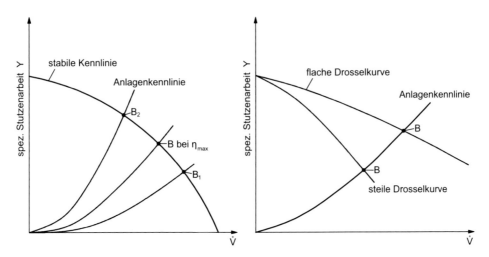

Abb. 3.99 Betriebskennlinien

3.5.3.5 Anpassung und Regelung

Kennfeld bei variabler Drehzahl

Verändert man die Drehzahl einer Strömungsmaschine, ändern sich Volumenstrom und spezifische Stutzenarbeit bzw. Förderdruck gemäß Gl. (3.29) und den Abb. 3.88, 3.89 und 3.90.

Die Antriebsmotoren sind polumschaltbar oder frequenzgesteuert (FU).

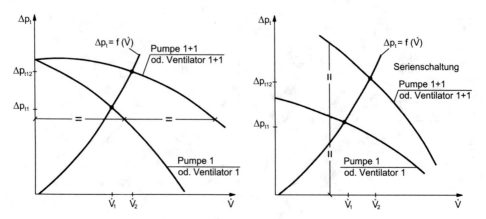

Abb. 3.100 Parallel- und Serienschaltung gleicher Maschinen

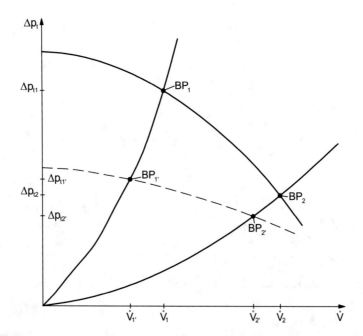

Abb. 3.101 Verändern der Anlagenkennlinie während des Betriebs bei unterschiedlichen Pumpen- oder Ventilatorkennlinien mit Auswirkung auf den Volumenstrom und den Druck

Abdrehen von radialen Laufschaufeln

Durch diese Maßnahme kann das Kennfeld in einem bestimmten Bereich verändert werden (s. Abb. 3.88 Laufraddurchmesser) mit Wirkungsgradänderung.

Verändern der Laufschaufelzahl bei Axialmaschinen (Abb. 3.102)

Auch bei Axialventilatoren gilt für endliche Schaufelzahlen Gl. (3.6)

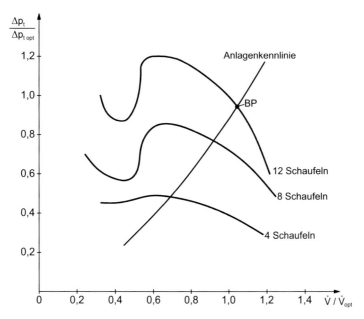

Abb. 3.102 Kennfeld eines Axialventilators

$$\Delta p_{\text{th}} = \varrho \cdot u \cdot (c_{u_2} - c_{u_1})$$

Laufradschaufelverstellung (Abb. 3.103)

Ähnlich wie bei der *Kaplan-Turbine* (s. Abb. 3.39) beschrieben, können axiale oder halbaxiale Kreiselpumpen oder Axialventilatoren auch mit im Stillstand oder während des Betriebs verstellbaren Laufschaufeln ausgerüstet werden.

Vordrallregelung

Wie bereits im Abschn. 3.3.2.2 – Abb. 3.29 erwähnt (Mit- und Gegendrall), kann mit der Dralländerung dem radialen, diagonalen oder axialen Laufrad zuströmenden Fluids eine weitere Möglichkeit der Kennlinienbeeinflussung durchgeführt werden (Abb. 3.104).

Bypassbetrieb

Der Bypassbetrieb (Abb. 3.105) ist eine in der Praxis oft durchgeführte Maßnahme einer Volumenstromregulierung bei konstanter Drehzahl. Die Maßnahme ist billig, leicht durchzuführen und eignet sich nur für Hochleistungsventilatoren mit steiler Kennlinie. Ähnlich wie bei der *Drosselregelung* (Abb. 3.99) tritt bei der Bypassregelung ein relativ großer Energieverlust auf, der diese Art von Regelung oder Anpassung an geänderte Betriebsbedingungen unwirtschaftlich macht.

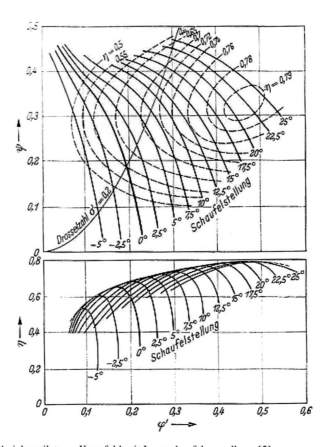

Abb. 3.103 Axialventilator – Kennfeld mit Lausschaufelverstellung [5]

Eine weitere Möglichkeit der Regelung bzw. Anlagenanpassung ist die in den Abb. 3.100 und 3.101 aufgezeigte Parallel- und Serienschaltung von Ventilatoren bzw. Pumpen, Abb. 3.106.

Einfluss der Viskosität auf die Pumpenförderung

Beim Fördern viskoser Flüssigkeiten ändern sich die Kennlinie, der Wirkungsgrad und die Antriebsleistung einer Kreiselpumpe. Mit steigender Viskosität verkleinern sich Förderstrom, Förderhöhe und Wirkungsgrad, die Antriebsleistung erhöht sich, falls nicht die Dichte stark abnimmt. Für 1-stufige Pumpen werden vom Hersteller folgende Grenzwerte für die kinematische Viskosität genannt:

Druckstutzen Nennweite	
≤ DN 50	$(120 \ldots 300) \cdot 10^{-6} \frac{\mathrm{m}^2}{\mathrm{s}}$
≤ DN 150	$(300 \ldots 500) \cdot 10^{-6} \frac{\mathrm{m}^2}{\mathrm{s}}$
> DN 150	ca. $800 \cdot 10^{-6} \frac{\mathrm{m}^2}{\mathrm{s}}$

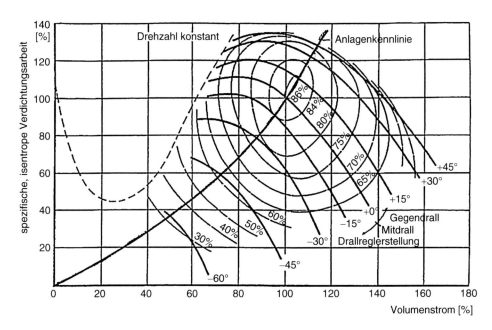

Abb. 3.104 Kennfeld eines Axialventilators mit Vordrallregelung [1]

Index z viskoses Fluid in Abb. 3.107

Index w Wasser in Abb. 3.107

Eine genaue Berechnung der Kennlinienänderung ist nicht möglich. Sind die Kennlinien $H_w(\dot{V})$; $P_w(\dot{V})$ und $\eta_w(\dot{V})$ einer Kreiselpumpe mit radialem Laufrad bekannt, so kann ihr geänderter Verlauf für zähe Flüssigkeiten z. B. aus dem KSB-Katalog ermittelt werden.

Korrekturbeiwert f_H, f_Q, f_η werden z. B. aus dem KSB-Diagramm entnommen.

Dieses Diagramm gibt für die Stelle des Wirkungsmaximums Korrekturfaktoren f_H, f_Q, f_η ($\dot{Q}$ anstelle von $\dot{V}$) an, mit denen die Werte von H_w, $\dot{V}_w$ und η_w zu multiplizieren sind. Damit wird der entsprechende Wert für zähe Flüssigkeiten H_z, $\dot{V}_z$ und η_z ermittelt:

$$\dot{V}_z = f_Q \cdot \dot{V}_w$$

$$H_z = f_H \cdot H_w$$

$$\eta_z = f_\eta \cdot \eta_w$$

Beispiel 3.19

$\dot{V}_w = 100 \dfrac{m^3}{h}$; $H_w = 20$ m; kinematische Viskosität $v = 500 \cdot 10^{-6} \dfrac{m^2}{s}$; $\varrho_z = 900 \dfrac{kg}{m^3}$; $n = 1450 \, min^{-1}$; $n_q = 1450 \cdot \dfrac{0{,}028^{\frac{1}{2}}}{20^{\frac{3}{4}}} \approx 26 \, min^{-1}$.

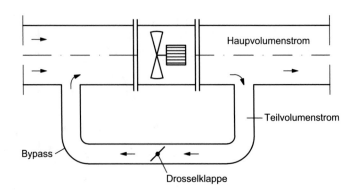

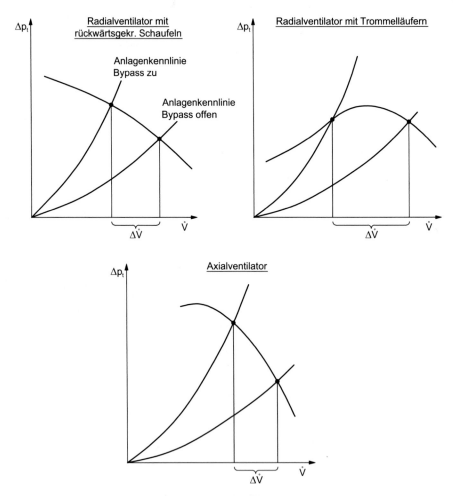

Abb. 3.105 Bypassregelung verschiedener Ventilatorbauarten

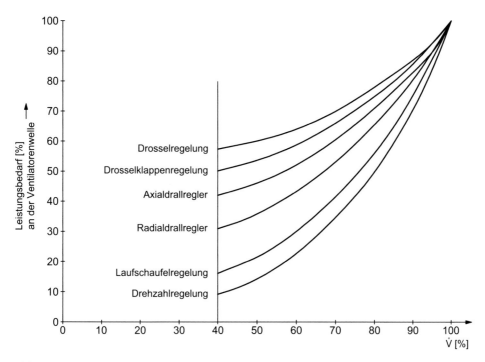

Abb. 3.106 Vergleich verschiedener Ventilator-Regelungen

Abb. 3.107 Pumpenkennlinie bei erhöhter Viskosität im Vergleich zu Wasser [KSB]

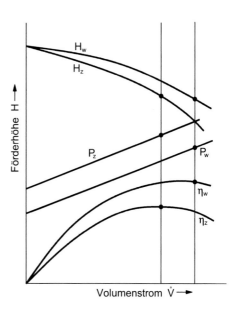

Aus Abb. 3.107 entnimmt man:

$$f_\eta = 0.5; f_H = 0.85; f_Q = 0.8$$

Daraus ergeben sich für die Förderung der viskosen Flüssigkeit:

$$\dot{V}_z = 0.8 \cdot 100 = 80 \frac{\text{m}^3}{\text{h}}$$

$$H_z = 0.85 \cdot 20 = 17 \text{ m}$$

$$\eta_z = 0.5 \cdot 1.0 = 0.5$$

$$P_w = \varrho \cdot g \cdot H \cdot \dot{V} = 1000 \cdot 9.81 \cdot 20 \cdot \frac{100}{3600} = 5.45 \text{ kW} \quad \text{(Wasser)}$$

$$P_z = 900 \cdot 9.81 \cdot \frac{17}{0.5} \cdot \frac{80}{3600} = 6.67 \text{ kW} \quad \text{(viskoses Fluid)}$$

Der Transport zäher Flüssigkeiten in Rohrleitungen bedeutet einen höheren Druckabfall bei gleichem Durchmesser im Vergleich zu Wasser:

$$\frac{\Delta p_z}{\Delta p_w} = \left(\frac{c_w}{c_z}\right)^{1,75} \cdot \left(\frac{\varrho_w}{\varrho_z}\right)^{0,75} \cdot \left(\frac{v_z}{v_w}\right)^{0,25} ; \quad c = \text{spezifische Wärmekapazität}$$

3.5.4   Turboverdichter

Kreiselverdichter sind Arbeitsmaschinen, die sich in Aufbau und Wirkungsweise den in Abschn. 3.5.1, 3.5.2 und 3.5.3 bereits aufgeführten Pumpen und Ventilatoren gleichen. Die geförderten Medien Luft und Gase haben jedoch eine wesentlich kleinere Dichte ϱ, die vom Gaszustand (Druck und Temperatur) beeinflusst wird (Gl. (2.43): $p \cdot v = R \cdot T$), als Wasser.

Beispiel

- Dichte von Luft bei 20 °C und 6 bar:

$$\varrho = \frac{1}{V} = \frac{p}{R \cdot T} = \frac{6 \cdot 10^5}{287 \cdot 293} = \mathbf{7{,}14 \frac{kg}{m^3}}$$

- Luftvolumen von 5 kg bei 20 °C und 6 bar:

$$V = m \cdot v = \frac{m}{\varrho} = \frac{5}{7{,}15} = \mathbf{0{,}7 \ m^3}$$

Abb. 3.108 Zustandsänderung der Gase bei Verdichtung ($n = 1$ isotherme Verdichtung, $n < \kappa$ polytropische Verdichtung, wenn gekühlt wird, $n = \kappa$ isentropische Verdichtung (adiabatisch), $n > \kappa$ polytropische Verdichtung (ungekühlt))

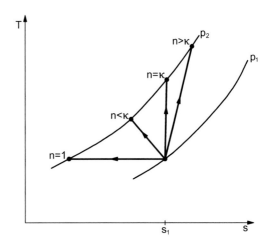

Deshalb ergeben sich höhere Anforderungen an die Umfangsgeschwindigkeiten, mit denen die Laufräder von Verdichtern – im Vergleich zu Kreiselpumpen – arbeiten müssen.

Förderhöhe des vorgenannten Beispiels $H = \frac{6 \cdot 10^5}{7{,}14 \cdot 9{,}81} = 8566$ m Luftsäule

Wird die Luft während der Verdichtung (Beispiel 2.14) gekühlt, dann wird die Förderhöhe H bzw. Δp und erforderliche Antriebsleistung ($P = \dot{V} \cdot \varrho \cdot g \cdot H$) geringer.

Bei mehrstufigen Verdichtern ergibt sich außerdem, dass die Förderströme $\dot{V}$ wegen der Volumenabnahme infolge der Verdichtung allmählich abnehmen. Das heißt, die Laufräder erhalten von Stufe zu Stufe abnehmende Radbreiten und oft abnehmende Raddurchmesser, was bei den Kraftturbinen umgekehrt ist.

In den Kap. 2 und 3 wurden die theoretischen Grundlagen behandelt.

Die Zustandsänderungen der Gase bei der Verdichtung gemäß Abschn. 2.3.1.1 und 2.3.1.2, Abb. 3.108.

Die Verdichtung von Ansaugdruck p_1 auf den Enddruck p_2 im T,s-Diagramm:

Spezifische Arbeit oder Stutzenarbeit:

Gl. (2.53): $w_{t-\text{isoth.}} = R \cdot T_1 \cdot \ln \frac{p_2}{p_1} = Y$

Gl. (2.26) und (2.60): $w_{t-\text{pol}} = Y = H \cdot g = \frac{n-1}{n} \cdot v_1 \cdot p_1 \cdot \left[\left(\frac{p_2}{p_1} \right)^{\frac{n-1}{n}} - 1 \right] + \frac{c_2^2 - c1^2}{2g}$

($\frac{c_2^2 - c1^2}{2g}$ oft vernachlässigbar)

Beispiel 3.20

Luftverdichter $p_1 = 1$ bar; $t_1 = 15\ °C$; $p_2 = 6$ bar; Ansauggeschwindigkeit $c_2 = 25\frac{\text{m}}{\text{s}}$; $n = 1{,}3$; $v_1 = 0{,}83\frac{\text{m}^3}{\text{kg}}$; $\dot{V} = 7200\frac{\text{m}^3}{\text{h}}$

a) Förderhöhe

$$H = \frac{1,3}{0,3} \cdot \frac{10^5 \cdot 0,83}{9,81} \cdot \left[\left(\frac{6}{1} \right)^{0,23} - 1 \right] + \frac{25^2 - 20^2}{2 \cdot 9,81} = \mathbf{18709,4 \ m}$$

b) Verdichtungsendtemperatur T_2

$$T_2 = T_1 \cdot \left(\frac{p_2}{p_1} \right)^{0,23} = 288 \cdot \left(\frac{6}{1} \right)^{0,23} = \mathbf{434,88 \ K} \ \left(\widehat{=} 162 \ °C \right)$$

c) Theoretische Stutzenarbeit Y_{th}

$$Y_{th} = H \cdot g = 18709,4 \cdot 9,81 = \mathbf{183,54} \ \frac{\mathbf{kJ}}{\mathbf{kg}}$$

d) Antriebsleistung – theoretisch

$$P_{th} = \dot{m} \cdot Y_{th} = \frac{\dot{V}}{v} \cdot Y_{th} = \frac{7200}{3600 \cdot 0,83} \cdot 183,54 = \mathbf{442,27 \ kW}$$

Die Verdichterwirkungsgrade (s. Gl. (2.28)) liegen bei $\eta_i = 0,85 \ldots 0,9$, die mechanischen $\eta_m \approx 0,98$, sodass der Gesamtwirkungsgrad η_e:

$$\eta_e = \eta_i \cdot \eta_m \ (\text{ca.} 0,83 \ldots 0,88) \ \text{wird.}$$

Die Förderhöhen bzw. das Druckverhältnis p_2/p_1 der Einzelstufe ist wegen den Fliehkraftbeanspruchungen, die in den Laufrädern auftreten, begrenzt.

Nicht nur aus diesem Grund, sondern auch um die Antriebsleistung einzuschränken, wird das Verdichtungsverhältnis auf mehrere Stufen verteilt und dabei noch in jeder Stufe (oder einer Gruppe von Stufen) das verdichtete Gas gekühlt. Bei mehrstufiger Verdichtung wird das Gesamtdruckverhältnis in mehrere Einzeldruckverhältnisse so aufgeteilt, dass in jeder Stufe das gleiche p_2/p_1-Verhältnis vorliegt:

$$\left(p_2/p_1 \right)_{Stufe} = \sqrt[i]{\left(p_2/p_1 \right)_{gesamt}} \ \text{für i} - \text{Stufen}$$

Wird nach jeder Stufe auf die Ansaugtemperatur der 1. Stufe zurückgekühlt, erhält man einen Verdichtungsablauf, der sich der isothermischen Verdichtung nähert, gemäß dem p,

Abb. 3.109 T,s-Diagramm zu
a) (Ansaugtemperatur 0 °C/
$p_1 = 1$ bar. Die Abkühlung in
dem Zwischenkühlern erfolgt
isobar. $\left(\frac{p_2}{p_1}\right)_{Stufe} = 2$ isentrope
Verdichtung)

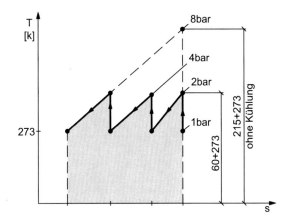

V-Diagramm, in Abb. 2.21, Beispiel 2 – 23 dargestellt. Durch das Zurücksetzen der Temperaturen und damit des spezifischen Volumens v ergibt sich eine Verkleinerung der Arbeitsfläche.

Beispiele (Abb. 3.109)

a) gekühlte Verdichtung

$$\left(\frac{p_2}{p_1}\right)_{ges} = 8 \text{ auf 3 Stufen: } \left(\frac{p_2}{p_1}\right)_{Stufe} = \sqrt[3]{8} = 2$$

Die Arbeitseinsparung und die abzuführende Wärmeenergie sind aus der Abb. ersichtlich.

b) ungekühlte Verdichtung (Abb. 3.110)

Würde man z. B. 1-stufig polytrop verdichten mit $\frac{p_2}{p_1} = 5$, so würde die Enttemperatur bei $n = 1,5$ und 265 °C (isentrop 188 °C) betragen ($\eta_i = 0,6$), was oft nicht erwünscht ist (z. B. bei Druckluft) (Abb. 3.111).

a) Drehzahlregelung $\frac{n}{n_{opt}}$ Drehzahlverhältnis
b) Saugdrosselregelung $\frac{p}{p_{opt}}$ Druckverhältnisse an der Drosselklappe
c) Eintritts-Drosselregelung α_1 Leitschaufelwinkel
d) Bypassregelung $\frac{\Delta \dot{m}}{\dot{m}}$ Bypassverhältnis

Abb. 3.110 T,s-Diagramm zu b)

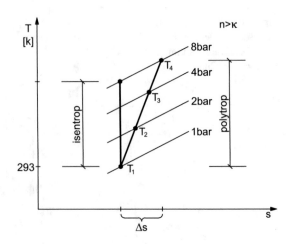

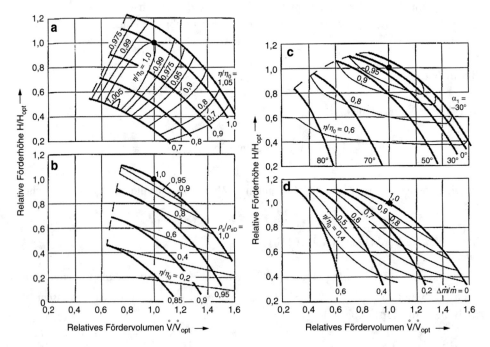

Abb. 3.111 Typische Einzelstufen-Kennfelder [3]

3.5.4.1 Radialverdichter

Radialverdichter werden in gekühlter und ungekühlter Ausführung mit bis zu 10 Stufen gebaut. Der konstruktive Aufbau ähnelt dem der mehrstufigen Radialpumpe.

Der Antrieb der Verdichter kann durch Elektromotoren, Dampf- oder Gasturbinen erfolgen.

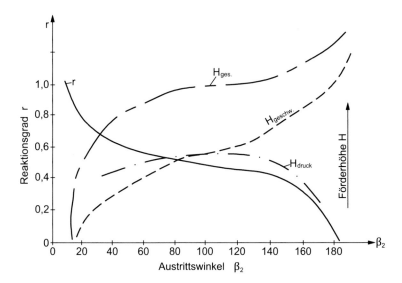

Abb. 3.112 Förderhöhe in Abhängigkeit vom Reaktionsgrad

Einsatzbereich:

$$1 - \text{stufig } {}^{p_2}/_{p_1} = \max 5$$

bis $p_2 = 600$ bar und $\dot{V}_1 = 60\dfrac{\text{m}^3}{\text{s}} : \left({}^{p_2}/_{p_1}\right)_{Stufe} = \sqrt[10]{600} = \mathbf{4}$

ungekühlt Y bis 150 kJ/kg, $\dot{V}_1 = 0{,}5\ldots 80\dfrac{\text{m}^3}{\text{s}}$;

gekühlt $Y = 150\ldots 230\dfrac{\text{kJ}}{\text{kg}}$; $\dot{V}_1 = 1{,}0\ldots 40\dfrac{\text{m}^3}{\text{s}}$

Kennzahlen gemäß Abschn. 3.2:
spezifische Drehzahl für die Einzelstufe (Abb. 3.67):

$n_q = 18\ldots 40$ Hochdruckräder
$n_q = 40\ldots 100$ Mitteldruck- und Niederdruckräder
$n_q = $ bis 600 Axialräder

Drehzahlen mit Getriebe bis 18000 min^{-1}
  Umfangsgeschwindigkeiten bis $u_2 = 350\dfrac{\text{m}}{\text{s}}$
  Reaktionsgrad $r = \dfrac{Laufradgefälle}{Gesamtstufengefälle}$ (Abschn. 3.3.3) (Abb. 3.112).
  Überschallgeschwindigkeiten führen zu Verdichtungsstößen: (Gl. (2.25))

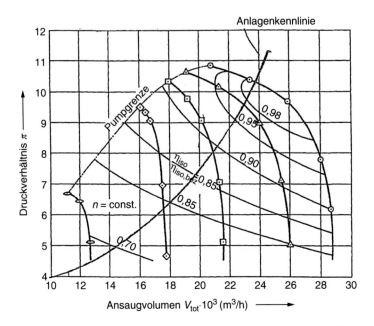

Abb. 3.113 Zusammenarbeiten der Anlagenkennlinie und Verdichterkennlinie [1]

$$a = \sqrt{\kappa \cdot R \cdot T}$$

Für trockene Luft $a = 340\frac{m}{s}$ bei 17 °C

$$a = 440\frac{m}{s} \text{ bei } 187 °C$$

Die Schallgrenze wird im Allgemeinen nicht überschritten (Abb. 3.113).

Beispiel 3.21 (Abb. 3.114)
Ein doppelflutiger Radialverdichter mit **radial-endenden** Schaufeln fördert Luft
$\left(\varrho = 1{,}29\frac{kg}{m^3} \right); r = 0{,}5; \dot{m} = 10\frac{kg}{s}; u_1 = 100\frac{m}{s}$.
$u_2 = 300\frac{m}{s}; c_1 = 173\frac{m}{s}; p_1 = 1 \text{ bar}; \alpha_1 = 90°; \beta_2 = 90°; c_{u_1} = 0 \text{ (stoßfrei)}; c_{u_2} = u_2$

$$P_{th} = \dot{m} \cdot (c_{u_2} \cdot u_2 - c_{u_1} \cdot u_1) = \dot{m} \cdot u_2^2 = 10 \cdot 300^2 = \mathbf{900 \ kW}$$

• $Y = \dfrac{\Delta p}{\varrho} = u_2^2 = \mathbf{90\dfrac{kJ}{kg}}; \ \Delta p = 1{,}29 \cdot 300^2 = 1{,}16 \text{ bar}$

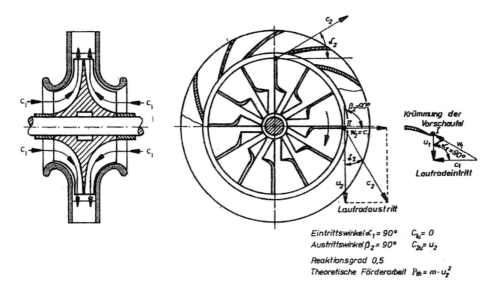

Abb. 3.114 Beispiel 3.21

- $p_2/p_1 = \dfrac{p_1 + \Delta p}{p_1} = \dfrac{1 + 1,16}{1} = \mathbf{2,16}$
- Laufradaustrittsdruck $1 + 0,58 = 1,58$ bar
  - $r = 0,5$ wird $\frac{\Delta p}{2} = 0,58$ bar im Laufrad
- Aus vorgenannter Abb. 3.112 erhält man:

$$\tan\beta_1 = \frac{c_1}{u_1} = 1,73 \curvearrowright \beta_1 = \mathbf{60}°$$

- $w_1 = \frac{u_1}{\cos\beta_1} = \frac{100}{0,5} = \mathbf{200\frac{m}{s}}$
- $w_2 = c_1 = \mathbf{173\frac{m}{s}}$
- $\tan\alpha_2 = \frac{w_2}{u_2} = \frac{173}{300} = 0,577 \curvearrowright \alpha_2 = \mathbf{30}°$
- $c_2 = \frac{u_2}{\cos\alpha_2} = \frac{300}{0,866} = \mathbf{346\frac{m}{s}}$
- $w_t = \dfrac{\dot{W}_{th}}{\dot{m}} = \dfrac{\Delta p}{\varrho} = \left(\dfrac{u_2^2 - u_1^2}{2} + \dfrac{w_1^2 - w_2^2}{2} + \dfrac{c_2^2 - c_1^2}{2}\right)$ in J/kg

$$\Delta p = 1,29 \cdot \left(40 \cdot 10^3 + 5 \cdot 10^3 + 45 \cdot 10^3\right) = 1,16 \text{ bar}$$

$$= 0,516 \text{ bar} + 0,0645 \text{ bar} + 0,5805 \text{ bar}$$

- $\dot{W}_{th} = \dot{m} \cdot Y = 10 \cdot (40 + 5 + 45) \cdot 10^3 = \mathbf{900 \text{ kW}}$

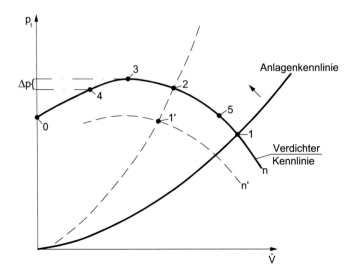

Abb. 3.115 p,V-Diagramm mit Pumpgrenze

Die Pumpengrenze (Abb. 3.115)

Die Pumpengrenze beginnt, wenn die Verdichterkennlinie den höchsten Punkt erreicht hat (Punkt 3).

Der Betriebspunkt 1 ist gegeben. Wird in der Anlage weniger Gas gefördert, wird die Anlagenkennlinie steiler und der Druck im Netz steigt.

Erreicht die Anlagenkennlinie Punkt 4, entsteht vom höchsten Anlagendruck p_3 eine Druckdifferenz Δp und es strömt Gas aus dem Netz in den Verdichter zurück. Dieser Betriebszustand heißt *pumpen*. Durch Drehzahlregelung – oder andere Maßnahmen (s. Abb. 3.99) – wird dies verhindert.

Eine Anwendung von Radialverdichtern ist in der Kälte-Klimatechnik die *Turbokältemaschine* in 1-stufiger und 2-stufiger Ausführung, die als Arbeitsgas mit Kältemittel (R134a) betrieben wird.

Es gelten auch hier die vorgenannten theoretischen Grundlagen der Radialverdichter (Gl. (3.11) und (3.12)).

$$\Delta h_s = \psi \cdot \frac{u_2^2}{2} = \frac{\Delta p}{\varrho} = w_{t-th} = Y_{th} \quad \text{isentrope Verdichtungsarbeit in J/kg}$$

$$\dot{V} = \varphi \cdot D^2 \cdot \frac{\pi}{4} \cdot u_2 \quad \text{Kältemittelvolumenstrom in m}^3/\text{s}$$

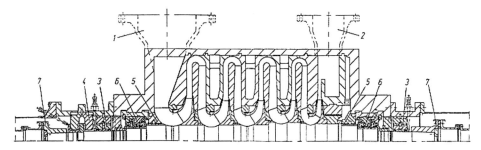

Abb. 3.116 Radialer Einwellenverdichter, $\dot{V} = 250000\frac{\text{m}^3}{\text{h}}$; p = bis 70 bar [3]

Teillastregelung gemäß Abb. 3.111:

$$\varrho_0 = \text{Gasdichte im Ansaugzustand in kg/m}^3$$

Antriebsleistung:

$$P = \frac{\dot{m} \cdot \Delta h_s}{\eta_i \cdot \eta_m} = \frac{\varrho_0 \cdot \dot{V} \cdot \Delta h_s}{\eta_e} \text{ in kW}$$

Maximale Umfangsgeschwindigkeit $u_2 \approx 250 \frac{\text{m}}{\text{s}}$; $\Delta h_s \approx 35\frac{\text{kJ}}{\text{kg}}$ $(t_1 = 0\,°\text{C}; t_2 = 40\,°\text{C})$ mit 1-welligen Verdichter (Abb. 3.116).

Drehzahlen mit Getriebe bis 15000 min^{-1} möglich.

3.5.4.2 Axialverdichter

Bei Ansaugvolumenströmen über 150000 m³/h erreicht der Radialverdichter große Abmessungen, da die Druckerhöhung im Radialverdichter nicht nur in den Laufrädern, sondern zu einem großen Teil auch in den nachgeschalteten Diffusoren erfolgt.

Im Axialverdichter hingegen wird die Druckerhöhung durch Verzögerung der in axialer Richtung verlaufenden Strömung in den eng hintereinander angeordneten Lauf- und Leitschaufeln durchgeführt. Die Gasumlenkungen von Stufe zu Stufe entfallen.

Axialverdichter-Wirkungsgrade sind bis zu 10 % höher, als die der Radialverdichter.

Der konstruktive Aufbau ähnelt der Gas- oder Dampfturbine.

Regelung gemäß Abb. 3.111:

Einsatzbereich:

$$1 - \text{stufig } {}^{p_2}/_{p_1} \approx 1{,}3$$

bis $p_2 \approx 50$ bar; $\left({}^{p_2}/_{p_1}\right)_{Stufe} = \sqrt[i]{50} = 1{,}3$; $i = 15$ Stufen (Abb. 3.117)

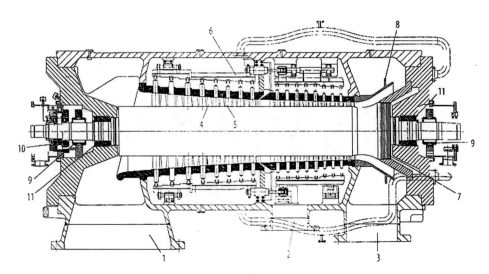

Abb. 3.117 Mehrstufiger Axialverdichter (Leistung = 57 MW) [3]

$$Y = 0\ldots 220\frac{\text{kJ}}{\text{kg}}\,;\, \dot{V}_1 = 10\ldots 300\frac{\text{m}^3}{\text{s}}$$

Kennzahlen gemäß Abschn. 3.2:
spezifische Drehzahl für die Einzelstufe (Abb. 3.67):

$$n_q = 150\ldots 600\ \text{min}^{-1}$$

Reaktionsgrad: $r = 0{,}5$ und $1{,}0$; meistens $r = 0{,}5$

$r = 0{,}5$ Energieumsetzung zur Hälfte je Laufrad und je Leitrad
$r = 1{,}0$ Energieumsetzung nur im Laufrad

Beispiel 3.22 (Abb. 3.118)
Für einen Axialverdichter mit $r = 0{,}5$ betragen die Daten:
$u = 200\frac{\text{m}}{\text{s}}$; gemäß Abb. 3.116: $\alpha_1 = 30°$; $\beta_1 = 60°$; $\alpha_2 = 60°$; $\beta_2 = 30°$
mit den vorgenannten Winkeln wird $c_{u_2} = 0{,}75 \cdot u$ und $c_{u_1} = 0{,}25 \cdot u$ zu:

$$Y_{\text{th}} = u \cdot (0{,}75 \cdot u - 0{,}25 \cdot u) = \frac{u^2}{2}$$

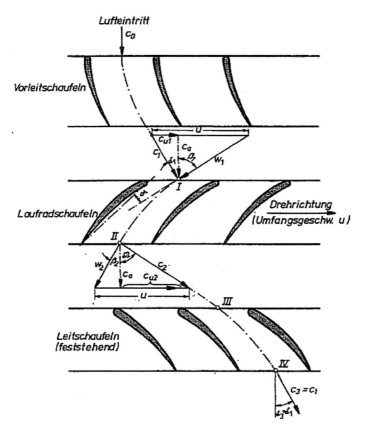

Abb. 3.118 Schaufeln

Diese spezifische Energie wird in einer Stufe in Gasarbeit umgesetzt.

Sie entspricht der isentropen Verdichterarbeit $q = c_p \cdot (T_2 - T_1) = Y_{th} = w_{th} = \frac{u^2}{2} = \frac{200^2}{2} = \mathbf{\frac{20kJ}{kg}}$

Mit $\eta_i = 0,86$ wird $Y = \frac{u^2}{2 \cdot \eta_i} = \frac{200^2}{2 \cdot 0,86} = \mathbf{23,26 \frac{kJ}{kg}}$, mit $c_p = 1,0 \frac{kJ}{kgK}$ für Luft wird ΔT zu:

$$\Delta T = \frac{23,26}{1,0} = \mathbf{23,26\ K}$$

Wird mit 15 °C angesaugt, so wird $t_2 = 38,26$ °C und das Stufenverhältnis (mit $\kappa = 1,4$ gerechnet) zu:

$$\left(p_2 / p_1\right)^{\frac{\kappa-1}{\kappa}} = T_2 / T_1 \curvearrowright \left(p_2 / p_1\right)_{Stufe} = \mathbf{1,3}$$

Literatur

1. Weber, G.: Strömungs- u. Kolbenmaschinen im Kälte-Klima-Anlagenbau. VDE, Berlin/Offenbach (2010)
2. Böswirt, B.: Technische Strömungslehre, 9. Aufl.. Springer-Vieweg+Teubner, Wiesbaden (2012)
3. Grote, K.-H., Feldmann, J. (Hrsg): Dubbel, 12./20./23. Aufl. Springer, Berlin/Heidelberg, 1963, 1994, 2000, 2014
4. Weber, G.: Strömungslehre in der Gebäudesystemtechnik. VDE, Berlin/Offenbach (2015)
5. Eck, B.: Ventilatoren, 5. Aufl.. Springer, Berlin/Heidelberg (1972)
6. Schmitz, Schaumann: Kraft-Wärme-Kopplung, 3. Aufl.. Springer, Berlin/Heidelberg (2005)
7. Baehr, K.: Thermodynamik, 13. Aufl.. Springer, Berlin/Heidelberg (2006)
8. Weber, G.: TAB-Technik am Bau. Bauverlag BV, Gütersloh 1994

Kolben-(Verdrängungs-)Maschine

4

Wie bereits in der *Einführung* definiert:

Kraft- und Arbeitsmaschinen werden gemeinsam als *Fluidenergiemaschinen* bezeichnet. Sie realisieren die Energieübertragung entweder nach dem *volumetrischen* Prinzip: **Kolben- oder Verdrängungsmaschinen** oder nach dem Strömungsprinzip: Turbomaschinen.

Arbeitsweise:

Mit der Bewegung des Verdrängers (Kolben) ändert sich – der nach außen dichte Arbeitsraum V_a (Volumen) – periodisch innerhalb der Volumengrenzen V_{min} und V_{max}.

Man unterscheidet Hub- und Rotationskolbenverdichter (oder Drehkolbenverdichter), bei Letzteren entspricht der Verdränger nicht einem zylindrischen Kolben. Dieser bewegt sich bei **Hubkolbenmaschinen** in einem Zylinder zwischen zwei Endlagen – den Totpunkten – hin und her (s. Abb. 4.4). Bei den Rotationskolbenmaschinen bewirkt ein rotierender Verdränger das Verändern des Arbeitsraums, der relativ zum Verdränger ebenfalls rotieren kann.

Drehkolbenmaschinen sind frei von rotierenden oder oszillierenden Massenkräften. (s. Abb. 4.9). **Drehkolbenartige Umlaufkolbenmaschinen** (s. Abb. 4.3c). **Kreiskolbenartige Umlaufkolbenmaschinen** (s. Abb. 4.3d) besitzen infolge rotierender und oszillierender Bewegung von Verdränger und arbeitsraumbildenden Wandteilen freie, nicht auszugleichende Massenkräfte. Letztere sind daher in ihrer Schnellläufigkeit auf niedrige bis mittlere Drehzahlen beschränkt, wogegen sich Drehkolbenmaschinen für hohe bis höchste Drehzahlen eignen.

Die Rotationskolbenmaschinen werden heute ausschließlich als Arbeitsmaschinen eingesetzt.

Anmerkung: Als Kraftmaschine war seinerzeit der *Wankelmotor* als einziger realisierter Verbrennungsmotor mit Kreiskolben, während als Kraftmaschine heute die Hubkolbenmaschine (Dampf- bzw. Otto-und Dieselmotoren) zur Anwendung kommen.

© Springer Fachmedien Wiesbaden GmbH, ein Teil von Springer Nature 2019
G. Weber, *Strömungs- und Kolbenmaschinen im Anlagenbau*,
https://doi.org/10.1007/978-3-658-24112-4_4

4.1   Grundlagen der Kolbenmaschine

Basis ist auch hier Kap. 2, wie z. B. $P_{th} = F \cdot c = M \cdot \omega = \dot{m} \cdot Y$.

Welches Energieübertragungsprinzip bei der Förderung von Flüssigkeiten und Gasen zu bevorzugen ist, hängt von der spezifischen Arbeitsübertragung Y (bzw. $\frac{\Delta p}{\varrho}$ oder w_t oder $H \cdot \varrho$), dem Durchsatz $\dot{V}$ und der Drehzahl n ab.

Werden diese Größen zu einer dimensionslosen Kennzahl: (Gl. 3.16)

$$n_q = n \cdot \frac{\dot{V}^{\frac{1}{2}}}{H^{\frac{3}{4}}}$$

verbunden, so erhält man die *spezifische Drehzahl*.

Den Pumpen- und Verdichterbauformen mit verschiedenen Energieübertragungsprinzipien können erfahrungsgemäße Wertebereiche dieser Kennzahl zugeordnet werden.

Hubkolbenmaschinen haben kleine n_q und große Druckhöhen H, während das Einsatzgebiet der Drehkolbenmaschinen zwischen den Hubkolbenmaschinen und den Turbomaschinen liegt.

4.1.1   Die vollkommene Maschine

Der *Arbeitsraum* V_a ändert sich während eines Arbeitsspiels infolge der Verdrängerbewegung innerhalb der Volumengrenzen V_{min} und V_{max}, sodass $V_{min} \leq V_a \leq V_{max}$ ist und das maximale Arbeitsvolumen V_A:

$$V_A = V_{max} - V_{min}.$$

Bei Hubkolbenmaschinen entspricht das V_A^{max} dem vom zylindrischen Kolben mit dem Durchmesser D und der Kolbenfläche A über dem Hub s zwischen den beiden Totpunkten erzeugten Hubvolumen V_h des Zylinders:

$$V_A = V_h = A \cdot s = D^2 \cdot \frac{\pi}{4} \cdot s$$

(Der Begriff *Hubvolumen* ist auch bei Rotationskolbenmaschinen üblich.)
Für z-Einzelkolben gilt:

$$V_H = z \cdot V_h.$$

a. vollkommener Kompressor
b. vollkommene Verdrängerpumpe

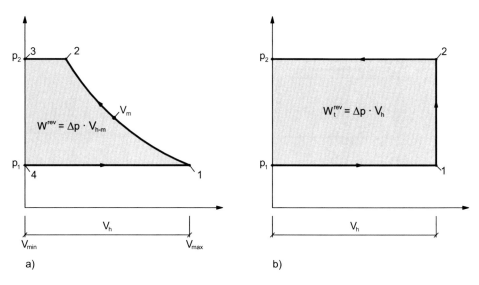

Abb. 4.1 p,V-Diagramm

Die Abb. (4.1a) ist analog der Abb. 2.7 *Zustandsänderung 1-2'* (keine Reibungsverluste, adiabatisch, keine Leckagen, etc.).

Der *vollkommene Kompressor* verdichtet *isothermisch* (quasistatische unendlich langsame Zustandsänderung) von 1 nach 2, nachdem zuvor der Arbeitsraum $V_A = V_{max} - V_{min} = V_{max}$ (da $V_{min} = 0$) verlustfrei längs der Isobaren $p_1 = konstant$ beim Ansaugen gefüllt wurde. Im Punkt 2 wird isobar bei $p_2 = konstant$ ausgeschoben (Abb. 4.1).

Die *vollkommene Pumpe* füllt durch Volumenzunahme den Arbeitsraum mit einem inkompressiblen Fluid bei $p_1 = konstant$. Die Druckerhöhung auf p_2 erfolgt *isochor*. Die Ausschiebung erfolgt isobar.

Zu der vorgenannten *reversiblen*, isothermischen Verdichtung erfolgt die *ideale* Verdichtung isentropisch gemäß den Gl. (2.54).

Anmerkung: Die *vollkommene Maschine* oder *vollkommener Motor* entspricht dem *idealen Kreisprozess* in Abschn. 2.5!

4.2 Reale Kolbenarbeitsmaschine

4.2.1 Der reale Verdichter (Kompressor)

Die Abweichungen von der vollkommenen Maschine durch Nichtumkehrbarkeit bei den Zustandsänderungen führen zu den inneren (indizierten) und mechanischen Wirkungsgraden, die bei den Arbeitsmaschinen die aufzuwendende Antriebskraft erhöhen:

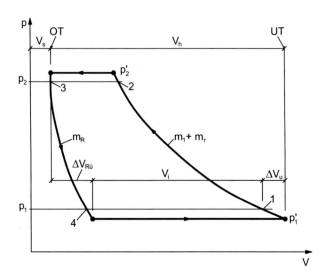

Abb. 4.2 Arbeitszyklus eines Hubkolbens. *OT* oberer Totpunkt, *UT* unterer Totpunkt, $p_1 - p_1'$ Ansaugdruckverlust, $p_2' - p_2$ Ausstoßdruckverlust

$$w_t^{real} = \frac{w_t^{id}}{\eta_i \cdot \eta_m} = Y$$

Die Abweichung $\dfrac{W_t^{id}}{\eta_i}$ entspricht der polytropischen Verdichtung Gl. (2.59, 2.60).

Das Volumen des Arbeitsraums begrenzt die pro **Arbeitsspiel** geförderte Masse des Fluids. Die Fluidmasse m in der vollkommenen Maschine ist:

$$m_V = V_A \cdot \varrho_1$$

Die in der realen Arbeitsmaschine umgesetzte Masse des Arbeitsmediums ist wegen der Ladungswechselverluste und Undichtigkeiten kleiner und damit auch die von Arbeitsmaschinen geförderte Masse.

Bezieht man die geförderte Masse m_f an Fluid auf die vollkommene Maschine, so ist der *Liefergrad* λ_L: $\lambda_L = {}^{m_f}/_{m_v}$ oder $\lambda_{nutz} = {}^{V_{eff}}/_{V_h}$.

Der Hubraum eines Kolbenverdichters ist etwas kleiner als das tatsächliche geometrische Zylindervolumen. Die Differenz aus beiden ergibt den sogenannten *Schädlichen Raum*, der möglichst klein sein soll, da er die Liefermenge verringert (Abb. 4.2).

Zustandsänderung 1–2 polytrope Verdichtung

Zustandsänderung 3–4 polytropische Rückexpansion der Restgasmenge

$m_1 =$ angesaugte Masse

$m_r =$ Rückexpansionsmasse

$m_{th} = \varrho_1 \cdot V_h =$ theoretische Masse, sie ist um die Masse m_s im Schadstoffraum V_s kleiner als m_v

$m_f = \varrho_2 \cdot V_{f2} =$ Fördermasse

Der Nutzliefergrad $\lambda_{nu} = {m_f}/{m_{th}} = {V_{f2}}/{V_h}$

λ_{nu} setzt sich aus Teilliefergeraden zusammen, wie

- indizierter Liefergrad $\lambda_i = {V_i}/{V_h}$
- Drosselgrad $\lambda_p \approx {p_1'}/{p_1}$, zur Verdichtung p_1' auf p_1 wird ΔV_u benötigt, bedingt durch T_1' auf T_1
  Dichtheitsgrad $\lambda_d = {V_{f2}}/{V_1}$

4.2.1.1 Mehrstufige Verdichtung

Mehrstufige Verdichtung begrenzt die Verdichtungendstemperatur auf zulässige Werte und führt zu einer Arbeitsersparnis im Vergleich zur 1-stufigen Verdichtung und verbessert den Liefergrad λ. Dagegen vergrößert sich der Bauaufwand und es erhöhen sich die Strömungsverluste. Gemäß *nichtadiabatischer Verdichtung* (s. Beispiel 2.14, Abb. 2.21) wird in den Zwischenstufen gekühlt.

Bei Rotationsverdichtern mit Öleinspritzung übernimmt das Öl die Verdichtungskühlung.

Verdichtung feuchter Gase (Gas-Dampf-Gemische)

Bei der Verdichtung feuchter Gase kondensiert in den Zwischenkühlern und im Nachkühler der kondensierbare Gasanteil z. B. Wasser. Das wichtigste Gas-Dampf-Gemisch ist die **feuchte Luft**, ein Gemisch aus trockener Luft und Wasserdampf.

Trockene Luft ist ein Gemisch aus N_2, O_2, Ar, CO_2 und Spurengasen.

- *Trockene Luft* enthält keinen Wasserdampf; $m_L=$ Masse der trockenen Luft in kg; $p_L=$ als Partialdruck (Teildruck) in Pa.
- *Ungesättigte Luft* bei der Lufttemperatur t_L enthält Wasserdampf in überhitzter Form $p_D \leq p''(t_L)$;
  $p_D =$ Partialdruck des Wasserdampfes in Pa;
  $p'' =$ Sättigungsdampfdruck bei t_L in Pa.
  Ungesättigte Luft kann also noch Wasser oder Wasserdampf aufnehmen.
- *Gesättigte Luft* enthält die maximal mögliche Wasserdampfmenge m_D^{max}, $p_D = p''$.
- *Übersättigte Luft* ist gesättigte Luft, die noch zusätzlich Wasser enthält, in Form von Nebel oder zum anderen zusätzlich Eis in Form von Reif.

Liegt der Luftgesamtdruck $p = p_L + p_D$ der feuchten Luft bei ca. $p = 1$ bar, so gilt mit ausreichender Genauigkeit die Gl. (2.44) *Thermische Zustandsgleichung* des idealen Gases:

$$p_L \cdot v_L = R_L \cdot T \quad \text{bzw.} \quad p_L \cdot V = n_L \cdot R_L \cdot T$$

und

$$p_D \cdot v_D = R_D \cdot T \ \text{bzw.} \ p_D \cdot V = m_D \cdot R_D \cdot T$$

und für *feuchte Luft*:

$$\frac{T}{V} = \frac{p_L}{m_L \cdot R_L} = \frac{p_D}{m_D \cdot R_D}; \quad R_L = 287 \frac{J}{kgK}$$

$$R_D = 461 \frac{J}{kgK}$$

Daraus folgt die Wasserdampfmenge, die mit m_L trockener Luft gemischt ist:

$$p_D = p - p_L$$

$$m_D = m_L \cdot \frac{R_L}{R_D} \cdot \frac{p_D}{p - p_D} \qquad \textit{ungesättigte Luft}$$

Die *gesättigte Luft* hat die maximal mögliche Wasserdampfmenge m_D^{max} mit dem *Sättigungsteildruck p''*, die sie halten kann:

$$m_D^{max} = m_L \cdot \frac{R_L}{R_D} \cdot \frac{p''}{p - p''}; \qquad p'' \ \text{aus der Sättigungsdampftabelle}$$

Der Dampfgehalt x ist bei feuchter Luft:

$$x = \frac{m_D}{m_L} = 0{,}622 \cdot \frac{p_D}{p - p_D} \ \text{in} \ ^{kg}\!/_{kg \ \text{trockene Luft}} \ \text{bzw.} \ x_s = \frac{m_D^{max}}{m_L};$$

$$m = m_L + m_D = m_L + x \cdot m_L = m_L(1 + x)$$

Relative Feuchte $\varphi = \frac{p_D}{p''}$ (0 % bis 100 %)

$x = 0{,}622 \cdot \frac{p'' \cdot \varphi}{p - p'' \cdot \varphi}$ in kg/kg trockene Luft

Druckluft

Druckluft (frühere Bezeichnung: Pressluft) ist ein Gas-Wasserdampfgemisch, denn die von den Verdichtern angesaugte atmosphärische Luft enthält Wasserdampf. Druckluft ist ein wichtiger Energieträger mit vielfältiger Anwendung:

- Antrieb von Druckluftwerkzeugen
- Druckluftmotoren
- pneumatische Förderungen
- Spritzpistolen, Sandstrahlgebläse

- Druckluftflaschen
- Anlassen von Dieselmotoren
- etc.

Neben einer Verdichtung und Druckluftaufbereitung ist die *Drucklufttrocknung* von großer Wichtigkeit, d. h. der vorgenannte Wasserdampf in der Ansaugluft muss entfernt werden. Denn bei einer Expansion beim Verbraucher würde der Wasserdampf kondensieren mit ggf. Nebel- und Reifbildung. Dieses würde den Arbeitsgang einschränken.

Gemäß Beispiel 4.3 ist der Ablauf der Druckluftaufbereitung inkl. Transport zum Verbraucher:

- Verdichtungswärme-Abkühlung mit Zwischenkühler oder Öleinspritzung
- Nachkühlung mit Umgebungsluft oder Kühlwasser mit Druckluftkondensatabführung
- weitere Entfeuchtung mittels Kältemaschine mit Direktverdampfer oder die Druckluft aus dem vorgenannten Nachkühler bis auf ca. 5 °C abkühlen und mit anschließender Nachheizung auf ca. 15 °C → 20 °C für den Transport zum Verbraucher. Alternativ erfolgt diese Kältetrocknung mittels Absorptions-/Adsorptions-Trocknung. Eine Restfeuchte beim Verbraucher wird i. d. R. in Kauf genommen, wenn nicht absolut trockene Druckluft gefordert wird.

Einige Beispiele:

a) Eine Arbeitsmaschine arbeitet mit Druckluft von $p_1 = 10$ bar; $t_1 = 20$ °C. Wegen der schnellen Expansion verläuft diese adiabatisch auf $p_2 = 1$ bar.
   - Temperatur am Expansionsende

$$T_2 = \frac{T_1}{\left(p_1/p_2\right)^{\frac{\kappa-1}{\kappa}}} = \frac{293}{\left(10/1\right)^{0,286}} = 151,66 \text{ K} = \mathbf{-121,5 \text{ °C}}$$

b) Ansaugvolumenstrom 500 m³/h, 26 °C/80 % relative Feuchte, $p_1 = 1$ bar wird auf 5 bar verdichtet und anschließend über einen Oberflächenkühler auf 46 °C isobar gekühlt und es kondensiert Wasserdampf aus der Druckluft. Die Druckluft verlässt den Kühler *gesättigt*.
   - Aus der Sattdampftafel: $t_1 = 26$ °C; $p_1'' = 0,03364$ bar

$$t_2 = 46 \text{ °C}; \quad p_2'' = 0,10086 \text{ bar}$$

   - Mit den vorgenannten Gleichungen:

$$x = 0,622 \cdot \frac{p_D}{p - p_D} = 0,622 \cdot \frac{0,8 \cdot 0,03364}{1 - 0,8 \cdot 0,03364} = \mathbf{0,01720 \frac{kg}{kg}}$$

$$\dot{m} = \frac{\dot{V}}{v}; \quad v = \frac{R_L \cdot T}{p_1} = \frac{287 \cdot 299}{10^5} = 0{,}858 \; \frac{m^3}{kg}$$

$$\dot{m} = \frac{500}{0{,}858} = 582{,}75 \; \frac{kg}{h}$$

$$\dot{m}_L = \frac{\dot{m}}{x+1} = \frac{582{,}75}{0{,}0172 + 1} = 572{,}9 \; \frac{kg}{h}$$

$$T_2 = \frac{299}{\left(\frac{1}{5}\right)^{0{,}286}} = 473{,}78 \text{ K} \; \hat{=} \; 200{,}63 \; ^\circ C,$$

d. h. im Kühler wird die Druckluft auf 20 °C/100 % abgekühlt, *Sättigungstemperatur* aus der Dampftabelle

$$x_2 = x_s = 0{,}622 \cdot \frac{1{,}0 \cdot p_2''}{p - 1{,}0 \cdot p_2''} = 0{,}622 \cdot \frac{0{,}10086}{5 - 0{,}10086} = 0{,}0128 \frac{kg}{kg}$$

Kondensationsmenge $\dot{m}_D$

$$\dot{m}_D = \dot{m}_L \cdot (x_2 - x_1) = 572{,}9 \cdot (0{,}0128 - 0{,}0172) = -2{,}52 \frac{kg \; H_2O}{h}$$

c) An einer Druckluftarbeitsmaschine expandiert feuchte Luft vom $p_1 = 2{,}5$ bar; $t_1 = 60$ °C/65 % relative Feuchte isentrop auf $p_2 = 1$ bar.

Bei welchem Expansionsdruck p_K setzt die Kondensation ein und bei welcher Temperatur t_K?

- Bis zum Einsetzen der Kondensation des Wasserdampfes expandiert die feuchte Luft wie ein ideales Gasgemisch.

$$T_K = T_1 \cdot \left(\frac{p_K}{p_1}\right)^{\frac{\kappa-1}{\kappa}}$$

Beim Kondensationsbeginn gilt:

$$x_1 = 0{,}622 \cdot \frac{p_1'' \cdot \varphi}{p_K - p_1'' \cdot \varphi}$$

Mit diesen beiden Gleichungen lässt sich T_K und p_K iterativ berechnen. $t_K = 48{,}47$ °C; $p_K = 2{,}2$ bar

- Die Kondensation setzt ein, bevor der Enddruck p_2 erreicht wird.

Im Zustand 2 am Ende der Expansion ist die feuchte Luft gesättigt und es ist Wasser als fein verteilter Nebel oder Niederschlag sichtbar.

4.2.1.2 Bauarten und Anwendung

Verdrängungskompressoren kapseln das angesaugte Gas und schieben es dann in die Druckleitung. Während der Verdichtung verkleinert sich der Arbeitsraum, Druck und Temperatur steigen durch die innere Verdichtung an.

Höhere Drücke erfolgen durch Hintereinanderschaltung mehrerer Arbeitsräume (Stufen), zwischen denen das Fluid gekühlt wird – als Kühlung *außerhalb* des Arbeitsraums. Durch diese mehrstufige Verdichtung wird die Endtemperatur begrenzt und die erforderliche Verdichtungsarbeit vermindert.

Öleinspritzgekühlte Schrauben- und Rotationsverdichter werden während der Verdichtung im Arbeitsraum gekühlt (Innenkühlung).

Die Abb. 4.3 zeigt die wichtigsten Bauarten von Verdichtern und Vakuumpumpen.

Die Bauarten unterscheiden sich nach:

- dem erreichbaren Druck und Volumenstrom
- der Schmierung der bewegten Teile in Arbeitsraum (Ölschmierung, Trockenlauf, auch Wasserschmierung)
- Anwendungsgebieten, diese bestimmen den erforderlichen Volumenstrom und den Verdichtungsenddruck.

Einige Anwendungsbeispiele:

- Druckluft: für pneumatischen Transport (2 bar); Prozessdruckluft (6 bar, 12 bar); Auffüllen von Druckluftflaschen bis ca. 300 bar
- Gase: Erdgastankstellen bis 250 bar; Hydrieren bis 350 bar; Ammoniak-Synthese bis 450 bar; Synthese von Hochdruck-Polyethylen ca. 3500 bar
- Kältemittel: Ammoniak bis 20 bar; Halogenkohlenwasserstoffe bis 20 bar; Propan bis 35 bar; CO_2 bis 110 bar. (s. Kältemittelverdichter)

a. Hubkolbenverdichter
b. Membranverdichter
c. Schraubenverdichter
d. Rotationsverdichter (Drehschieber-Vakuumpumpe)
e. Flüssigkeitsringverdichter (Wasserringpumpe)
f. Rootsgebläse
g. Drehzahlverdichter
h. Scrollverdichter
i. Umlaufkolbenverdichter (Vakuum-Kreiskolben)

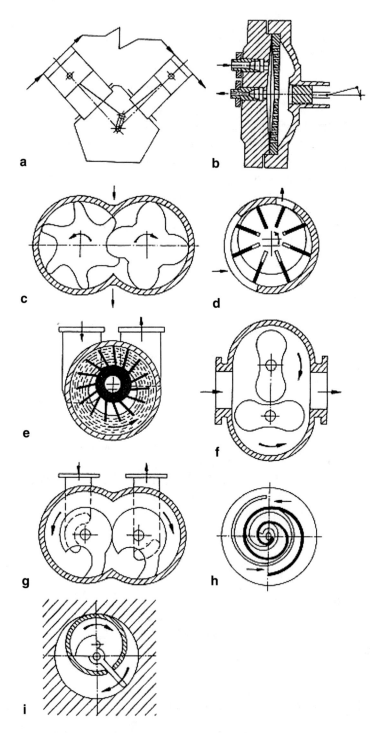

Abb. 4.3 Bauarten von Verdichtern und Vakuumpumpen [2]

Ein wichtiges Anwendungsgebiet ist die Vakuumtechnik:

- *Grobvakuum* bis 1 mbar saugseitiger Druck mit z. B. kreiskolbenartiger Umlaufkolbenmaschine oder Wasserringpumpe (s. Abb. 4.3e), als 1. Stufe
- *Feinvakuum* 1 bis 10^{-3} mbar mit z. B. Rootspumpe (s. Abb. 4.3f), als 2. Stufe
- *Hochvakuum* 10^{-3} bis 10^{-7} mbar mit z. B. Molekular- oder Diffusionspumpen als 3. Stufe

Tabelle: Bauarten der Verdrängungsverdichter ($\dot{V}_{max}$ bezogen auf den Ansaugdruck)

Bauart	$\dot{V}_{max}$	p_{max}	Hauptanwendung			
Schmierung	m³/h	Bar	Luft	Gase	Vakuum	Kälte
Hubkolbenverdichter						
Öl	100.000	3500	+	+		+
Trockenlauf	100.000	200	+	+		
Labyrintspalt	11.000	300		+		+
Membranverdichter						
Trockenlauf	100	4000		+		
Schraubenverdichter						
Öl	10.000	40	+			+
Trocken-Spalt	80.000	40	+	+		
Rotationsverdichter						
Öl	5000	16	+	+	+	
Trocken-Lamelle	600	2,5	+		+	
Flüssigkeitsringverdichter						
Wasser	10.000	11	+	+	+	
Rootsgebläse						
Trocken-Spalt	84.000	2	+	+	+	
Drehzahnverdichter						
Trocken-Spalt	840	9	+			
Scrollverdichter						
Öl	35	10				+
Trockenspalt	50	10	+			

Hubkolbenverdichter (Abb. 4.3a)

Nach der Bauart teilt man Hubkolbenverdichter je nach Lage der Zylinder in liegende und stehende Maschinen, nach der Anzahl der Zylinder in Einzel- oder Mehrzylinderausführungen ein (Abb. 4.4).

Bei mehrstufigen Verdichtern wird für ein vorgegebenes Gesamtdruckverhältnis die Stufenzahl und das Einzeldruckverhältnis bestimmt (s. Abschn. 3.5.4 Turboverdichter). So ergeben sich daraus die Ansaugdrücke p_1 und die Verdichtungsenddrücke p_2 für jede Stufe.

Die Kolbengeschwindigkeit beträgt ca. 2 ... 6 m/s, $n =$ ca. 300 ... 2000 min^{-1}.

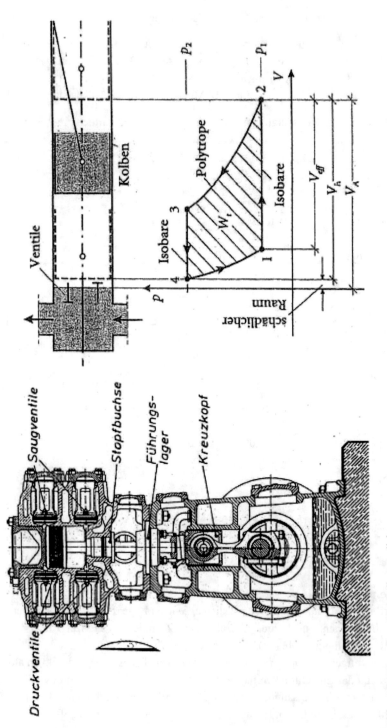

Abb. 4.4 Einstufiger Hubkolbenverdichter

Beispiel 4.1: Welche Antriebsenergie bei Drucklufterzeugung entsteht a) isothermer Verdichtung und b) isentroper Verdichtung?

a) Ein Luftvolumen $V_1 = 9$ m^3; $p_1 = 1$ bar; $t_1 = 20$ °C wird auf $p_2 = 9$ bar isotherm verdichtet.

Gl. (2.52): $V_2 = V_1 \cdot {}^{p_2}/_{p_1} = 9 \cdot {}^1/_9 = \mathbf{1\ m^3}$

Gl. (2.53): $w_t^{rev} = R \cdot T_1 \cdot \ln {}^{p_2}/_{p_1} = 287 \cdot 293 \cdot \ln \dfrac{9}{1} = \mathbf{184{,}77\ \dfrac{kJ}{kg}}$

$$W_t^{rev} = m \cdot w_t^{rev} = \frac{V_1}{v_1} \cdot w_t^{rev}$$

$$v_1 = \frac{1}{\varrho_1} = \frac{R \cdot T_1}{p_1} = \frac{287 \cdot 293}{10^5} = 0{,}84 \ \frac{m^3}{kg}$$

$$W_t^{rev} = \frac{9}{0{,}84} \cdot 184{,}77 = \mathbf{1979{,}68 \ kJ}$$

Diese Verdichtungsarbeit W_t^{rev} muss als Wärmemenge $W_t^{rev} = Q_{12}$ abgeführt werden.

b) Das vorgenannte Luftvolumen wird auf $p_2 = 9$ bar isentrop verdichtet.

Gl. (2.54):

$$v_2 = \frac{v_1}{\left({}^{p_2}/_{p_1}\right)^{\frac{1}{\kappa}}} = \frac{0{,}84}{\left({}^9/_1\right)^{0{,}714}} = \mathbf{0{,}175 \ \frac{m^3}{kg}}$$

$$V_2 = m \cdot v_2 = 10{,}71 \cdot 0{,}175 = \mathbf{1{,}87 \ m^3}$$

$$T_2 = \frac{T_1}{\left({}^{p_1}/_{p_2}\right)^{0{,}286}} = \frac{293}{\left({}^1/_9\right)^{0{,}286}} = \mathbf{549{,}26 \ K} \ (= 276{,}26 \ °C)$$

t_2 von 276,26 °C ist i. d. R. in der Anwendung zu hoch!

$$W_t^{rev} = 10{,}71 \cdot \frac{1{,}4}{04} \cdot 10^5 \cdot 0{,}84 \cdot \left[\left(\frac{9}{1}\right)^{0{,}286} - 1\right] = \mathbf{2754 \ kJ}$$

Mehraufwand bei isentroper Verdichtung:

$$\Delta W_t = 2754 - 1979{,}68 = \mathbf{774{,}32 \ kJ}$$

c) Bei isothermer Verdichtung (1-stufig) müsste während der Verdichtung die Luft abgekühlt werden – eine sogenannte *innere Kühlung*.

Anstelle dieser inneren Kühlung wird im vorliegenden Fall 2-stufig mit einem Zwischenkühler nach der1. Stufe verdichtet, vor allem um die Endtemperatur zu beschränken.

Gl. (2.61): $\left(p_2/p_1\right)_{\text{Stufe}} = \sqrt[2]{\left(p_2/p_1\right)_{\text{ges}}} = \left(9/1\right)^{0,5} = 3$

1. Stufe isentropisch:

$$v_2 = \frac{0,84}{\left(\frac{3}{1}\right)^{0,714}} = 0,383 \frac{\text{m}^3}{\text{kg}}$$

$$V_2 = 10,71 \cdot 0,383 = \textbf{4,1} \ \textbf{m}^3$$

$$T_2 = \frac{293}{\left(\frac{1}{3}\right)^{0,286}} = \textbf{401} \ \textbf{K}$$

Nach der 1. Stufe wird in Zwischenkühler auf $T_1 = 293$ K abgekühlt: $\dfrac{v_2}{v_{2'}} = \dfrac{T_2}{T_{2'}}$; $T_{2'} = T_1$

$$v_{2'} = \frac{0,383}{401/293} = 0,28 \frac{\text{m}^3}{\text{kg}}$$

2. Stufe isentropisch:

$$v_3 = \frac{v_{2'}}{\left(9/3\right)^{0,714}} = 0,128 \frac{\text{m}^3}{\text{kg}}$$

$$V_3 = 10,71 \cdot 0,128 = \textbf{1,37} \ \textbf{m}^3$$

$$T_3 = \frac{T_{2'}}{\left(9/3\right)^{0,286}} = 401 \ \text{K} \,\widehat{=}\, \textbf{128} \,^{\circ}\text{C}$$

$$W_{t-1.\text{Stufe}} = m \cdot \frac{\kappa}{\kappa - 1} \cdot v_1 \cdot p_1 \cdot \left[\left(p_2/p_1\right)^{\frac{\kappa-1}{\kappa}} - 1\right]$$
$$= 10,71 \cdot 3,5 \cdot 0,84 \cdot 10^5 \cdot \left[\left(3/1\right)^{0,286} - 1\right] = 1162,4 \ \text{kJ}$$

$$W_{t-2.\text{Stufe}} = 10,71 \cdot 3,5 \cdot 0,28 \cdot 3 \cdot 10^5 \cdot \left[\left(9/3\right)^{0,286} - 1\right] = \textbf{1162,4} \ \textbf{kJ}$$

$$W_t = W_{t-1.\text{Stufe}} + W_{t-2.\text{Stufe}} = \textbf{2324,8} \ \textbf{kJ}$$

Einsparung gegenüber der isentropischen Verdichtung beträgt $\Delta W_t = 2754 - 2324,8$ kJ $=$
429,2 kJ $\widehat{=}$ 16 %.

Beispiel 4.2

Ein Luftvolumen $V_1 = 3 \text{ m}^3$; $p_1 = 1$ bar; $T_1 = 290$ K wird auf $p_2 = 100$ bar verdichtet, $\kappa = 1{,}4$; $R = 287$ J/kgK

Gesucht:

a) Verdichtungsarbeit und die Endtemperatur bei 1-stufiger Verdichtung
b) wie a), jedoch bei 2-stufiger Verdichtung mit Zwischenkühlung auf die Anfangstemperatur
c) wie a), jedoch bei 3-stufiger Verdichtung mit Zwischenkühlung auf die Anfangstemperatur

zu a)

$$v_1 = \frac{R \cdot T_1}{p_1} = \frac{287 \cdot 290}{10^5} = \mathbf{0{,}832} \ \frac{\mathbf{m^3}}{\mathbf{kg}}$$

$$m = \frac{V_1}{v_1} = \frac{3}{0{,}832} = \mathbf{3{,}6 \ kg}$$

$$T_2 = \frac{290}{\left(\frac{1}{100}\right)^{\frac{(1{,}4-1{,}0)}{1{,}4}}} = 1082{,}43 \qquad (\hat{=} ca. \ 809 \ ^\circ C!)$$

$$W_t = m \cdot \frac{\kappa}{\kappa-1} v_1 \cdot p_1 \cdot \left[\left(\frac{p_2}{p_1}\right)^{\frac{\kappa-1}{\kappa}} - 1\right]$$
$$= 3{,}6 \cdot 3{,}5 \cdot 0{,}832 \cdot 10^5 \cdot \left[\left(\frac{100}{1}\right)^{0{,}286} - 1\right] = \mathbf{2864{,}54 \ kJ}$$

zu b)

$$\left(\frac{p_2}{p_1}\right)_{Stufe} = \sqrt[2]{\left(\frac{p_2}{p_1}\right)_{ges}} = \left(\frac{100}{1}\right)^{0{,}5} = \mathbf{10}$$

$$v_2 = \frac{v_1}{\left(\frac{10}{1}\right)^{\frac{1}{\kappa}}} = \frac{0{,}832}{\left(\frac{10}{1}\right)^{0{,}714}} = \mathbf{0{,}16} \ \frac{\mathbf{m^3}}{\mathbf{kg}}$$

$$T_2 = \frac{290}{\left(\frac{1}{10}\right)^{0{,}286}} = \mathbf{560{,}27 \ K} \qquad (\hat{=} 287 \ ^\circ C!)$$

abzuführende Rückkühlenergie im Zwischenkühler:

$$Q = m \cdot c_{\mathrm{p}} \cdot (T_2 - T_1) = 3{,}6 \cdot 1{,}0{,}(560{,}27 - 290) = \mathbf{972{,}97 \ kJ}$$

Diese Abwärme kann als Nutzwärme (*Wärmerückgewinnung*) verwendet werden. Diese isobare Rückkühlung reduziert das spezifische Volumen auf:

$$v_2' = \frac{v_2}{T_2/T_1} = 0{,}16 \cdot \frac{290}{560{,}27} = \mathbf{0{,}083} \ \frac{\mathbf{m^3}}{\mathbf{kg}}$$

$$W_{1.\text{Stufe}} = 3{,}6 \cdot 3{,}5 \cdot 0{,}832 \cdot 10^5 \cdot \left[\left(\frac{10}{1} \right)^{0{,}286} - 1 \right] = \mathbf{977 \ kJ}$$

$$W_{2.\text{Stufe}} = 3{,}6 \cdot 3{,}5 \cdot 0{,}083 \cdot 10 \cdot 10^5 \cdot \left[\left(\frac{100}{10} \right)^{0{,}286} - 1 \right] = \mathbf{977 \ kJ}$$

$$W_{\mathrm{t}} = W_{1.\text{Stufe}} + W_{2.\text{Stufe}} = \mathbf{1954 \ kJ}$$

Die Verdichtungsendtemperatur beträgt $T_2 = \mathbf{560{,}27 \ K}$.
zu c)

$$\left(\frac{p_2}{p_1} \right)_{\text{Stufe}} = \sqrt[3]{\left(\frac{p_2}{p_1} \right)_{ges}} = \left(\frac{100}{1} \right)^{\frac{1}{3}} = \mathbf{4{,}635}$$

$$v_2 = \frac{0{,}832}{\left(\frac{4{,}635}{1} \right)^{0{,}714}} = \mathbf{0{,}28} \ \frac{\mathbf{m^3}}{\mathbf{kg}}$$

$$T_2 = \frac{290}{\left(\frac{1}{4{,}635} \right)^{0{,}286}} = \mathbf{450 \ K} \qquad (\widehat{=} \ \text{ca.177 } °\text{C!})$$

abzuführende Wärmemenge im 1. Zwischenkühler:

$$Q_1 = 3{,}6 \cdot 1{,}01 \cdot (450 - 290) \approx \mathbf{581{,}76 \ kJ} = W_{\mathrm{t}-1.\text{Stufe}}$$

$$W_{\mathrm{t}-1.\text{Stufe}} = 3{,}6 \cdot 3{,}5 \cdot 0{,}832 \cdot 1{,}0 \cdot 10^5 \cdot \left[\left(\frac{4{,}635}{1} \right)^{0{,}286} - 1 \right] = \mathbf{577{,}17 \ kJ}$$

$$v_2' = v_2 \cdot \frac{T_1}{T_2} = 0{,}28 \cdot \frac{290}{450} = \mathbf{0{,}18} \ \frac{\mathbf{m^3}}{\mathbf{kg}}$$

$$W_{\mathrm{t}-2.\text{Stufe}} = 3{,}6 \cdot 3{,}5 \cdot 0{,}18 \cdot 4{,}635 \cdot 10^5 \cdot \left[\left(\frac{21{,}48}{4{,}635} \right)^{0{,}286} - 1 \right] = W_{\mathrm{t}-1.\text{Stufe}}$$

$$\frac{p_3}{p_2} = \frac{p_2}{p_1} \curvearrowright p_3 = \frac{p_2^2}{p_1} = 21{,}48$$

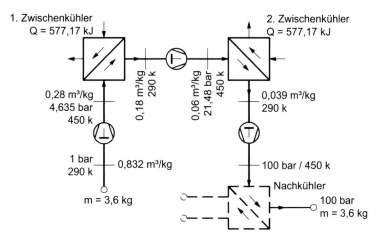

Abb. 4.5 3-stufige Verdichtung mit Zwischenkühler (Bsp. 4.2c)

$$Q_2 = Q_1$$

$$W_{t-3.\text{Stufe}} = 3,6 \cdot 3,5 \cdot 0,039 \cdot 21,48 \cdot 10^5 \cdot \left[\left(\frac{100}{21,48} \right)^{0,286} - 1 \right] = W_{t-2.\text{Stufe}} = W_{t-1.\text{Stufe}}$$

$$v_3 = \frac{v_2}{\left(\frac{p_3}{p_2} \right)^{\frac{1}{\kappa}}} = \frac{0,18}{\left(\frac{21,48}{4,635} \right)^{0,714}} = 0,06 \; \frac{\text{m}^3}{\text{kg}}$$

$$v_3' = v_3 \cdot \frac{T_2}{T_3} = 0,06 \cdot \frac{290}{450} = 0,039 \; \frac{\text{m}^3}{\text{kg}}$$

Die Endtemperatur von 177 °C ist oft zu hoch. Um eine gewünschte Endtemperatur zu erhalten, ist ein Nachkühler erforderlich (Abb. 4.5).

Einige Anwendungsgebiete:

- Kältetechnik: Einstufige Kältemittelverdichter in vollhermetischer, halbhermetischer und offener Verdichterbauart, sauggasgekühlt um einem Teil der Verdichterwärme abzuführen. Mehrzylinderbauart dadurch *Leistungsregelung* durch Abschalten einzelner Verdichter.
- Drucklufttechnik: Ein- und mehrstufige Luftverdichter von 1,5 ... 20 bar für Transporte, Pressluftwerkzeuge, Prozesstechnik etc.
- thermische Verfahrenstechnik, Verdichtung von Prozessgasen in der chemischen Verfahrenstechnik in mehrstufiger Ausführung

Anmerkung: Membranverdichter (Abb. 4.3b) verdichten ölfrei bis 4000 bar.

Stufendruckverhältnis $\left(\frac{p_2}{p_1} \right)_{Stufe} = 10$ (maximal 20 = bis 4 Stufen).

Abb. 4.6 Zellenverdichter [1]

Drehkolbenverdichter (Abb. 4.3c bis h)

Drehkolbenverdichter werden mit höherer Drehzahl betrieben als Hubkolbenverdichter. Daraus folgt ihre Eignung zur Förderung größerer Volumenströme gegen kleine bis mittlere Förderdrücke. Es gibt ein- und mehrwellige Ausführungen und nach der zeitlichen Volumenänderung des abgeschlossenen Arbeitsraums im Verdichter **mit** und **ohne** innere Verdichtung. Weiterhin unterscheidet man zwischen einer reinen Rotation der Verdränger (Abb. 4.3c, e, f) und dem Orbitieren der Verdränger auf einer geschlossenen Bahn (Abb. 4.3d, g, i) *Umlaufkolbenmaschine.*

Zellenverdichter (Abb. 4.6)

Der Zellenverdichter ist eine einwellige Drehkolbenmaschine mit innerer Verdichtung. Die sich im exzentrisch gelagerten Läufer befindlichen radial verschiebbaren Schieber haben die Aufgabe, Saug- und Druckraum zu trennen und in den einzelnen Zellen die Luft, das Gas oder den Dampf vom Saug- in den Druckraum zu fördern.

Einstufig bis $p_2/p_1 = 2{,}5$, zweistufig bis 8 bar.

Bedeutung hat der Zellenverdichter als *Flüssigkeitsringverdichter* oder *Wasserringpumpe*, weil in den meisten Fällen Wasser als Betriebsmittel zur Bildung des Arbeitsraums verwendet wird. Aus verfahrenstechnischen Gründen können als Arbeitsmittel Öle, Alkohole, Glykole, Schwefelsäure etc. eingesetzt werden.

In der Vakuumtechnik wird die Wasserringpumpe als *Flüssigkeitsringpumpe* bezeichnet, Abb. 4.7. Sie benötigt eine Mindestumfangsgeschwindigkeit mit zunehmendem Druckverhältnis. Das erreichbare Endvakuum ist durch den Dampfdruck der Betriebsflüssigkeit begrenzt.

Umfangsgeschwindigkeit $u = 14 \ldots 20 \, \frac{m}{s}$, Liefergrad $\lambda_m = 0{,}5 \ldots 0{,}9$.

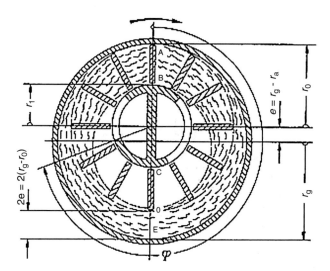

Abb. 4.7 Flüssigkeitsringpumpe [2]

In dem mit Flüssigkeit gefüllten Gehäuse bildet sich durch die Schleuderwirkung (Fliehkraft) des Kreiselrades ein Flüssigkeitsring, der sich an die Gehäusewand anschmiegt. In dem flüssigkeitsfreien, sichelförmigen Raum liegt auf der einen Seite der Saugschlitz und auf der anderen Seite der Druckschlitz. Beide münden nach hinten in die Saug- und Druckleitung. Dadurch, dass sich die durch den Flüssigkeitsring abgedichteten Zellen zwischen den Kreisradschaufeln vom Ende des Saugschlitzes in Richtung Druckschlitz verkleinern, wird das vorher angesaugte Fördermedium durch den Druckschlitz herausgedrückt.

Scrollverdichter (Abb. 4.8)
Der *Spiralverdichter* ist ein einwelliger Drehkolbenverdichter mit einem Rotor, der ohne Drehung um die eigene Achse auf einer Kreisbahn umläuft.

Die Rotorspirale berührt die kongruente Spirale im Gehäuse an z umlaufenden Stellen. Zwischen aufeinander folgenden Berührungspunkten bilden sich abgeschlossene Kammern, die beim Umlauf ihren Radius und damit ihr Volumen verkleinern. Die Räume vor der ersten und nach der letzten Berührungsstelle sind mit der Saug- und Druckseite des Verdichters verbunden.

Der Scrollverdichter wird wegen des hohen inneren Druckverhältnisses oft als hermetischer Kälteverdichter mit Fördervolumen $\dot{V}_1 = 5 \ldots 20 \, \frac{m^3}{h}$ eingesetzt.

Rootsgebläse
Das Rootsgebläse ist eine zweiwellige Drehkolbenmaschine (Abb. 4.9). Es arbeitet **ohne** innere Verdichtung, weil die zwischen den Drehkolben und dem Gehäuse eingeschlossenen

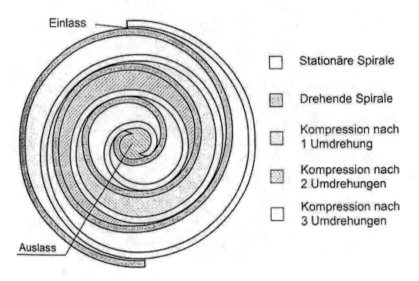

Abb. 4.8 Scrollverdichter [3]

Kammervolumen bei der Drehung konstant bleiben (inneres Druckverhältnis $= 1$). Sie arbeiten mit 2- und 3-flügeligen Rotoren, die außerhalb des Arbeitsraums durch Zahnräder gekoppelt sind. Dieses, auch Wälzkolbengebläse genannt, arbeitet nach dem Prinzip der Zahnradpumpe.

Einsatzgebiete:

- Belüftung von Klärbecken
- pneumatische Transportanlagen
- Vakuumtechnik

Nachteilig ist der hohe Schallpegel.

Umfangsgeschwindigkeiten $u = 200 \ldots 50 \frac{m}{s}$; Liefergrad $\lambda_m = 0,75 \ldots 0,95$; Druckverhältnis $p_2/p_1 = \max 2$ bar.

Schraubenverdichter

Der Schraubenverdichter ist ein zweiwelliger Drehkolbenverdichter mit zwei ungleichen Verdrängern (Hauptrotor und Nebenrotor). Die Außendurchmesser, die Teilkreisdurchmesser und Steigungen der Rotoren unterscheiden sich entsprechend ihrer Zähnezahl (Abb. 4.10).

Zahnradverhältnisse von Hauptrotor zu Nebenrotor sind 4:6, 5:6 oder 5:7.

Schraubenverdichter werden bevorzugt ölüberflutet ausgeführt, d. h. es wird ein Ölmassenstrom eingespritzt, der das 5- bis 10-fache des geforderten Gasmassenstroms beträgt und Vorteile bringt, wie

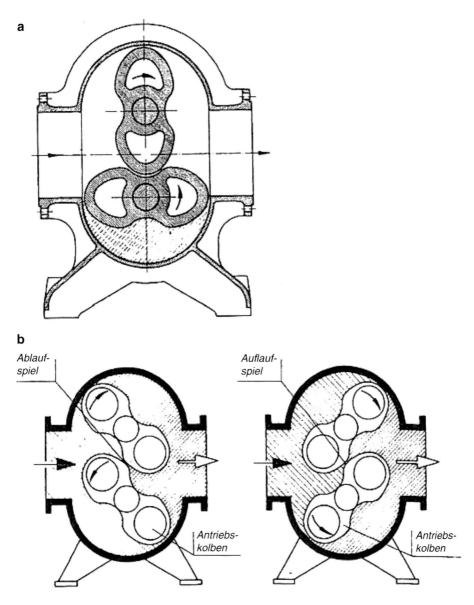

Abb. 4.9 Rootsgebläse [1]

- Abführen der Verdichtungswärme, dadurch sind höhere Druckverhältnisse als bei einem Hubkolbenverdichter möglich.
- Das eingespritzte Öl gelangt infolge der Fliehkraft an den Gehäuseumfang. Stirn und Abwälzspalte vermindern die Leckagen, wodurch sich größere Ausnutzungs- und Wirkungsgrade ergeben, als bei anderen Drehkolbenverdichtern.

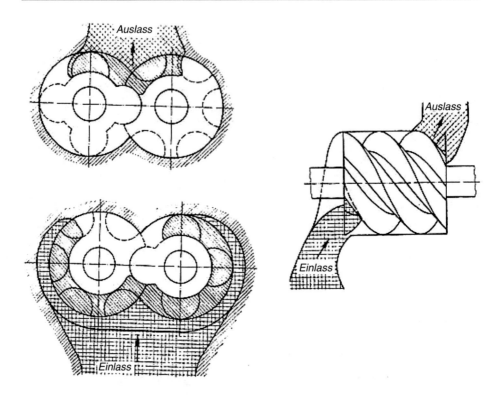

Abb. 4.10 Schraubenverdichter [1]

Ölüberflutete Schraubenverdichter werden mit Umfangsgeschwindigkeiten der Rotoren von $u = 15 \ldots 150 \frac{m}{s}$ ausgeführt. Trockenlaufende Schraubenverdichter benötigen für hinreichende Dichtheit Umfangsgeschwindigkeiten über $100 \frac{m}{s}$.

Einsatzgebiete:

- Förderströme $\dot{V} = 0{,}5 \ldots 1200 \frac{m^3}{min}$, $p_{2-max} = 40$ bar
- maximal 4 Stufen, Stufenverhältnis 4 bis 5 bei Trockenläufer; bei Öleinspritzkühlung $\left(\frac{p_2}{p_1} \right)_{Stufe} = 20 \ldots 22$
- bei Luft- und Gasförderung im Trockenlauf darf die maximale Verdichtungstemperatur von 250 °C nicht überschritten werden.
- Rotordrehzahlen bei oben genannten Umfangsgeschwindigkeiten $2500 \ldots 25.000$ min^{-1} und Rotordurchmesser von $40 \ldots 1000$ mm$^{\varnothing}$

Schraubenverdichter werden zur Drucklufterzeugung eingesetzt, wenn die Volumenströme für Kolbenverdichter zu groß und für Turboverdichter zu klein sind.

Anwendungen in verfahrenstechnischen Anlagen und in mittleren und größeren Kälte-anlagen 80 kW bis 12 MW Kälteleistung $\left(\hat{=} \dot{V} = 100, \ldots, 15.000 \dfrac{m^3}{h}\right)$. Der Schrau-benverdichter ist der am meisten verbreitete Drehkolbenverdichter.

Beispiel 4.3: Gesucht werden bei einer Druckluftanlage die Temperaturen, Antriebs-leistung des Kreisprozesses (Abb. 4.11, 4.12 und 4.13)

Druckluftprozess (ölfreie Verdichtung), Liefermenge $\dot{V}_1 = 4{,}3 \dfrac{m^3}{min}$,

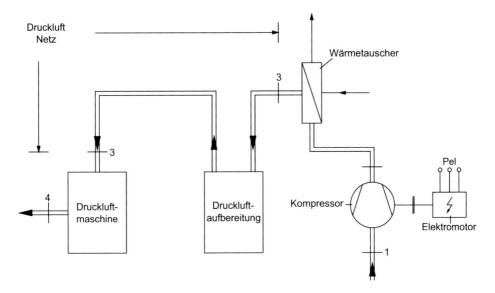

Abb. 4.11 Druckluftanlage [4]

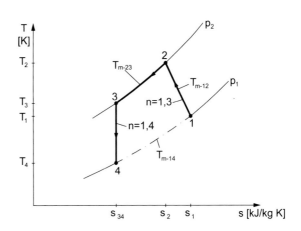

Abb. 4.12 T,S-Diagramm [4] zur Druckluftanlage (Joule-Kreisprozess)

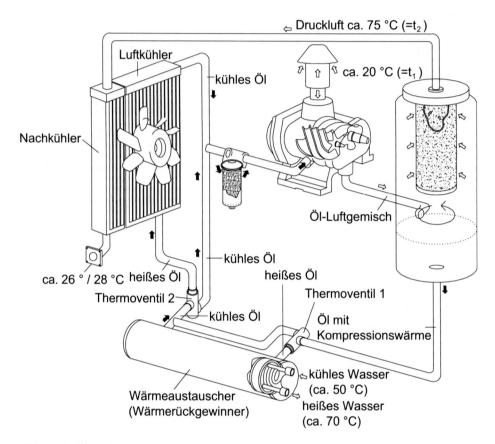

Abb. 4.13 Ölüberfluteter Schraubenverdichter für Druckluft mit Wärmerückgewinnung [4]

Ansaugdruck $p_1 = 1$ bar, $t_1 = 20\ ^\circ$C
Enddruck $p_2 = 11$ bar
Temperatur vor der Druckluftmaschine $27\ ^\circ$C $= T_3 = 300$ K
Polytropenexponent $n = 1{,}3$
Druckverlust des Druckluftnetzes wird vernachlässigt.

- Verdichtungstemperatur

$$T_2 = T_1 \cdot \left({}^{p_2}/_{p_1} \right)^{\frac{n-1}{n}} = 293 \cdot \left({}^{11}/_1 \right)^{0{,}23} = \mathbf{508{,}61\ K}\ (= 235{,}61\ ^\circ\text{C})$$

- Antriebsleistung (Gl. 2.26)

$$P = \dot{W}_t = \dot{m} \cdot \frac{n}{n-1} \cdot v_1 \cdot p_1 \cdot \left[\left({p_2}/{p_1} \right)^{0,23} - 1 \right]$$

$$\dot{m} = \frac{\dot{V}}{v_1}; \quad v_1 = \frac{R \cdot T_1}{p_1} = \frac{287 \cdot 293}{10^5} = 0,84 \; \frac{m^3}{kg}; \quad \dot{m} = \frac{4,3}{60 \cdot 0,84} = 0,085 \frac{kg}{s}$$

$$P = 0,085 \cdot 4,33 \cdot 0,84 \cdot 10^5 \cdot \left[\left({11}/{1} \right)^{0,23} - 1 \right] = \mathbf{22,75 \; kW}$$

- abzuführender Wärmestrom $\dot{Q} = \dot{m} \cdot c_p \cdot (T_2 - 300) = 0,085 \cdot 1,01 \cdot 208,61 = \mathbf{17,91 \; kW}$

Anmerkung: Der Polytropenexponent $n = 1,3$ bedeutet, dass im Verdichterarbeitsraum eine Kühlung erfolgt z. B. durch äußere Kühlrippen.

- Expansionstemperatur T_4 mit $\kappa = 1,4$ (Gl. 2.30)

$$T_4 = \frac{T_3}{\left({p_2}/{p_1} \right)^{\frac{1,4-1}{1,4}}} = \frac{300}{\left({11}/{1} \right)^{0,286}} = \mathbf{151,11 \; K} \left(\hat{=} - 122 \, °C \right)$$

- Leistung an der Druckluftmaschine

$$\dot{W}_{t-ex} = \dot{m} \cdot \frac{\kappa}{\kappa - 1} \cdot v_3 \cdot p_2 \cdot \left[1 - \left({p_2}/{p_1} \right)^{\frac{\kappa-1}{\kappa}} \right]$$

$$v_2 = \frac{287 \cdot 508,61}{11 \cdot 10^5} = 0,13 \; \frac{m^3}{kg}$$

$$v_3 = v_2 \cdot {T_3}/{T_2} = 0,13 \cdot {300}/{508,61} = 0,077 \; \frac{m^3}{kg}$$

$$\dot{W}_{t-ex} = 0,085 \cdot 3,5 \cdot 0,077 \cdot 11 \cdot 10^5 \cdot \left[1 - \left({1}/{11} \right)^{0,286} \right] = \mathbf{-12,51 \; kW}$$

Nur 55 % der eingesetzten Energie werden als Nutzleistung bei der Druckluftmaschine gewonnen. Bei einer isothermen Verdichtung wäre die minimale Antriebsleistung:

$$P_{min} = \dot{m} \cdot R \cdot T_1 \cdot \ln {p_2}/{p_1} = 0,085 \cdot 287 \cdot 300 \cdot \ln {11}/{1} = \mathbf{17,55 \; kW}$$

Beispiel 4.4: Exergiebetrachtung

Ein Druckluftkompressor verdichtet reibungsbehaftet $0{,}1\frac{kg}{s}$ Umgebungsluft von 15 °C. 1 bar auf 4 bar. Die zugeführte Verdichterleistung beträgt 20 kW ($\dot{E}_{zu}$).

Die Druckluft beim Verbraucher beträgt 35 °C und 4 bar, d. h. nach dem Verdichter wird ein kühlwasserbetriebener Nachkühler installiert.

Wassereintrittstemperatur $t_{w_1} = 15\,°C$, $\dot{m}_w = 0{,}61\frac{kg}{s}$ (E_{kin} und E_{pot} vernachlässigt).

Gesucht ist der exergetische Wirkungsgrad und die Exergieströme (Abb. 4.14):
Sonstige Parameter: $c_p = 1{,}0\frac{kJ}{kgK}$; $R = 0{,}287\frac{kJ}{kgK}$; $c_w = 4{,}18\frac{kJ}{kgK}$

- T,S-Diagramm, Exergieverluststrom

Exergieverluststrom:
Gl. (2.42): $\dot{E}_V = \dot{m} \cdot (s_2 - s_1) \cdot T_u$
Gl. (2.46): $s_2 - s_1 = c_p \cdot \ln{^{T_2}/_{T_1}} - R \cdot \ln{^{p_2}/_{p_1}}$
Gl. (2.13): $\dot{W}_t^{\,irr} = \dot{H} = \dot{m} \cdot c_p \cdot (T_2 - T_1)$

$$T_2 = \frac{\dot{W}_t^{\,irr}}{\dot{m} \cdot c_p} + T_1 = 20/(0{,}1 \cdot 1{,}0) + 288 = \mathbf{488\ K} = 215\ °C$$

$$s_2 - s_1 = 1{,}0 \cdot \ln{^{488}/_{288}} - 0{,}287 \cdot \ln{^4/_1} = \mathbf{0{,}13}\ \frac{\mathbf{kJ}}{\mathbf{kgK}}$$

$$\dot{E}_V = 0{,}1 \cdot 0{,}13 \cdot 288 = \mathbf{3{,}73\ kW}$$

- Exergiestrom der Luft am Kompressoraustritt

$$\dot{E}_2 = \dot{W}_t^{\,irr} - \dot{E}_V = 20 - 3{,}73 = \mathbf{16{,}27\ kW}$$

Abb. 4.14 Exergieströme

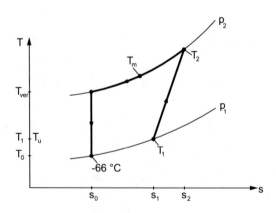

- abgeführter Wärmestrom in Nachkühler

$$\dot{Q}_{ab} = \dot{m} \cdot c_p \cdot (T_2 - T_{ver}) = 0{,}1 \cdot 1{,}0 \cdot (488 - 308) = \mathbf{18\,kW}$$

Diesen Wärmestrom muss das Kühlwasser abführen.
Kühlwasseraustrittstemperatur t_{W_2}

$$\dot{Q}_W = \dot{Q}_{ab} = \dot{m}_W \cdot c_W \cdot (t_{W_2} - t_{W_1})$$

$$t_{W_2} = \frac{18}{0{,}61 \cdot 4{,}18} + 15 = \mathbf{22\,°C}$$

- Exergiestrom des Kühlwasseraustritts
  Gl. (2.40): $\dot{E}_{W_2} = \left(1 - \dfrac{T_u}{T_{W_m}}\right) \cdot \dot{Q}_W$; $\Delta t_W = 7\,K$

$$T_{W_m} = \frac{7}{\ln {}^{295}\!/_{288}} = 291{,}5\,K$$

$$E_{W_2} = \left(1 - \frac{288}{291{,}5}\right) \cdot 18 = \mathbf{0{,}216\,kW}$$

- Exergiestrom der Druckluft nach dem Nachkühler
  Gl. (2.49) – Isobare: $s_2 - s_o = c_p \cdot \ln {}^{T_2}\!/_{T_{ver}} = 1{,}0 \cdot \ln {}^{488}\!/_{308} = \mathbf{0{,}46\,\frac{kJ}{kgK}}$

$$T_m = \frac{T_2 - T_{ver}}{\ln {}^{T_2}\!/_{T_{ver}}} = \frac{488 - 308}{\ln {}^{499}\!/_{308}} = \mathbf{391{,}12\ K}$$

Gl.   (2.39): $\dot{E}_3 = \dot{E}_2 - \dot{m} \cdot (T_m - T_u) \cdot (s_2 - s_0) = \dot{E}_2 - \dot{E}_{V-NK} = 16{,}27 - 0{,}1 \cdot (391{,}12 - 288) \cdot 0{,}46 = \mathbf{11{,}53\ kW}$

- Exergieflussbild, exergetischer Wirkungsgrad (Abb. 4.15)

Gl. (2.41): $\zeta = \dfrac{\dot{E}_{zu} - \dot{E}_3}{\dot{E}_{zu}} = 1 - \dfrac{\sum \dot{E}_V}{\dot{E}_{zu}} = 1 - \dfrac{\sum E_V}{E_{zu}} = 1 - \dfrac{8{,}47}{20} = \mathbf{58\,\%}$

- Anmerkung: Wie bereits früher erwähnt ist bei **realen** Gasen die spezifische Wärmekapazität c_p nicht konstant und steigt mit der Temperatur:

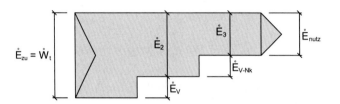

Abb. 4.15 Exergieflussbild

$$c_{p_m} = \frac{c_p^{t_1} \cdot t_1 - c_p^{t_2} \cdot t_2}{t_1 - t_2} \text{ und beträgt im Beispiel:}$$

$$c_p^{15°} = 1{,}004\,\frac{kJ}{kgK}; \; c_p^{215°} = 1{,}013\,\frac{kJ}{kgK} \text{ aus Tabellen}$$

$$\text{und } c_{p_m} = 1{,}014\,\tfrac{kJ}{kgK} \text{ und } s_2 - s_1 = 0{,}137\,\tfrac{kJ}{kgK}$$

$$\dot{E}_V = 3{,}93 \;\; kW$$

Der im Beispiel 4.3 aufgeführte Druckluftprozess ist der etwas abgewandelte *Joule-Kreisprozess* als sogenannter *Heißluftprozess* der Gasturbine (Abb. 3.50), jedoch links-herumlaufender Arbeitsprozess als Kaltluftprozess.

Dieser sogenannte *Kaltluftprozess* hatte Ende des 19. Jahrhunderts durchschlagenden Erfolg (ähnlich dem Kreisprozess der Dampfmaschine, s. Abb. 3.44) in der Kältetechnik (Abb. 4.16).

Der Kompressor **1** saugt die Raumluft an, verdichtet diese isentrop auf **2**, dabei steigt die Endtemperatur auf 127 °C. Im Rückkühler (wasser- oder luftgekühlt) wird die Ver-dichtungswärme isobar abgeführt **3**. in der Expansionsmaschine wird die Luft isentrop entspannt **4** und in den Kühlraum geblasen.

Kälteleistung $\dot{Q}_0 = \dot{m}_L \cdot c_{p_L} \cdot (T_1 - T_4)$ und da $T_4 = T \cdot \left(p_1/p_2\right)^{\frac{\kappa-1}{\kappa}}$ ist, ist die Kälte-leistung abhängig von der Wahl der Betriebsdrücke.

Der Kaltluftprozess ist thermodynamisch mangelhaft, die Leistungszahl (EER-Wert) ist verhältnismäßig schlecht $\varepsilon_0 = \dfrac{\dot{Q}_0}{\dot{Q}_{ab} - \dot{Q}_0}$.

Ein weiterer Nachteil der Kaltluftmaschine ist die Wärmekapazität c_{p_L} der Luft, sodass große Luftmengen umgewälzt werden müssen. Dadurch werden die Kolbenkompressoren groß und teuer.

Bis zur Einführung der *Kaltdampfmaschine* konnte sich die Kaltluftmaschine behaup-ten. Die Kaltdampfmaschine besteht aus ähnlichen Elementen wie die Kaltluftmaschine. Der Unterschied liegt darin, dass ein solcher Arbeitsstoff (Kältemittel) gewählt wird, bei dem der Prozess in das Sättigungsgebiet fällt (s. Abschn. 2.5, Abb. 2.32), d. h. die Isobaren und die Isothermen fallen bei $p = $ konstant zusammen.

Wie bereits in Abschn. 2.5 Kreisprozesse erwähnt, wird das T,S-Diagramm umfunk-tioniert in das lg p,h-Diagramm, mit dem in der Kältetechnik gearbeitet wird.

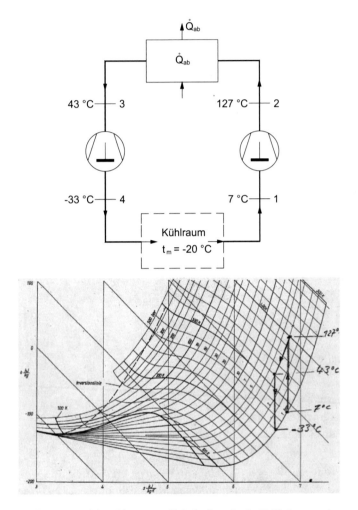

Abb. 4.16 Kaltluftprozess mit h,s-Diagramm (linksläufiger Joule-Kaltluftprozess)

In der Praxis verzichtet man auf die Expansionsmaschine und ersetzt sie durch ein Drosselventil, das sogenannte *Expansionsventil*.

Dadurch wird der Kreisprozess etwas verändert (Abb. 2.32 – Zustand 5 → 8) bei $h =$ konstant (adiabatische Drosselung Abb. 2.17), die durch den Zustand 3 geht, die Kälteleistung wird etwas geringer.

Bei tieferen Temperaturen ist ein großes Druckverhältnis $\left(p_c / p_0\right)$ erforderlich. Dadurch vergrößert sich der Exergieverlust im Verdichter, bei der Wärmeabfuhr und bei der Drosselung.

Es wird dann 2-stufig oder mehrstufig verdichtet, Abb. 4.17.

$p_c =$ Kondensationsdruck

$p_z =$ Enddruck der 1. Stufe, Anfang der 2. Stufe $p_z = \sqrt{p_0 \cdot p_c}$

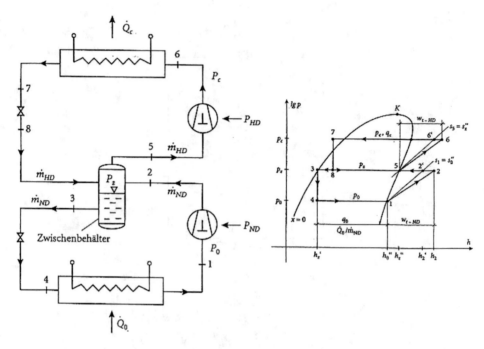

Abb. 4.17 2-stufige Kaltdampf-Kältemaschine [5]

p_0 = Ansaugstufe des 1. Verdichters
ND = Niederdruckstufe
HD = Hochdruckstufe
Kälteleistung $\dot{Q}_0 = \dot{m}_{ND} \cdot (h_1 - h_4) = \dot{m}_{ND} \cdot (h_0'' - h_{z'})$
Verdichterleistungen $\dot{W}_t = \dot{m}_{ND} \cdot (h_2 - h_1) + \dot{m}_{HD} \cdot (h_6 - h_5)$
Der HD-Verdichter hat stets einen größeren Massenstrom als der ND-Verdichter.

4.2.1.3 Regelung und Betriebsverhalten

Aufgabe der Regelung ist es, die Fördermenge dem Bedarf anzupassen, den Enddruck auf den vorgegebenen Wert zu halten und die Einsparung von Antriebsenergie.

Regelgröße ist

- der Druck nach dem Kompressor

oder

- Volumenstrom oder Temperaturen bei Kälteanlagen

Die wichtigsten Verdichterregelungen sind:

- Drehzahlregelung, stufenlos 50 % bis 100 %
- Zweipunktregelung, d. h. Förderstrom 0 % und 100 % intermittierend geregelt. Bei zu hoher Schalthäufigkeit empfiehlt es sich, einen Speicher zwischenzuschalten.
- Bypassregelung
  Verbinden der Druckleitung mit der Saugleitung. Das Gas muss gekühlt zurückströmen. Eine Bypassregelung hinter der 1. Stufe regelt den Volumenstrom von 100 % bis 50 %.
- Saugdrosselregelung
  Sie arbeitet stufenlos, durch Drosseln der Saugleistung wird die Dichte des angesaugten Gases vermindert.
- Saugventil-Abhebung

Das Betriebsverhalten von Verdrängerkompressoren:

- Der Volumenstrom fällt nur wenig ab bei Zunahme der Druckverhältnisse durch die steile Kennlinie. Leistungsaufnahme und Endtemperatur steigen.
- Zunahme der Drehzahl bei konstantem Druckverhältnis: Volumenstrom und Leistungsaufnahme verhalten sich ungefähr proportional zur Drehzahl.

4.2.2   Verdrängerpumpen

Aufbauend auf die Abschn. 4.1, 4.1.1:

Verdrängerpumpen nehmen das von der Saugleitung in den Arbeitsraum geflossene Fördermedium auf und verschieben es in die Druckleitung. Die Verschiebearbeit (W_t) erhöht die Energie (Druck-, Geschwindigkeits- und potenzielle Energie) und deckt die Reibungsverluste gemäß (Abschn. 2.1.2 – Gl. 2.20) *erweiterte Bernoulli-Gleichung*.

Zur Kapselung der Ein- und Auslasssteuerung des Fördermediums werden druckgesteuerte Ventile oder ähnliche eingesetzt.

Nach der Verdrängerkinematik werden **oszillierende** und **rotierende** Verdrängerpumpen unterschieden (Abb. 4.18 und 4.19).

Oszillierende Verdrängerpumpen arbeiten mit druckgesteuerten Ventilen oder mit Wegsteuerung.

Mit ventilgesteuerten Pumpen sind Drücke bis 7000 bar erreichbar.

a. Hubkolbenpumpe
b. Membranpumpe [2]

a. Zahnradpumpe
b. Innenzahlradpumpe
c. Drehkolbenpumpe

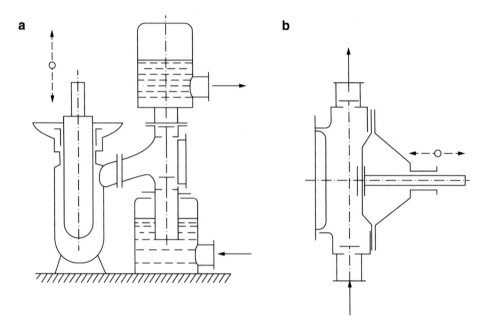

Abb. 4.18 Oszillierende Verdrängerpumpen

d. Schlauchpumpe
e. Exzenterschneckenpumpe

Berechnungsgrundlagen gemäß Abschn. 3.5.1,

Anlagenförderhöhe $H_A = \dfrac{p_a - p_e}{\varrho \cdot g} + \dfrac{c_a^2 - c_e^2}{2g} + (H_2 - H_1) + H_V$

bzw.

$$H_A = H_{\text{Pumpe}} = \frac{p_2 - p_1}{\varrho \cdot g} + \frac{c_2^2 - c1^2}{2g}$$

• Antriebsleistung

$$P_e = \frac{H_A \cdot \varrho \cdot g \cdot \dot{V}}{\eta_e}$$

• Die Kavitation berechnet sich nach Gl. (3.22).

Bei Verdrängerpumpen ist der Förderstrom *pulsierend* und an die Kinematik des Verdrängers gekoppelt. Die Strömung ist **instationär**.

Für eine Einzylinder-Kolbenmaschine mit Geradschubkurbeltrieb (Schubstangenverhältnis $\lambda = {}^r\!/_l$) ergibt sich zeitbahängig die Strömungsgeschwindigkeit $c = c_K \cdot {}^{A_K}\!/_A$ mit $c_K =$ Kolbengeschwindigkeit und die Strömungsbeschleunigung $a = a_K \cdot {}^{A_K}\!/_A$ mit $a_K =$ Kolbenbeschleunigung (Abb. 4.20).

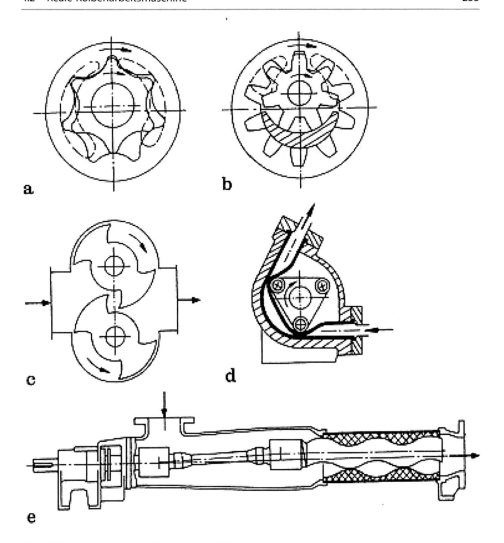

Abb. 4.19 Rotierende Verdrängerpumpe [2]

Bei gleichförmiger Drehung mit der Winkelgeschwindigkeit $\omega = \dfrac{\pi}{30} \cdot n$ der Kurbel ist $\varphi = \omega \cdot t$.

Das Weg-Zeit-Gesetz der Kurbelbewegung:

$$s = r \cdot \left(1 + \frac{\lambda}{4} - \cos \omega t - \frac{\lambda}{4} \cdot \cos 2\omega t \right)$$

Durch Differenzieren und unter Beachtung der Kettenregel wird die Kolbengeschwindigkeit c_K:

$$c_K = \frac{ds}{dt} = r \cdot \omega \cdot \left(\sin \omega t + \frac{\lambda}{2} \cdot \sin 2\omega t \right)$$

Die Gesamtbeschleunigung a_K des Kolbens ist wegen seiner geradlinigen Bewegung:

$$a_K = r \cdot \omega^2 \cdot (\cos \omega t + \lambda \cdot \cos 2\omega t)$$

Durch die Beschleunigung der Flüssigkeitsmasse in den Leitungen kommt es zu Druckveränderungen bzw. Energieverlusten $\frac{\Delta p_V}{\varrho}$.

Auch die Kinematik rotierender Verdrängerpumpen verursacht in den Leitungen beschleunigungsbedingte Druckänderungen.

Die an den Pumpenstutzen bei instationärer Strömung auftretenden periodischen Druckänderungen regen das Fördermedium zu Schwingungen an (sinusartige Strömung in der Pumpe Abb. 4.20), zu deren Dämpfung dienen Windkessel, Blasenspeicher, Resonatoren, etc. (s. Abb. 4.21).

Die Maximalwerte für c_K und a_K:

$$c_K^{max} = r \cdot \omega, \qquad a_K^{max} = r \cdot \omega^2 \cdot \cos \omega t$$

Beispiel 4.5

Ein Pumpensystem mit angeschlossener Rohrleitung $d_R = 70$ mm$^\varnothing$ für Wasser (Abb. 4.20) hat bei Labormessung das Druckmaximum bei $\varphi = 72°$. Kolbendurchmesser $d_K = 100$ mm$^\varnothing$, Drehzahl $n = 4$ Hz, Kolbenhub $s = 100$ mm.

- Maximale Kolbengeschwindigkeit c_K

$$c_K = r \cdot \omega = \frac{s}{2} \cdot \omega = \frac{0{,}1}{2} \cdot 2\pi \cdot 4 = \mathbf{1{,}26} \, \frac{\mathbf{m}}{\mathbf{s}}$$

Rohrströmung c_R

Mit der Kontinuitätsgleichung:

$$c_R \cdot A_R = c_R \cdot d_R^2 \cdot \pi/4 = c_K \cdot d_K^2 \cdot \pi/4$$

$$c_R = \frac{1{,}26 \cdot 0{,}1^2 \cdot \pi/4}{0{,}07^2 \cdot \pi/4} = \mathbf{2{,}57} \, \frac{\mathbf{m}}{\mathbf{s}}$$

- Maximale Kolbenbeschleunigung a_K:

$$a_K^{max} = r \cdot \omega^2 \cdot \cos \omega \cdot t = \frac{s}{2} \cdot \omega^2 \cdot \cos 72° = 0{,}05 \cdot 25{,}12^2 \cdot 0{,}31 = \mathbf{9{,}75} \, \frac{\mathbf{m}}{\mathbf{s^2}}$$

- Beschleunigung in der Rohrleitung:

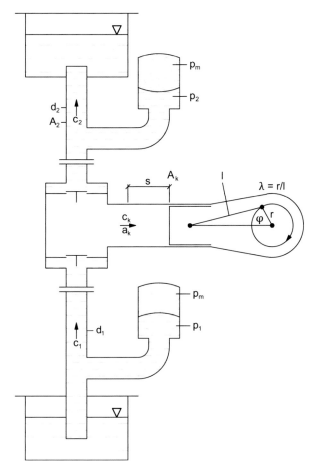

Abb. 4.20 Einzylinder-Kolbenpumpe und Absorptionsdämpfer

$$a_R = \frac{9,75 \cdot 0,1^2 \cdot \pi/4}{0,07^2 \cdot \pi/4} = \mathbf{19,9 \, \frac{m}{s^2}}$$

Der **Nutzliefergrad** λ_{nu} beinhaltet die Schließverzögerung der Pumpenventile bzw. Armaturen, die Füllungsverluste, Leckströme, etc.

$$\lambda_{nu} = \frac{V_{eff}}{V_h}; \quad V_{eff} = \text{effektives Liefervolumen in m}^3$$

$$V_h = \text{Hubvolumen in m}^3$$

$$V_s = \text{Schadraumvolumen in m}^3$$

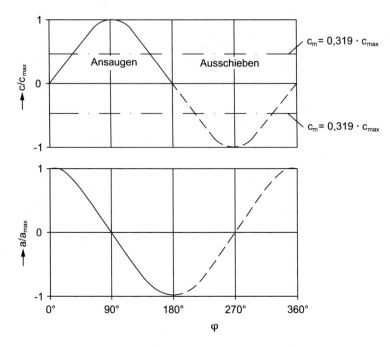

Abb. 4.21 Geschwindigkeit und Beschleunigung in den Leitungen ohne Absorptionsdämpfer

Fördervolumenstrom:

a) Oszillierende Hubkolbenpumpe (Abb. 4.22)

$$\dot{V}_{eff} = z \cdot A_K \cdot s \cdot n \cdot \lambda_{nu} \text{ in } m^3/s$$
z = Zylinderzahl
A_K = Kolbenquerschnitt in m^2
s = Hub in m
n = Drehzahl in s^{-1} oder Frequenz in Hertz

b) Drehkolben-Verdrängerpumpen (Abb. 4.23)

$$\dot{V}_{eff} = \kappa_F \cdot z \cdot (A_K - A_s) \cdot b \cdot n \cdot \lambda_{nu} \text{ in } m^3/s$$
κ_F = Formfaktor (Hersteller)
z = Kammerzahl
b = axiale Rotorlänge in m
A_s = Schadraumfläche

Abb. 4.22 p,V-Diagramm
einer oszillierenden
Hubkolbenpumpe

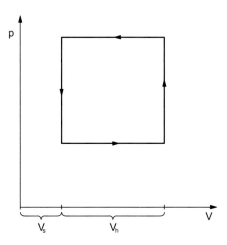

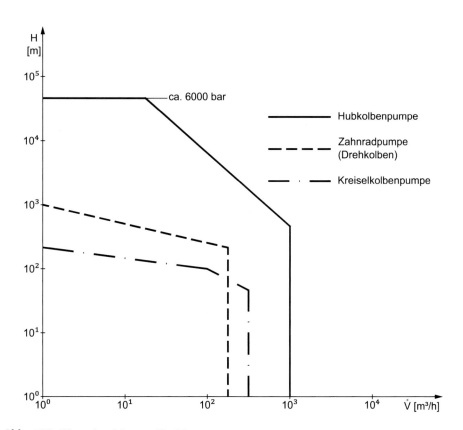

Abb. 4.23 Einsatzbereiche von Verdrängerpumpen

4.3   Kolben-Kraftmaschine

Kolben-Wärmekraftmaschinen durchlaufen einen *instationären* Teilprozess – im Vergleich zum stationären Fließprozess der Strömungs-Wärmekraftmaschine (DT, GT) (Dampfturbine/Gasturbine). Es handelt sich um geschlossene Kreisprozesse mit *äußerer* Verbrennung. Mit *innerer* Verbrennung arbeiten die Verbrennungsmotoren.

4.3.1   Kolbendampfmaschine – Dampfmotor

4.3.1.1 Kolbendampfmaschine (Abb. 4.24)

Die Kolbendampfmaschine wurde als erste Kraftmaschine entwickelt, Diese Kolbenmaschine beeinflusste entscheidend die technische Entwicklung im 19. Jahrhundert. Zur industriellen Energieerzeugung, zum Antrieb stationärer Arbeitsmaschinen. Als mobiler Antrieb von Lokomotiven und Schiffen war die Dampfmaschine auch noch in der 1. Hälfte des 20. Jahrhunderts unentbehrlich.

Vorteile:

- hohes Drehmoment
- Anfahren unter Last
- lange Lebensdauer durch niedrige Drehzahl

Nachteile:

- große pulsierende Massenkräfte trotz kleiner Drehzahlen
- kein schmierölfreier Abdampf und daher keine bzw. sehr aufwendige Wiederverwendung des Kondensates
- Frischdampfdruck infolge großer Zylinder-Durchmesser begrenzt (12 bar, 300 °C).
- niedriger Wirkungsgrad (ca. $\eta_{th} = 15 \ldots 20\,\%$)

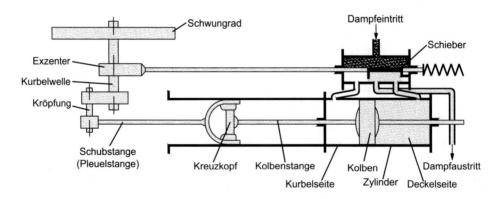

Abb. 4.24 Funktionsschema einer doppeltwirkenden Kolbendampfmaschine (James Watt)

Es wurden Leistungen bis 5000 kW bei einem Hub bis 2 m und Kolbendurchmessern bis 1 m$^\varnothing$ erreicht. (1941 wurde die größte Dampfmaschine mit 22 MW gebaut.)

Die heutigen Dampfturbinen-Sätze mit Leistungen von bis zu 1800 MW mit wesentlich besseren Wirkungsgraden (η_{th} bis 45 %). Der geringere Raumbedarf und das kleine Leistungsgewicht sind die Gründe, dass Kolbendampfmaschinen keinen Anwendungsbereich mehr haben, zumal die elektromotorischen Antriebe und die Verbrennungsmotoren die Dampfmaschinen ersetzen (siehe Abschn. 3.4.2 Dampfturbinen (DT), Beispiel 3.9 – Abb. 3.45).

4.3.1.2 Dampfmotor

Der Dampfmotor ist eine Weiterentwicklung der Kolbendampfmaschine hinsichtlich Prinzip, Wirkungsgrad, Zuverlässigkeit und Lebensdauer.

Durch Schnellläufigkeit und Kompaktbauweise werden im Vergleich zur Kolbendampfmaschine jedoch kleinere Volumina und Gewichte erzielt.

Dampfmotoren sind technisch ausgereift und für kleinere Leistungen verfügbar. Ein Vorteil ist das gute Teillastverhalten, da sich im Bereich von 50 bis 100 % der elektrische Wirkungsgrad von ca. 15 % kaum ändert. Der Dampfmotor ist für Anwendungsfälle mit tages- und jahreszeitlichen Schwankungen der Wärme- und Stromnachfrage (Kraft-Wärme-Kopplung) gut geeignet. Hier liegt seine Bedeutung bei regenerativen Energien wie Biomasse (Holz, Stroh etc.) als Brennstoff für die Dampferzeugung.

Grundsätzlich kann bei Dampfmotoren zwischen Dampfkolben- und Dampfschraubenmotoren unterschieden werden.

Die wichtigste Anwendung von Dampfmotoren mit Kesselanlage ist eine Kraft-Wärme-Kopplung mit biogenen Festbrennstoffen.

Bei den meisten Konzepten zur Kraft-Wärme-Kopplung stehen der erzeugte Strom und die bereitgestellte Wärme in einem festen Verhältnis zueinander:

- Wärmegeführte Anlagen, diese sind nach der jeweiligen Wärmenachfrage ausgelegt. Dabei stellt der Strom ein erwünschtes Nebenprodukt dar.
- Stromgeführte Anlagen, d. h. gemäß der jeweiligen Stromnachfrage ausgelegt. Die anfallende Wärme ist das Nebenprodukt.

Gemäß Abb. 4.24 arbeitet der Dampfkolbenmotor nach dem Entspannungsprinzip.

Solche Verdrängungsmaschinen können im Unterschied zu Dampfturbinen auch mit Sattdampf betrieben werden; dadurch kann der Überhitzer im Kessel entfallen.

Der Dampfkolbenmotor kommt für kleinere Leistungen bis ca. 2 MW$_{el}$ zum Einsatz – mit gutem Teillastverhalten. Der Frischdampfdruck ca. 5 . . . 25 bar.

Die nachteiligen Belastungen des Abdampfes mit Öl ist inzwischen beseitigt, die Dampfmotoren werden ölfrei betrieben.

Beispiel 4.6 (Abb. 4.25)

Auswertung eines Hackschnitzel-Heizkraftwerks mit Dampfmotor.

Hersteller-Parameter:

- Brennstoffdurchsatz $\dot{m}_B = 3000 \dfrac{\text{kg}}{\text{h}}$, Feuchtegehalt der Hackschnitzel ca. 45 % ergibt einen Heizwert $H_u = 2{,}4\frac{\text{kWh}}{\text{kg}}$.

- mechanisch/elektrischer Wirkungsgrad $\eta_{\text{m/el}} = 0{,}85$

- Dampfstrom $\dot{m}_D = 2{,}5\dfrac{\text{kg}}{\text{s}}$, Dampfdruck $p_1 = 30$ bar, Heißdampftemperatur $t_3 = 350\ ^\circ\text{C}$, Abdampfdruck $p_2 = 1{,}5$ bar bei $t_4 = 110\ ^\circ\text{C}$.

- Heißwasser 90°/70 °C am Heizkondensator für die Wärmenutzung

Auswertung:

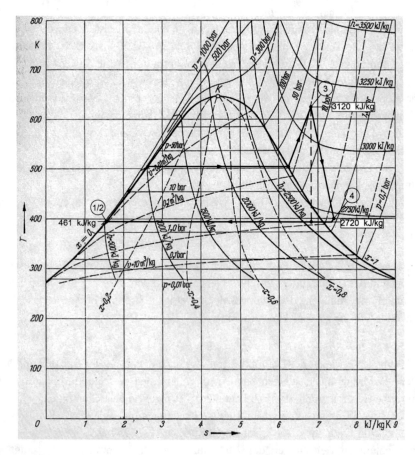

Abb. 4.25 Clausius-Rankine-Kreisprozess im T,S-Diagramm von Beispiel 4.6

- zugeführte Primärenergie $\dot{Q}_{zu} = \dot{m}_B \cdot H_u = 3000 \cdot 2{,}40 = \mathbf{7200 \ kW}$
- zugeführte Prozesswärme aus der Dampftabelle

$$\dot{Q} = \dot{m}_D \cdot (h_3 - h_1) = 2{,}5 \cdot (3120 - 461) = \mathbf{6647{,}5 \ kW}$$

$$h_1 = c_W \cdot t_1 = 4{,}19 \cdot 110 = 461 \frac{kJ}{kg}$$

- Kesselwirkungsgrad $\eta_K = \dfrac{\dot{Q}}{\dot{Q}_{zu}} = \dfrac{6647{,}5}{7200} = \mathbf{0{,}92}$
- Prozessleistung $\dot{W}_{t-34} = \dot{m}_D \cdot (h_3 - h_4) = 2{,}5 \cdot (3120 - 2720) = \mathbf{1000 \ kW}$
- Irreversibler thermischer Wirkungsgrad (Gl. 2.65)

$$\eta_{th}^{irr} = \eta_{th} \cdot \eta_i = \frac{\dot{W}_{t-34}}{\dot{Q}} = \frac{1000}{6647{,}5} = \mathbf{0{,}15}$$

- Thermischer Wirkungsgrad $\eta_{th} = \dfrac{\dot{W}_{t-34'}}{\dot{Q}} = \dfrac{\dot{m}_D \cdot (h_3 - h_4')}{\dot{Q}} = \dfrac{2{,}5 \cdot (3120 - 2500)}{6647{,}5} = \mathbf{0{,}23}$
- Innerer Wirkungsgrad $\eta_i = \dfrac{\eta_{th}^{irr}}{\eta_{th}} = \dfrac{0{,}15}{0{,}23} = \mathbf{0{,}65}$
- effektiver Wirkungsgrad $\eta_e = \eta_{th} \cdot \eta_i = 0{,}23 \cdot 0{,}65 = \mathbf{0{,}15}$

Anmerkung: Die Antriebsenergie der Speisewasserpumpe wurde vernachlässigt.

- abgeführter Wärmestrom $\dot{Q}_H = \dot{m}_D \cdot \left(h_4 - h_{1/2}\right) = 2{,}5 \cdot (2720 - 461) = \mathbf{5647{,}5 \ kW}$
- elektrische Leistung $P_{el} = \dot{W}_{t-34} \cdot \eta_{m/el} = 1000 \cdot 0{,}85 = \mathbf{850 \ kW}$
- Wird der abgeführte Wärmestrom als Heizwärme genutzt, als *Kraft-Wärme-Kopplung*, so berechnet sich der Nutzungsgrad nach Gl. (2.66):

$$\eta_{nutz} = \frac{P_{el} + \dot{Q}_H}{\dot{Q}_{zu}} = \frac{850 + 5647{,}5}{7200} = \mathbf{0{,}9}$$

oder $\quad \eta_{nutz} = \eta_{th} \cdot \eta_i \cdot \eta_{m/el} \cdot \eta_K + \eta_H = 0{,}9; \quad \eta_H = \dfrac{\dot{Q}_H}{\dot{Q}_{zu}} = \dfrac{5647{,}5}{7200} = 0{,}78$

$$= 0{,}23 \cdot 0{,}65 \cdot 0{,}85 \cdot 0{,}92 + 0{,}78$$

Neben dem Dampfkolbenmotor kommen auch dampfbetriebene **Dampfschraubenmotoren** zum Einsat (Abb. 4.26). Sie gehören zur Gruppe der mehrwelligen Verdrängungsmaschinen und stellen die Umkehr von Schraubenkompressoren dar.

Abb. 4.26 Prinzipschema eines
Dampfschraubenmotors [6]

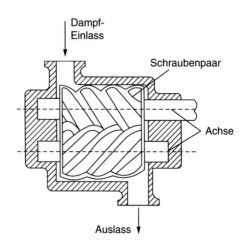

Es wird zwischen öleingespritzten mit Ölabscheider und trockenlaufenden Schraubenmotoren unterschieden.

Ein Vorteil von Schraubenmotoren ist die – in Relation zu anderen Expansionsmaschinen –
hohe zulässige Dampfnässe. Der Dampfschraubenmotor kann damit überhitzten Dampf (Heißdampf), Sattdampf, Nassdampf oder ggf. auch unter Druck stehendes Heißwasser nutzen.

Leistungsbereiche und erreichbare thermische Wirkungsgrade entsprechen etwa denen
des Dampfkolbenmotors.

4.3.2   Stirling-Motor (Heißgasmotor)

Beim Sterlingmotor wird der Kolben nicht – wie bei Verbrennungsmotoren – durch die
Expansion von Verbrennungsgasen aus einer internen Verbrennung bewegt, sondern durch
die Expansion einer konstanten Menge eines eingeschlossenen Gases (Luft oder Helium oder
Wasserstoff o. ä.), welches sich infolge der Energiezufuhr aus einer *externen* Wärmequelle
ausdehnt. Diese Wärmequelle kann aus unterschiedlichen Energiequellen kommen:

- Solarenergie
- Biomasse
- industrielle Abwärme
- Geothermie etc.

Der ideale Kreisprozess des Stirlingmotors (Abb. 4.27 und 4.28):

1-2   Isotherme Kompression, $T = konstant$, Wärmeabfuhr, Arbeitszufuhr
2-3   Isochore, innere Wärmezufuhr, $V_2 = konstant$
3-4   Isotherme Expansion, $T = konstant$, Wärmezufuhr von außen, Arbeitsabfuhr
4-1   Isochore, innere Wärmeabfuhr, $V_1 = konstant$.

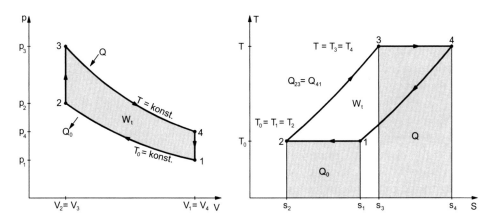

Abb. 4.27 Sterling-Kreisprozess im p,V-Diagramm und im T,S-Diagramm

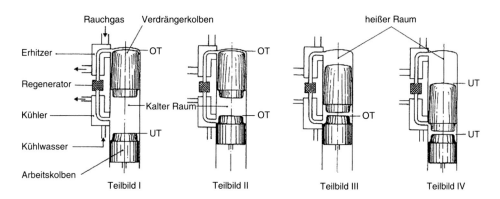

Abb. 4.28 Arbeitsweise des Sterlingmotors [3]

Der Regenerator dient als Energiezwischenspeicher, der näherungsweise eine isotherme Zustandsänderung ermöglicht. Der Regenerator ist meist ein hochporöser Körper mit hoher Wärmekapazität.

Für den **Zustandspunkt 1** in den vorgenannten Diagrammen (Teilbild I) gilt: das Arbeitsgas befindet sich entspannt im kalten Raum. Der Arbeitskolben steht im unteren Totpunkt (UT) und der Verdrängerkolben im oberen Totpunkt (OT).

Zustandsänderung 1-2
Isotherme Verdichtung, der Verdrängerkolben bleibt im OT stehen, während sich der Arbeitskolben zum OT bewegt und das Arbeitsgas verdichtet. Teilbild II kennzeichnet den Zustand im Punkt 2. Dabei stehen beide Kolben im OT und das Arbeitsgas befindet sich verdichtet im kalten Raum.

Zustandsänderung 2-3

Isochore Wärmezufuhr im Regenerator. Dabei bewegt sich der Verdrängerkolben in Richtung UT und schiebt das Arbeitsmedium bei konstantem Volumen durch den Regenerator in den heißen Raum (Teilbild III). Der Arbeitskolben steht im OT und der Verdrängerkolben zwischen OT und UT.

Zustandsänderung 3-4

Isotherme Entspannung von 3 nach 4 bewegen sich beide Kolben nach UT. Das Arbeitsgas entspannt sich. Damit die Temperatur des Gases während der Expansion konstant bleibt, wird im Erhitzer Wärme zugeführt (äußere Verbrennung). Im Zustandspunkt 4 befindet sich das Arbeitsgas entspannt im heißen Raum (Teilbild IV). Beide Kolben befinden sich im UT.

Zustandsänderung 4-1

Isochore Wärmeabfuhr im Regenerator. Dabei bewegt sich der Verdrängerkolben nach OT. Der Arbeitskolben bleibt im UT. Das Gas gibt bei konstantem Volumen im Regenerator Wärme ab.

Die im Regenerator zu- und abgeführte Wärme ist gleich $Q_{23} = Q_{41}$. Während der isothermen Kompression wird Q_{12} bzw. Q_0 abgeführt und während der isothermen Expansion wird die Wärme Q_{34} bzw. Q zugeführt. Die Differenz $Q - Q_0$ ist die Nutzarbeit W_t.

Mit den Gl. 2.50 und 2.52:

$$W_t = p_3 \cdot V_3 \cdot \ln{}^{V_4}/_{V_3} - p_1 \cdot V_1 \cdot \ln{}^{V_1}/_{V_2}$$

bzw. für ideales Gas:

$$W_t = m \cdot R \cdot (T_3 - T_1)$$
$$\cdot \ln{}^{V_1}/_{V_2} = m \cdot R \cdot (T_3 - T_1) \cdot \ln{}^{p_3}/_{p_4} = m \cdot R \cdot (T - T_0) \cdot \ln{}^{V_1}/_{V_2}$$

Die dem Erhitzer zugeführte Wärme:

$$Q = T \cdot (S_4 - S_3)$$

bzw. für ideale Gase: $Q = m \cdot R \cdot T \cdot \ln{}^{p_4}/_{p_1}$

Wirkungsgrad η_{th}:

$$\eta_{th}^{rev} = \frac{W_t}{Q} = \frac{T - T_0}{T} = 1 - \frac{T_0}{T} \text{ ist gleich dem Carnot'schen Wirkungsgrad } \eta_C$$

Der reale Stirling-Kreisprozess weicht erheblich vom idealen Kreisprozess ab $\eta_{th}^{irr} =$ ca. $10 \ldots 20 \%$.

Beispiel 4.7

Die Drehzahl eines Stirling-Motors beträgt $3000\ \text{min}^{-1}$, im kalten Zylinder befindet sich 2 l Luft (als ideales Gas angenommen mit $c_p = konstant$) von 1 bar und 50 °C. Im Arbeitskolben wird die Luft auf 0,3 l verdichtet und anschließend durch den Verdrängerkolben regenerativ auf 700 °C erwärmt. Umgebungstemperatur 20 °C.

Thermodynamische Auswertung:

- Massenstrom $\dot{m} = \dfrac{p_1 \cdot \dot{V}_1}{R \cdot T_1}$ (Gl. 2.44)

$$\dot{V}_1 = V_1 \cdot n = 2 \cdot 10^{-3} \cdot \frac{3000}{60} = 0,1 \frac{m^3}{s}$$

$$\dot{m} = \frac{10^5 \cdot 0,1}{287 \cdot 323} = \mathbf{0,108 \frac{kg}{s}}$$

- Zustandsänderung 1-2

$\dfrac{p_2}{p_1} = \dfrac{V_1}{V_2}$ (Gl. 2.52)

$$p_2 = \frac{2}{0,3} \cdot 10^5 = 6,67 \text{ bar}$$

Gl. (2.53): $\dot{Q}_{12} = \dot{m} \cdot R \cdot T_1 \cdot \ln{^{p_1}/_{p_2}} = 0,108 \cdot 0,287 \cdot 323 \cdot \ln{^1/_{6,67}} = \mathbf{-19 \ kW}$

- Zustandsänderung 2-3

$\dfrac{p_2}{p_3} = \dfrac{T_1}{T_3}$ (Gl. 2.50)

$$p_3 = 6,67 \cdot \frac{973}{323} = \mathbf{20,1 \ bar}$$

- Zustandsänderung 3-4

$$\frac{p_3}{p_4} = \frac{V_2}{V_1}; \quad p_4 = 20,1 \cdot \frac{0,3}{2,0} = 3 \text{ bar}$$

$$\dot{Q}_{34} = \dot{m} \cdot R \cdot T_3 \cdot \ln{^{p_3}/_{p_4}} = 0,108 \cdot 0,287 \cdot 973 \cdot \ln \frac{20,1}{3} = \mathbf{57,37 \ kW}$$

$$P = \dot{W}_t = \dot{Q}_{zu} - \dot{Q}_{ab} = 57,37 - 19 = \mathbf{38,37 \ kW}$$

oder

$$W_t = p_3 \cdot V_3 \cdot \ln{^{V_4}/_{V_3}} - p_1 \cdot V_1 \cdot \ln{^{V_1}/_{V_2}} = 20,1 \cdot 10^5 \cdot 0,3 \cdot 10^{-3} \cdot \ln{^2/_{0,3}}$$
$$- 10^5 \cdot 2 \cdot 10^{-3} \cdot \ln{^2/_{0,3}} = 765 \text{ J}$$

$$\dot{W}_t = W_t \cdot \frac{3000}{60} = 764 \cdot 50 = \mathbf{38,20 \ kW}$$

$$\dot{W}_t = \dot{m} \cdot R \cdot (T - T_0) \cdot \ln{^{V_1}/_{V_2}} = 0,108 \cdot 0,287 \cdot (973 - 323) \cdot \ln{^2/_{0,3}} = \mathbf{38,22 \ kW}$$

$$\eta_{\text{th}} = 1 - \frac{323}{973} = 0{,}67$$

$$\dot{Q}_{\text{zu}} = \dot{Q}_{34} = \dot{m} \cdot R \cdot T \cdot \ln^{p_3}/_{p_4} = 0{,}108 \cdot 0{,}287 \cdot 973 \cdot \ln^{20{,}1}/_3 = \mathbf{57{,}37 \ kW}$$

$$\dot{Q}_{\text{ab}} = \dot{Q}_{12} = \dot{m} \cdot R \cdot T_0 \cdot \ln^{p_1}/_{p_2} = 0{,}108 \cdot 0{,}287 \cdot 323 \cdot \ln^{1}/_{6{,}67} = \mathbf{-19 \ kW}$$

$$\dot{Q}_{23} = \dot{Q}_{41} = \dot{m} \cdot c_{\text{v}} \cdot (T - T_0);$$

$$c_{\text{v}} = c_{\text{p}} - R; \quad {c_{\text{p}}}/_{c_{\text{v}}} = \kappa = 1{,}4; \quad c_{\text{V}} = \mathbf{0{,}7175 \ ^{kJ}/_{kgK}}$$

$$\dot{Q}_{23} = 0{,}108 \cdot 0{,}7175 \cdot 650 = \mathbf{50{,}37 \ kW}$$

Beispiel 4.8

Ein Stirlingmotor wird mit Wasserstoff betrieben ($R = 4{,}124 \ \frac{\text{kJ}}{\text{kgK}}$)

$p_1 = 1$ bar; $T_1 = 300$ K auf $p_2 = 15$ bar; $T_3 = 800$ K.
Nach Abb. 4.27 ergibt sich Folgendes:

$$v_1 = \frac{R \cdot T_1}{p_1} = \frac{4124 \cdot 300}{10^5} = \mathbf{12{,}37 \ \frac{m^3}{kg}}$$

$$v_2 = v_1 \cdot {p_1}/_{p_2} = 12{,}37 \cdot {1}/_{15} = \mathbf{0{,}825 \ \frac{m^3}{kg}}$$

$$p_3 = p_2 \cdot \frac{T}{T_0} = 15 \cdot {800}/_{300} = \mathbf{40 \ bar}$$

$$p_4 = p_1 \cdot {T_4}/_{T_1} = 1 \cdot {800}/_{300} = \mathbf{2{,}67 \ bar}$$

$$c_{\text{v}} : \quad R = c_{\text{p}} - c_{\text{v}}; \quad \kappa = {c_{\text{p}}}/_{c_{\text{v}}} = 1{,}4$$

$$c_{\text{v}} = 10{,}31 \frac{\text{kJ}}{\text{kgK}}$$

$$q_{\text{zu}} = R \cdot T \cdot \ln^{p_3}/_{p_4} = 4{,}124 \cdot 800 \cdot \ln^{40}/_{2{,}67} = \mathbf{8930 \ \frac{kJ}{kg}}$$

$$w_{\text{t}} = R \cdot T \cdot \ln^{p_3}/_{p_4} - R \cdot T_0 \cdot \ln^{p_2}/_{p_1} = 4{,}124 \cdot 800 \cdot \ln^{40}/_{2{,}67} - 4{,}124 \cdot 300 \cdot \ln^{15}/_1 = \mathbf{5580 \ \frac{kJ}{kg}}$$

$$\eta_{\text{th}} = \frac{5580}{8930} = \mathbf{0{,}62}$$

Wie bereits erwähnt ist die Arbeits- bzw. Leistungsausbeute ($\dot{W}_{\text{t}}$) beim Stirlingmotor bescheiden. In der wirklichen Maschine sind die isothermischen Zustandsänderungen kaum zu erreichen.

Die effektiven Wirkungsgrade liegen bei ca. 20 %.

Beispiel 4.9

Ein BHKW hat einen Stirling-Motor mit einem Hubvolumen $V_h^{max} = 160 \text{ cm}^3$; $V_h^{min} = 42$ cm^3 und wird mit Propan beheizt $\left(H_u = 46350 \frac{\text{kJ}}{\text{kg}} \right)$.

Das maximale Arbeitsgasvolumen des Stirling-Motors wird bei einer Umgebungstemperatur von 20 °C bis zu einem Druck von 900 kPa mit Helium gefüllt. Die Kühlung erfolgt mittels Heizwasser mit $t_{W_1} = 50$ °C bei einer Austrittstemperatur von 60 °C und wird genutzt.

Sonstige Parameter: Brennstoffmassenstrom $\dot{m}_B = 1{,}637 \frac{\text{kg}}{\text{h}}$, Drehzahl $n = 1500 \text{ min}^{-1}$, höchste Temperatur des Vergleichsprozesses ($=$ Idealkreisprozess) 600 °C; niedrigste Temperatur 60 °C; feuerungstechnischer Wirkungsgrad $\dfrac{\dot{Q}_{23}}{\dot{m}_B \cdot H_u} = 0{,}73$; innerer Wirkungsgrad des Kreisprozesses $\eta_i = 0{,}85$; mechanischer Wirkungsgrad des Kreisprozesses $\eta_m = 0{,}9$: Generatorwirkungsgrad $\eta_{el} = 0{,}88$; (Helium als ideales Gas $R = 2077{,}3 \frac{\text{J}}{\text{kgK}}$).

Auswertung

- Idealprozess ($=$ Vergleichsprozess) im p,V-Diagramm (Abb. 4.29)
- Helium-Masse bei 20 °C

$$p \cdot V = m \cdot R \cdot T$$

$$m = \frac{p \cdot V}{R \cdot T} = \frac{900 \cdot 10^3 \cdot 160 \cdot 10^{-6}}{2077{,}3 \cdot 293} = \mathbf{0{,}237 \cdot 10^{-3} \text{ kg}}$$

$$\dot{Q}_{zu} = \dot{Q}_{34}^{id} = 0{,}73 \cdot \dot{m}_B \cdot H_u = 0{,}73 \cdot \frac{1{,}637}{3600} \cdot 46.350 = \mathbf{15{,}39 \text{ kW}}$$

Abb. 4.29 Idealprozess im p, V-DIagramm

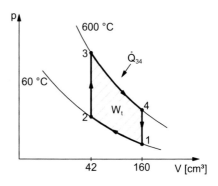

- thermischer Wirkungsgrad

$$\eta_{th}^{id} = 1 - \frac{T_0}{T} = 1 - \frac{333}{873} = \mathbf{0,62}$$

- Masse des Heliums im Vergleichsprozess

$$\eta_{th}^{id} = \frac{\dot{W}_t^{id}}{\dot{Q}_{zu}} \quad \curvearrowright \quad \dot{W}_t^{id} = 0,62 \cdot 15,39 = \mathbf{9,54 \ kW}$$

$$\dot{W}_t^{id} = \dot{m} \cdot R \cdot (T - T_0) \cdot \ln\frac{V_1}{V_2}$$

$$\dot{m} = \frac{9,54 \cdot 10^3}{2077,3 \cdot (873 - 333) \cdot \ln^{160}\!/_{42}} = \mathbf{6,36 \cdot 10^{-3} \ \frac{kg}{s}}$$

$$m = \dot{m} \cdot t = 6,36 \cdot 10^{-3} \cdot 0,04 = 0,254 \cdot 10^{-3} \ \mathbf{kg};$$

$$n = \frac{1500}{60} = 25 \ s^{-1}; \qquad t = \frac{1}{n} = \mathbf{0,04 \ s}$$

- effektive Leistung des wirklichen Prozesses

$$P_e = \eta_{th}^{id} \cdot \eta_i \cdot \eta_m \cdot \eta_{el} \cdot \dot{Q}_{zu} = 0,62 \cdot 0,85 \cdot 0,9 \cdot 0,88 \cdot 15,39 = \mathbf{6,42 \ kW}$$

- Gesamtwirkungsgrad

$$\eta_{ges} = \frac{P_e}{\dot{m}_B \cdot H_u} = \frac{6,42}{^{1,637}\!/_{3600} \cdot 46.350} = 0,3$$

- Nutzwärme aus der *Kraft-Wärme-Kopplung*

$$\dot{Q}_H = \dot{Q}_{zu} - \dot{W}_t^{id} \cdot \eta_i = 15,39 - 9,54 \cdot 0,85 = \mathbf{7,28 \ kW}$$

- Gesamtnutzungsgrad

$$\eta_{nutz} = \frac{\dot{Q}_H + P_e}{\dot{m}_B \cdot H_u} = \frac{7,28 + 6,42}{^{1637}\!/_{3600} \cdot 46.350} = \mathbf{0,65}$$

• Heizungsmassenstrom

$$\dot{Q}_H = \dot{m}_W \cdot c_W \cdot (t_{W_2} - t_{W_1})$$

$$\dot{m}_W = \frac{7{,}28}{4{,}18 \cdot 10} = 0{,}174 \frac{kg}{s} \; \hat{=} \; \mathbf{0{,}626 \; \frac{m^3}{h}}$$

4.3.3 Verbrennungsmotoren (Gasmotoren)

Verbrennungsmotoren sind Kolbenmaschinen, die Wärme in mechanische Energie umwandeln.

Man unterscheidet:

• Motoren mit *innerer* Verbrennung. Die Verbrennung erfolgt zyklisch, wobei je nach Verbrennungsverfahren zwischen Otto-, Diesel- und Hybridmotoren unterschieden wird.
• Motoren mit *äußerer* Verbrennung, die bereits behandelten Dampfmotoren und Stirlingmotoren.

4.3.3.1 Arbeitsverfahren

Unabhängig vom Verbrennungsverfahren wird zwischen 2-Takt- und 4-Takt-Verfahren unterschieden. Das Hubvolumen V_h eines Motorzylinders ist der Raum, der vom dem unteren Totpunkt (UT) bis zum oberen Totpunkt (OT) durchlaufen wird (Abb. 4.30).

Abb. 4.30 Schema eines Kolbenmotors

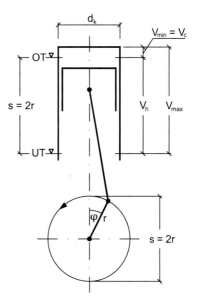

$$V_\mathrm{h} = A_\mathrm{k} \cdot s = d_\mathrm{k}^2 \cdot \frac{\pi}{4} \cdot s$$

bei mehreren Zylindern:

$$V_\mathrm{H} = z \cdot V_\mathrm{h}$$

Verdichtungsverhältnis:

$$\varepsilon = \frac{(V_\mathrm{h} + V_\mathrm{c})}{V_\mathrm{c}}$$

Anhaltswerte:

- Verdichtungsverhältnis $\varepsilon = 9 \ldots 12$ bei Ottomotoren
  $\varepsilon = 10 \ldots 24$ bei Dieselmotoren
- mittlere Kolbengeschwindigkeit $7 \ldots 25$ m/s
- Verdichtungsenddruck
  Ottomotoren $50 \ldots 65$ bar/$70 \ldots 80$ bar aufgeladen
  Dieselmotoren $70 \ldots 90$ bar/$110 \ldots 200$ bar aufgeladen
- Gütegrad $\eta_\mathrm{G} = \dfrac{W_\mathrm{t}^\mathrm{irr}}{W_\mathrm{t}^\mathrm{id}} = \dfrac{\textit{irreversible Arbeit}}{\textit{ideale Arbeit}}$
  Ottomotoren $\eta_\mathrm{G} = 0{,}8 \ldots 0{,}9$
  Dieselmotor (Seiliger) $\eta_\mathrm{G} = 0{,}86 \ldots 0{,}9$

Wärmezufuhr: $Q_\mathrm{zu} = m_\mathrm{B} \cdot H_\mathrm{u}$
  $m_\mathrm{B} =$ Brennstoffmasse in kg
  $H_\mathrm{u} =$ Heizwert in kJ/kg
Brennstoff-Gemischmenge $m_\mathrm{G} = m_\mathrm{L} + m_\mathrm{B}$
  $m_\mathrm{L} =$ Luftmasse in kg
Gemischheizwert $h_\mathrm{u} = \frac{Q_\mathrm{zu}}{m_\mathrm{G}} = \frac{H_\mathrm{u}}{1 + \lambda \cdot L_\mathrm{min}}$
  $L_\mathrm{min} =$ Mindestluftmenge, die zur stöchiometrischen Verbrennung erforderlich ist
  Luftverhältnis $\lambda = \frac{m_\mathrm{L}}{m_\mathrm{B} \cdot L_\mathrm{min}}$
Die nachfolgenden *offenen* Kreisprozesse sind thermodynamische Vergleichsprozesse (Idealprozesse s. Abschn. 2.5 Kreisprozesse) als Modell des *vollkommenen Motors*. Das heißt, die abgegebene Arbeit des wirklichen Kreisprozesses dividiert durch die Arbeit des Idealprozesses ergibt den Gütegrad. Der **vollkommene Motor** hat den Gütegrad 1.

4.3.3.2 Die Vergleichsprozesse der Verbrennungsmaschine
In Anlehnung an das Abschn. 2.5 und 2.3.1.1:

Otto-Kreisprozess (Gleichraumprozess) (Abb. 4.31)

a. p,V-Diagramm

b. T,S-Diagramm

$1 \rightarrow 2$ Isentrope Kompression des Gemisches

$2 \rightarrow 3$ Isochore Drucksteigerung durch Wärmezufuhr (Verbrennungsenergie)

$3 \rightarrow 4$ Isentrope Expansion des Gemisches

$4 \rightarrow 1$ Isochore Druckminderung durch Wärmeabfuhr

$$Q_{23} = m \cdot c_{\mathrm{V}} \cdot (T_3 - T_2); \quad T_2 = T_1 \cdot \left(p_2/p_1\right)^{\frac{\kappa-1}{\kappa}} = T_1 \cdot \left(V_1/V_2\right)^{\kappa-1};$$

$$Q_{41} = m \cdot c_{\mathrm{V}} \cdot (T_4 - T_1)$$

$$W_{\mathrm{t}} = Q_{23} - Q_{41};$$

$$\varepsilon = \frac{V_1}{V_2} = \frac{V_h + V_c}{V_c};$$

$$\eta_{\mathrm{th}}^{\mathrm{id}} = \frac{W_{\mathrm{t}}}{Q_{23}} = \frac{Q_{23} - Q_{41}}{Q_{23}} = 1 - \frac{T_4 - T_1}{T_3 - T_2};$$

$$T_2/T_1 = T_3/T_4 = \frac{T_3 - T_2}{T_4 - T_1} = \left(V_1/V_2\right)^{\kappa-1} = \varepsilon^{\kappa-1}; \quad p_2/p_1 = \varepsilon^{\kappa};$$

und damit:

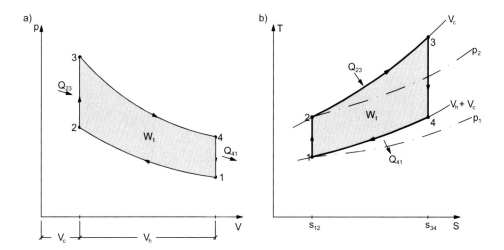

Abb. 4.31 Vergleichsprozess des Ottomotors

$$\eta_{\text{th}}^{\text{id}} = 1 - \frac{1}{\varepsilon^{\kappa-1}};$$

Bei hoher Verdichtung wird η_{th} größer, während er von der Drucksteigerung bei der Verpuffung, d. h. von der zugeführten Wärme und somit von der Belastung der Maschine unabhängig bleibt.

Beispiel 4.10

Der Vergleichsprozess eines Otto-Motors mit $\varepsilon = 10$; $\ t_1 = 70\ °C$; $p_1 = 1$ bar; $t_3 = 1700\ °C$; Gas-Luftgemisch $\kappa = 1,4$.

- Zustandsänderung $1 \rightarrow 2$ (isentrop)

$$p_2/p_1 = \varepsilon^{\kappa} = 10^{1,4} = 25,12; p_2 = 1 \cdot 25,12 = \mathbf{25,12\ bar}$$

$$T_2/T_1 = \varepsilon^{\kappa-1};\ \ T_2 = 343 \cdot 10^{0,4} = \mathbf{862\ K}$$

- Zustandsänderung $2 \rightarrow 3$ (isochor)

$$p_3/p_2 = T_3/T_2 = \frac{1973}{862} = 2,29$$

$$p_3 = 25,12 \cdot 2,29 = \mathbf{57,5\ bar}$$

- Zustandsänderung $3 \rightarrow 4$ (isentrop)

$$p_3/p_4 = \varepsilon^{\kappa} = 25,12;\ \ p_4 = \frac{57,5}{10^{1,4}} = \mathbf{2,29\ bar}$$

$$T_3/T_4 = \varepsilon^{\kappa-1} = 2,512;$$

$$T_4 = \frac{1973}{2,512} = \mathbf{785\ K}$$

- thermischer Wirkungsgrad

$$\eta_{\text{th}}^{\text{id}} = 1 - \frac{T_4 - T_1}{T_3 - T_2} = 1 - \frac{442}{1111} = \mathbf{0,602}$$

Diesel-Kreisprozess (Gleichdruckprozess) (Abb. 4.32)

a) p,V-Diagramm

b) T,S-Diagramm

$1 \rightarrow 2$ Isentrope Kompression

$2 \rightarrow 3$ Isobare Wärmezufuhr

$3 \rightarrow 4$ Isentrope Expansion

$4 \rightarrow 1$ Isochore Druckminderung durch Wärmeabfuhr

$$Q_{23} = m \cdot c_p \cdot (T_3 - T_2);$$

$$Q_{41} = m \cdot c_v \cdot (T_4 - T_1);$$

$$W_t = Q_{23} - Q_{41};$$

Einspritzverhältnis $\varphi = {}^{V_3}/_{V_2} = {}^{T_3}/_{T_2}$ (Gl. 2.47) ist die isobare Zustandsänderung $2 \rightarrow 3$.

Für die isentrope Zustandsänderung $3 \rightarrow 4$ gilt:

$$^{T_4}/_{T_3} = \left(^{V_3}/_{V_4}\right)^{\kappa-1} = \left(\frac{V_3}{V_2} \cdot \frac{V_2}{V_4}\right)^{\kappa-1} = \varphi^{\kappa-1} \cdot {}^{T_1}/_{T_2}$$

Nach Abb. 4.32 gilt:

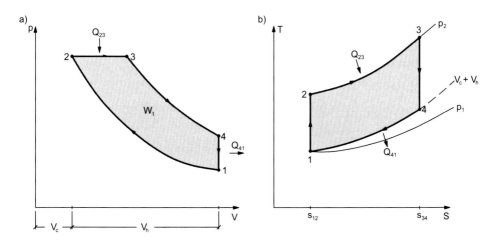

Abb. 4.32   Vergleichsprozess des Dieselmotors

$$s_3 - s_2 = s_4 - s_1; \quad p_3 = p_2$$

$$s_3 - s_2 = c_p \cdot \ln {}^{T_3}/_{T_2}$$

$$s_4 - s_1 = c_v \cdot \ln {}^{T_4}/_{T_1} \quad \text{daraus folgt} \quad \left({}^{T_3}/_{T_2}\right)^\kappa = {}^{T_4}/_{T_1}$$

$$\eta_{th}^{id} = \frac{W_t}{Q_{23}} = 1 + \frac{m \cdot c_v \cdot (T_1 - T_4)}{m \cdot \kappa \cdot c_v \cdot (T_3 - T_2)} = \frac{Q_{23} - Q_{41}}{Q_{23}} = 1 - \frac{T_4 - T_1}{\kappa \cdot (T_3 - T_2)}$$

Beispiel 4.11

Der Vergleichsprozess des Dieselmotors mit $\varepsilon = 18$, sonst wie Beispiel 4.9: $p_1 = 1$ bar; $T_1 = 343$ K; $\kappa = 1,4$: $T_3 = 1973$ K:

• Zustandsänderung $1 \rightarrow 2$ (isentrop)

$$^{p_2}/_{p_1} = \varepsilon^\kappa = 18^{1,4} = 57,2; \quad p_2 = \textbf{57,2 bar}$$

$$^{T_2}/_{T_1} = \varepsilon^{\kappa-1} = 3,18; \quad T_2 = \textbf{1090 K}$$

• Zustandsänderung $2 \rightarrow 3$ (isobar)

$$^{V_3}/_{V_2} = {}^{T_3}/_{T_2}; \quad T_3 = 1973 \text{ K}; \quad p:2 = p_3 = \textbf{57,4 bar}$$

• Zustandsänderung $3 \rightarrow 4$ (isentrop)
  ist identisch dem Beispiel 4.9

$$p_4 = \textbf{2,28 bar}; \qquad T_4 = \textbf{785 K}$$

Einspritzverhältnis $\varphi = {}^{V_3}/_{V_2} = {}^{T_3}/_{T_2} = \dfrac{1973}{1090} = \textbf{1,811}$

• thermischer Wirkungsgrad

$$\eta_{th}^{id} = 1 - \frac{T_4 - T_1}{\kappa \cdot (T_3 - T_2)} = 1 - \frac{785 - 343}{1,4 \cdot (1973 - 1090)} = \textbf{0,64}$$

Der Vergleich mit Beispiel 4.9 zeigt, dass η_{th}^{id} des Dieselmotors besser ist.

Seiliger-Kreisprozess als Vergleichsprozess
(Gemischter Vergleichsprozess)

Im Seiliger Prozess sind der Otto- und der Dieselprozess als Grenzfälle enthalten.

Der Verbrennungsprozess bei $p_2 = p_3 =$ konstant lasst sich in der Praxis ebenso wenig realisieren, wie der bei konstantem Volumen ($V_2 = V_3 =$ konstant). Deshalb zieht man zur Beurteilung von Verbrennungskraftmaschinen einen weiteren Vergleichsprozess heran, den sogenannten *Seiliger-Prozess*, bei dem die Verbrennung zum Teil bei konstantem Volumen und zum Teil bei konstantem Druck durchgeführt wird (Abb. 4.33).

a) p,V-Diagramm
b) T,S-Diagramm

$$Q_{24} = m \cdot c_{\mathrm{v}} \cdot (T_3 - T_2) + m \cdot c_{\mathrm{p}} \cdot (T_4 - T_3) = Q_{\mathrm{zu}}$$

$$Q_{41} = m \cdot c_{\mathrm{v}} \cdot (T_5 - T_1) = Q_{\mathrm{ab}}$$

$$W_{\mathrm{t}} = Q_{24} - Q_{41}$$

$\varepsilon = {}^{V_1}/_{V_2}; \quad \varepsilon^{\kappa-1} = {}^{T_2}/_{T_1} = \left({}^{V_1}/_{V_2}\right)^{\kappa-1}$ Verdichtungsverhältnis
$\varphi = {}^{V_4}/_{V_3} = {}^{T_4}/_{T_3}$ Einspritzverhältnis
Druckverhältnis bei isochorer Wärmezufuhr:

$$\psi = {}^{p_3}/_{p_2} = {}^{T_3}/_{T_2}$$

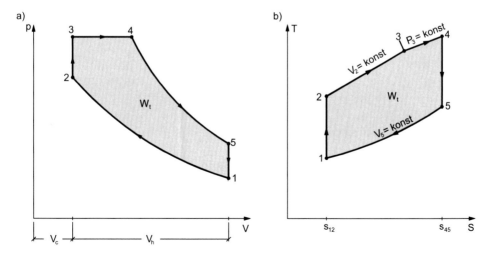

Abb. 4.33 Seiliger-Vergleichsprozess

$$\eta_{th}^{id} = 1 - \frac{Q_{51}}{Q_{24}} = \frac{W_t}{Q_{23} + Q_{34}} = 1 - \frac{T_5 - T_1}{T_3 - T_2 + \kappa \cdot (T_4 - T_3)}$$

Beispiel 4.12

Ein Motor arbeitet nach dem Seiliger-Prozess mit $\varepsilon = 12$; $p_1 = 1$ bar; $t_1 = 70$ °C ; $p_3 = p_4 = 50$ bar, während der Verbrennung werden pro kg Luft 40 g Brennstoff mit einem Heizwert $H_u = 42.300 \frac{kJ}{kg}$ eingespritzt, $c_p = 1{,}008 \frac{kJ}{kgK}$; $c_v = 0{,}721 \frac{kJ}{kgK}$.

- Der anteilige Brennstoff, der während der isochoren und während der isobaren Verbrennung zuzuführen ist, und die Temperatur des Gases am Ende der isobaren Zustandsänderung:

$$p_2/p_1 = \varepsilon^\kappa;\ p_2 = 1 \cdot 12^{1{,}4} = \mathbf{32{,}42}\ \mathbf{bar}$$

$$T_2/T_1 = \varepsilon^{\kappa-1};\ T_2 = 343 \cdot 12^{0{,}4} = \mathbf{926{,}76}\ \mathbf{K}$$

$$p_3/p_2 = T_3/T_2;\ T_3 = 926{,}76 \cdot {}^{50}/_{32{,}42} = \mathbf{1429{,}3}\ \mathbf{K}$$

$$q_{23} = c_V \cdot (T_3 - T_2) = 0{,}721 \cdot (1429{,}3 - 926{,}76) = \mathbf{362{,}33}\ \frac{\mathbf{kJ}}{\mathbf{kg}}$$

$$q_{zu} = 0{,}040 \cdot 42300 = \mathbf{1692}\ \frac{\mathbf{kJ}}{\mathbf{kg\ Luft}} = q_{24}$$

$$q_{34} = q_{zu} - q_{23} = 1692 - 362{,}33 = \mathbf{1329{,}67}\ \frac{\mathbf{kJ}}{\mathbf{kg\ Luft}}$$

$$m_{B-23} = \frac{q_{23}}{H_u} = \frac{362{,}33}{42300} = \mathbf{0{,}00856}\ \frac{\mathbf{kg}}{\mathbf{kg\ Luft}}$$

$$T_4 = \frac{q_{34}}{c_p} + T_3 = \frac{1329{,}67}{1{,}008} + 1429{,}3 = \mathbf{2748{,}42}\ \mathbf{K}$$

- Druckverhältnis $p_3/p_2 = {}^{50}/_{32{,}42} = \mathbf{1{,}54}$
- thermischer Wirkungsgrad

$$\eta_{th}^{id} = 1 - \frac{q_{51}}{q_{24}}$$

$$T_5 = T_4/\varepsilon^{\kappa-1} = \frac{2748{,}42}{12^{0{,}4}} = \mathbf{1017{,}21}\ \mathbf{K}$$

$$q_{51} = c_{\mathrm{v}} \cdot (T_5 - T_1) = 0{,}721 \cdot (1017{,}21 - 343) = \mathbf{486{,}11} \, \frac{\mathbf{kJ}}{\mathbf{kg}} = q_{\mathrm{ab}}$$

$$\eta_{\mathrm{th}}^{\mathrm{id}} = 1 - \frac{486{,}11}{1690} = \mathbf{0{,}71}$$

oder

$$\eta_{\mathrm{th}} = 1 - \frac{T_5 - T_1}{T_3 - T_2 + \kappa \cdot (T_4 - T_3)} = 1 - \frac{1017{,}21 - 343}{1429{,}3 - 926{,}76 + 1{,}4 \cdot (2748{,}42 - 1429{,}3)}$$

$$= \mathbf{0{,}71}$$

- spezifische Nutzarbeit

$$w_{\mathrm{t}}^{\mathrm{id}} = q_{\mathrm{zu}} - q_{\mathrm{ab}} = q_{24} - q_{51} = 1690 - 486{,}11 = \mathbf{1203{,}89} \, \frac{\mathbf{kJ}}{\mathbf{kg}}$$

Beispiel 4.13 (Abb. 4.34)
Gemischter Vergleichsprozess (offener idealer Kreisprozess) des *vollkommenen Motors*.

- Parameter: $V_{\mathrm{h}} = 1{,}6 \, \mathrm{l}$, $\varepsilon = 18$; $R = 287 \frac{\mathrm{J}}{\mathrm{kgK}}$; $\kappa = 1{,}4$; $n = 1500 \ \mathrm{min}^{-1}$; $p_1 = 1 \, \mathrm{bar}$;
  $t_1 = 27\,^{\circ}\mathrm{C}$; $p_3 = 80 \, \mathrm{bar}$; Brennstoffmenge $V_{\mathrm{B}} = 0{,}070 \, \mathrm{ml}$; $\varrho_{\mathrm{B}} = 0{,}83 \, \frac{\mathrm{kg}}{\mathrm{l}}$; $H_{\mathrm{u}} = 42{,}7 \, \frac{\mathrm{MJ}}{\mathrm{kg}}$

Auswertung:

- p,V-Diagramm mit den Zuständen

Abb. 4.34 p,V-Diagramm des
vollkommenen Motors

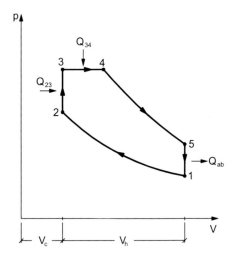

Zustand 1:

$$V_1 = V_c + V_h$$

$$\varepsilon = \frac{V_c + V_h}{V_c}$$

$$V_c = \frac{V_h}{\varepsilon - 1} = \frac{1,6}{17} = \mathbf{0,09411}$$

$$V_1 = 1,6 + 0,0941 = \mathbf{1,6941}$$

Ladung: $p_1 \cdot V_1 = m \cdot R \cdot T_1$

$$m = \frac{10^5 \cdot 1,694 \cdot 10^{-3}}{287 \cdot 300} = \mathbf{1,967 \cdot 10^{-3} \ kg}$$

Zustand 2: $V_2 = V_3 = V_c = \mathbf{0,09411}$

$$T_2 = T_1 \cdot \varepsilon^{\kappa-1} = 300 \cdot 18^{0,4} = \mathbf{953,3 \ K}$$

$$p_2 = p_1 \cdot \varepsilon^{\kappa} = 1 \cdot 18^{1,4} = \mathbf{57,2 \ bar}$$

Zustand 3: $V_3 = 0,0941 \ 1$
(isochor) $T_3 = T_2 \cdot {}^{p_3}/_{p_2} = 953,3 \cdot {}^{80}/_{57,2} = \mathbf{1333,3 \ K}$

$$Q_{23} = m_B \cdot c_v \cdot (T_3 - T_2) = 1,967 \cdot 10^{-3} \cdot 0,717 \cdot (1333,3 - 953,3)$$

$$c_v = \frac{R}{\kappa - 1} = \frac{287}{0,4} = \mathbf{0,717} \frac{\mathbf{kJ}}{\mathbf{kgK}} \qquad \left(c_p - c_v = R; \ \kappa = {}^{c_p}/_{c_v} \right)$$

$$Q_{23} = \mathbf{535,8 \ J}$$

Zustand 4: $Q_{zu} = Q_{23} + Q_{34} = Q_{24}$

$$Q_{zu} = V_B \cdot \varrho_B \cdot H_u = 0,07 \cdot 10^{-3} \cdot 0,83 \cdot 42700 = \mathbf{2480,87 \ J}$$

$$Q_{34} = Q_{zu} - Q_{23} = 2480,87 - 535,8 = \mathbf{1945 \ J}$$

$$= m \cdot c_p \cdot (T_4 - T_3)$$

$$T_4 = \frac{1945}{1,967 \cdot 10^{-3} \cdot 1004} + 1333,3 = \mathbf{2318,2 \ K}$$

$$V_4 = V_3 \cdot {}^{T_4}/_{T_3} = 0{,}0941 \cdot {}^{2318{,}2}/_{1333{,}3} = \mathbf{0{,}164 \cdot 10^{-3} \ m^3}$$

Zustand 5: $V_5 = V_1 = \mathbf{1{,}694 \, l}$

$$T_5 = T_4 \cdot \left({}^{V_4}/_{V_5}\right)^{\kappa-1} = 2318{,}2 \cdot \left({}^{0{,}164}/_{1{,}694}\right)^{0{,}4} = \mathbf{911 \ K}$$

$$p_5 = \frac{p_4}{\left({}^{T_4}/_{T_5}\right)^{\frac{\kappa}{\kappa-1}}} = \frac{80}{\left({}^{2317{,}7}/_{910{,}8}\right)^{3{,}5}} = \mathbf{3{,}04 \ bar}$$

Arbeit W_t^{id}

$$\begin{aligned}
W_t^{id} &= Q_{zu} - Q_{ab} = Q_{24} - Q_{41} \\
&= m \cdot c_v \cdot (T_3 - T_2) + m \cdot c_p \cdot (T_4 - T_3) - m \cdot c_v \cdot (T_5 - T_1) = 2480{,}87 - 862 \\
&= \mathbf{1618{,}36 \ J}
\end{aligned}$$

- **Wirkungsgrad**

$$\eta_{th} = \frac{Q_{zu} - Q_{ab}}{Q_{zu}} = \frac{W_t^{id}}{Q_{zu}} = \frac{1618{,}36}{2480{,}87} = \mathbf{0{,}65} = \eta_v$$

$\eta_v =$ Wirkungsgrad des *vollkommenen Motors*
Realmotor-Wirkungsgrad η_e

$$\eta_m = 0{,}85; \ \eta_g = 0{,}85$$

$$\eta_e = \eta_v \cdot \eta_g \cdot \eta_m = 0{,}65 \cdot 0{,}85 \cdot 0{,}85 = \mathbf{0{,}47}$$

Leistung $\dot{W}_t$

$$\dot{m} = \frac{m}{t} = \frac{1{,}967 \cdot 10^{-3}}{0{,}04} = 49{,}18 \cdot 10^{-3} \frac{kg}{s}; \ n = 1500 \ min^{-1} = 25 \ s^{-1}; \ t = \frac{1}{n} = \mathbf{0{,}04 \ s}$$

$$\dot{W}_t^{id} = \frac{W_t^{id}}{0{,}04} = \frac{1618{,}36}{0{,}04} = \mathbf{40{,}46 \ kW}$$

$$\dot{W}_t^{irr} = \eta_e \cdot \dot{W}_t^{id} = 0{,}47 \cdot 40{,}46 = \mathbf{19 \ kW}$$

Die dargestellten Vergleichsprozesse sind als Orientierungshilfe aufzufassen, da die Vergleichsprozesse selbst die wirklichen Vorgänge in Verbrennungsmotoren nur annähernd beschreiben. Wie bereits eingangs in Abschn. 4.3.3 erwähnt, dienen die Vergleichsprozesse – die dem Prozess des *vollkommenen Motors* entsprechen – zur Bestimmung des *Gütegrads* des realen Motors.

Der Gütegrad ist eine wichtige Beurteilung des Motorprozesses. In Anlehnung an Abschn. 2.5 Kreisprozesse ist die Bewertung:

- Thermischer Wirkungsgrad η_{th} gleich dem Wirkungsgrad des *vollkommenen Motors* η_v:

  Gl. (2.63): $\eta_{th} = \dfrac{W_t^{id}}{q_{zu}} = \dfrac{P_{id}}{\dot{m}_B \cdot H_u} = \eta_v = \dfrac{W_v}{m_B \cdot H_u} = \dfrac{W_v}{Q_{zu}}$

  Gl. (2.62): $\eta_{th}^{rev} = \eta_c$

- Innerer Wirkungsgrad η_i des Realmotors ist gleich dem Gütegrad η_g des wirklichen Motors:

  Gl. (2.64): $\eta_{th} = \dfrac{W_t^{irr}}{W_t^{id}} = \dfrac{W_v}{W_t^{id}} = \eta_g = \dfrac{P_{real}}{\dot{W}_t^{id}}$

- Effektiver Wirkungsgrad (gesamt) η_e

  Gl. (2.65): $\eta_e = \eta_{th} \cdot \eta_i \cdot \eta_m = \eta_v \cdot \eta_g \cdot \eta_m$

  η_m = mechanischer Wirkungsgrad

Dieser logische Zusammenhang wird in der Literatur oft nicht korrekt dargestellt.

	η_e	η_m	η_g
Ottomotor	0,26 ... 0,35	0,8 ... 0,9	0,8 ... 0,9
	...0,37 bei direkter Einspritzung		
Dieselmotor	0,32 ... 0,43		
Dieselmotor (Nutzfahrzeuge) Saugbetrieb	0,32 ... 0,43	0,78 ... 0,86	0,86 ... 0,9
Aufgeladen	0,36 ... 0,46	0,82 ... 0,9	0,86 ... 0,9
2-Takt-Diesel	0,46 ... 0,52	0,88 ... 0,92	0,86 ... 0,9

4.3.3.3 Gasmotor

Wachsende Bedeutung für den stationären Betrieb hat der Gasmotor in der allgemeinen Energieversorgung, z. B. in BHKW's (Blockheizkraftwerke). Der Gasmotor – hergeleitet aus Nutzfahrzeugen und Schiffsdieselmotoren – kann neben Erdgas (CH_4) mit Deponie-, Klär-, Bio-, Kokerei- und Schwachgasen (z. B. Holzgas) betrieben werden.

Grundsätzlich ist der Gasmotor sowohl nach dem Otto-, als auch nach dem Dieselverfahren möglich. Bei beiden Varianten wird das brennbare Gas-Luft-Gemisch angesaugt und kurz vor Verdichtungsende gezündet.

Es gibt drei Verfahren:

- Otto-Gasmotor: Fremdzündung des Gas-Luftgemisches durch die Zündkerze
- Diesel-Gasmotor: Selbstzündung eines Zündstrahls aus Dieselkraftstoff, der nachfolgend die Gas-Luftladung im Zylinder entzündet.

Abb. 4.35 Gas-Luftgemisch
Aufladung mit ATL
(Abgasturbolader) [3]

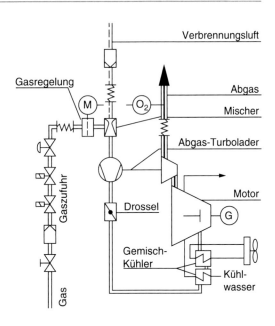

- Gas-Dieselmotor: Selbstzündung der unter Hochdruck zum Zündzeitpunkt in die Luft-Ladung eingeblasene Gasmenge

Zur Leistungssteigerung und zur Wirkungsgradverbesserung werden Gasmotoren im Allgemeinen mit *Abgasturboladern* ausgerüstet. Das Gas-Luftgemisch wird dem Lader zugeführt und in den Ansaugtrakt eingebracht (Abb. 4.35).

Auch werden Gasmotoren im „Magerbetrieb" betrieben, d. h. die Verbrennung des Gemisches mit Luftverhältnissen $\lambda > 1{,}6$. Dadurch konnten niedrige Abgasemissionen mit innermotorischen Maßnahmen erreicht werden.

Nachstehend die wichtigsten Brenngase:

Brennstoff	Bestandteile	Dichte kg/m_n^3	Heizwert H_u kJ/m_n^3
Wasserstoff	H_2	0,089	10.677
Methan	CH_4	0,717	35.650
Propan	C_3H_8	2,02	92.920
Erdgas	$CH_4 = 88{,}5\ \%$	0,8	36.000
	$C_2H_8 = 4{,}7\ \%$		
	$C_3H_8 = 1{,}6\ \%$		
	$C_4H_{10} = 0{,}2\ \%$		
	$N_2 = 5\ \%$		
Klärgas	$CH_4 = 65\ \%$	1,158	23.160
	$CO_2 = 35\ \%$		
Deponiegas	$CH_4 = 57\ \%$	1,24	20.460

(Fortsetzung)

Brennstoff	Bestandteile	Dichte $\frac{kg}{m_n^3}$	Heizwert H_u $\frac{kJ}{m_n^3}$
Biogas	$CO_2 = 35\%$		
	$N_2 = 3\%$		
	$CH_4 = 56\%$	1,14	16.530
	$CO_2 = 37\%$		
	$N_2 = 1\%$		
	$O_2 = 1,2\%$		

Gasmotoren werden hauptsächlich als *stationäre* Aggregate für die *Kraft-Wärme-Kopplung* angewendet. Dazu werden hauptsächlich Erdgase und Abfallgase benutzt.

Die Energie in Abfallgasen (Klär-, Deponie-, Biogasen) aus biologischen und technischen Prozessen kann in Gasmotoren relativ einfach nutzbar gemacht werden.

Außer dem Hauptanwendungsfall der Kraft-Wärme-Kopplung von Gasmotoren gibt es darüber hinaus die *mobile* Nutzung, die immer mehr an Bedeutung (Bi-Fuel-Antriebe für Fahrzeuge und Arbeitsmaschinen) gewinnt.

Anwendungsbeispiel der Kraft-Wärme-Kopplung in einem Industriebetrieb (Abb. 4.36)

In einem größeren Industriewerk wurde ein neuer Produktionsbetrieb errichtet, der ganzjährig Strom und Wärme benötigt.

Energiebilanz gemäß Abb. 4.37 pro BHKW-Modul:

- Motorleistung (mechanisch) $P_e = 480\,kW$
- Motorkühlwasser (thermisch)

  Ölkühler $\dot{Q}_{th-Kü} = 281,6\,kW$

- Abgaswärmeüberträger (thermisch)

$$\dot{Q}_{th-Ab} = 351,6\,kW$$

- Gemischwärmeüberträger (thermisch)

$$\frac{\dot{Q}_{th-Gm} = 59,8\,kW}{\sum \dot{Q}_{th} = 693\,kW}$$

- Verlustwärme durch Abstrahlung $\dot{Q}_{v_1} = 93\,kW$
  und Konvektion (thermisch)

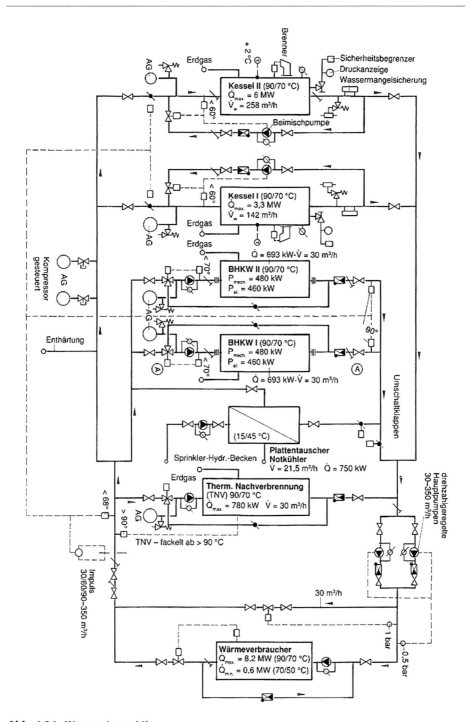

Abb. 4.36 Wärmeschema [4]

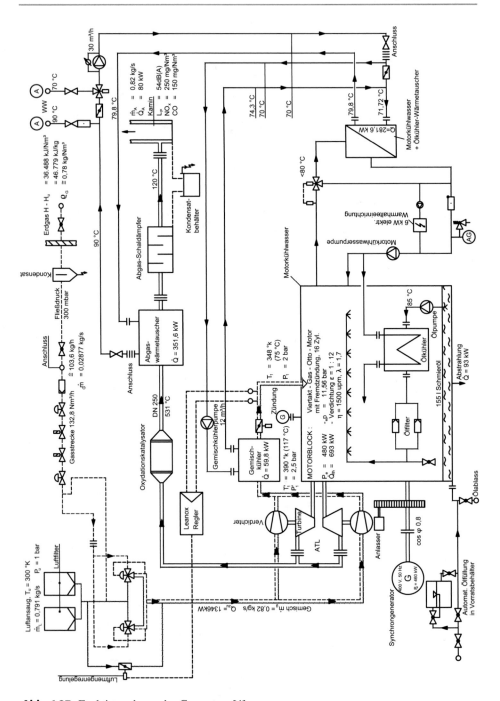

Abb. 4.37 Funktionsschema des Gasmotors [4]

- Restwärme im Abgas $\dfrac{\dot{Q}_{v_2} = 80\,\text{kW}}{\sum \dot{Q}_{\text{th}-v} = 173\,\text{kW}}$
- Gesamter zugeführter Wärmestrom

$$\dot{Q}_{\text{zu}} = P_{\text{m}} + \dot{Q}_{\text{th}} + \dot{Q}_{\text{th}-v} = 1346\ \text{kW}$$

- Elektrischer Wirkungsgrad $\eta_{\text{el}} = \dfrac{P_{\text{el}}}{\dot{Q}_{\text{zu}}} = \dfrac{460}{1346} = 0{,}342$

  (Generatorverlust $P_{\text{m}} - P_{\text{el}} = 20\,\text{kW}$)
- Gesamtnutzungsgrad $\eta_{\text{nutz}} = \dfrac{P_{\text{el}} + \dot{Q}_{\text{th}}}{\dot{Q}_{\text{zu}}} = \dfrac{460 + 693}{1346} = 0{,}86$

Auswertung des Gasmotors

- Hersteller-Angaben: Gas-Otto-Viertaktmotor mit 16 Zylindern,
    Drehzahl $n = 1500$ Upm, Verdichtungsverhältnis $\varepsilon = 12$, Kolbendurchmesser
    $d_{\text{K}} = 135\ \text{mm}^{\varnothing}$, Hubweg $s = 145$ mm, $p_{\text{b}} = 1$ bar
- gemessene Werte (auf dem Prüfstand)

$$\dot{Q}_{\text{zu}} = 1346\ \text{kW}$$

$$P_{\text{e}} = 480\ \text{kW}$$

$$\eta_{\text{m}} = 0{,}9$$

indizierte Motorleistung $P_{\text{i}} = \dot{W}_{\text{t}} = \dfrac{480}{0{,}9} = 533{,}33\ \text{kW}$; $\lambda = 1{,}7$; Polytropenexponent
$n = 1{,}37$

$$p_3 = 66\ \text{bar}$$

Temperatur nach dem Gemischkühler $T_1 = 348$ K

- Abgastemperatur $T_4 = 804$ K
- ATL: $p_1 = 2{,}5$ bar; $p_4 = 5$ bar

sonstige Parameter:

$$c_v = \text{ca. } 0.8 \frac{kJ}{kgK} \quad \text{(gemittelt)}$$

$$c_p = \text{ca. } 1.12 \frac{kJ}{kgK} \quad \text{(gemittelt)}$$

$$H_u = 36.488 \frac{kJ}{m_n^3}$$

$$\varrho_{Erdgas} = 0.78 \frac{kJ}{m_n^3}; \; \varrho_{Luft} = 1.29 \frac{kJ}{m_n^3}$$

- indizierter Wirkungsgrad η_i:

$$\eta_i = \frac{P_i}{\dot{Q}_{zu}} = \frac{533.33}{1346} = 0.4$$

$$\eta_{th}^{id} = 1 - \frac{1}{\varepsilon^{\kappa-1}} = 1 - \frac{1}{12^{0.4}} = 0.63 = \eta_v$$

Gütegrad $\eta_G = \dfrac{\eta_i}{\eta_{th}^{id}} = \dfrac{\eta_i}{\eta_v} = \dfrac{0.4}{0.63} = \mathbf{0.64}$

Hubvolumen $V_H = z \cdot d_K^2 \cdot \dfrac{\pi}{4} \cdot s = 16 \cdot 0.135^2 \cdot \dfrac{\pi}{4} \cdot 0.145 = 0.033 \text{ m}^3$

- effektiver Wirkungsgrad

$$\eta_e = \eta_i \cdot \eta_m = 0.4 \cdot 0.9 = 0.36 = \frac{P_e}{\dot{Q}_{zu}}$$

- Kraftstoffzufuhr $\dot{m}_G$

$$\dot{Q}_{zu} = \frac{\dot{m}_G}{1 + \lambda \cdot L_{min}} \cdot H_u; \quad \dot{m}_G = \dot{m}_B + \dot{m}_L$$

L_{min} = minimale Verbrennungsluftmenge $^{Kraftstoff}/_{Luft}$ = 9,8 m$_n^3$ Luft/m$_n^3$ Erdgas   bzw.
16,2 $^{kg\ Luft}/_{kg\ Erdgas}$

$$\dot{m}_B = \frac{\dot{Q}_{zu}}{H} = \frac{1346}{46.779} = 0.02877 \frac{kg}{s} \quad (H \text{ in kJ/kg})$$

$$\dot{m}_L = \lambda \cdot \dot{m}_B \cdot L_{min}$$

$$\dot{m}_L = 1{,}7 \cdot 0{,}02877 \cdot 16{,}2 = 0{,}7923\frac{kg}{s}$$

$$\dot{m}_G = 0{,}82\frac{kg}{s}$$

- Die spezifische Wärmekapazität c wurde gemittelt zwischen c_v und c_p (*Seligerprozess*)

$$\bar{c} = 0{,}96\frac{kJ}{kgK}$$

$$T_2 = T_1 \cdot \varepsilon^{n-1} = 348 \cdot 12^{0{,}37} = \mathbf{873 \ K}$$

$$T_3 = \frac{\dot{Q}_{zu}}{\dot{m}_G \cdot c} + T_2 = \frac{1346}{0{,}82 \cdot 0{,}96} + 873 = \mathbf{2583 \ K}$$

$$p_2 = p_b \cdot \varepsilon^n = 1 \cdot 12^{1{,}37} = \mathbf{30{,}1 \ bar}$$

$$T_4 = {}^{T_3}/_{\varepsilon^{n-1}} = {}^{2583}/_{12^{0{,}37}} = \mathbf{1030 \ K}$$

$$p_4 = \frac{p_3}{\left({}^{T_3}/_{T_4}\right)^{n/_{n-1}}} = 66/\left(\left({}^{2583}/_{1030}\right)^{3{,}7}\right) = \mathbf{2{,}2 \ bar}$$

Literatur

1. Böge, A. (Hrsg.): Handbuch Maschinenbau, 21. Aufl. Springer Vieweg, Wiesbaden (2013)
2. Grote, K.-H., Feldmann, J. (Hrsg.): Dubbel, 12./ 20./ 23. Aufl. Springer, Berlin/Heidelberg
3. Eifler, S., Spicher, W.: Küttner-Kolbenmaschinen, 7. Aufl. Vieweg+Teubner, Wiesbaden (2008)
4. Weber, G.: TAB-Technik am Bau. Bauverlag BV, Gütersloh
5. Weber, G.: Kälte/Klimasystemtechnik. VDE, Berlin/Offenbach (2010)
6. Kaltschmitt, H. (Hrsg.): Energie aus Biomasse, 1. Aufl. Springer, Berlin/Heidelberg (2001)

Anhang

Mathematische Hilfsmittel

Die Funktion zweier Veränderlicher wird in der Thermodynamik häufig gebraucht. Es handelt sich hierbei vor allem um die Differenzialrechnung für zwei Veränderliche.

Beispiele für die *partielle Differenzialrechung*

a) **Partielle Ableitung**

$$z = f(x, y)$$

$$z = x^2 + xy + y^2$$

$$dz = \left(\frac{\delta z}{\delta x}\right)_y \cdot dx + \left(\frac{\delta z}{\delta y}\right)_x \cdot dy = z_x \cdot dx + z_y \cdot dy$$

$$z_x = 2x + y; \quad z_y = x + 2y$$

$$dz = (2x + y)dx + (x + 2y)dy$$

als *totales Differenzial z = f(x, y)*
(oder eine andere Schreibweise:

$$dz = \left(\frac{\delta f(x,y)}{\delta x}\right)_y \cdot dx + \left(\frac{\delta f(x,y)}{\delta y}\right)_x \cdot dy$$
$$= \left(\frac{\delta f}{\delta x}\right)_y \cdot dx + \left(\frac{\delta f}{\delta y}\right)_x \cdot dy)$$

Jede Veränderliche x und y wird wie üblich differenziert, wobei jeweils eine Variable konstant gehalten wird.

© Springer Fachmedien Wiesbaden GmbH, ein Teil von Springer Nature 2019
G. Weber, *Strömungs- und Kolbenmaschinen im Anlagenbau*,
https://doi.org/10.1007/978-3-658-24112-4

Abb. A.1 Beispiel für die
Maximal-Minimal-Betrachtung

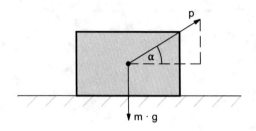

b) **Maximal-Minimal-Betrachtung**

Bei welchem Winkel α wird $P = P_{min}$ bei gegebenen Reibungskoeffizienten μ?

$$\text{Funktion}: \quad f(P, \alpha) = 0$$

$$P \cdot \cos \alpha = \mu \cdot (m \cdot g - P \cdot \sin \alpha)$$

$$P \cdot \cos \alpha - m \cdot g \cdot \mu + \mu \cdot P \cdot \sin \alpha = 0$$

$$f(P, \alpha) = \left(\frac{\delta f}{\delta P}\right)_\alpha \cdot dP + \left(\frac{\delta f}{\delta \alpha}\right)_P \cdot d\alpha = 0$$

$$\frac{dP}{d\alpha} = -\frac{P \cdot (-\sin \alpha) + \mu \cdot P \cdot \cos \alpha}{\cos \alpha + \mu \cdot \sin \alpha} = 0$$

$$\mu = \frac{\sin \alpha}{\cos \alpha} = tg\alpha; \quad P_{min} \text{ bei } \mu = tg\alpha$$

Thermische Zustandsgleichung

Für *ideale Gase* (Gl. 2.43, 2.44)) gilt:

$$p \cdot v = R \cdot T \curvearrowright f(p, v, T) = 0$$

Löst man nach einer Zustandsgröße auf:

$$p = f(T, v)$$

$$v = f(p, T)$$

$$T = f(v, p)$$

Mit den totalen Differenzialen:

$$dp = \left(\frac{\delta p}{\delta v}\right)_T \cdot dv + \left(\frac{\delta p}{\delta T}\right)_p \cdot dT$$

$$dv = \left(\frac{\delta v}{\delta p}\right)_T \cdot dp + \left(\frac{\delta v}{\delta T}\right)_p \cdot dT$$

$$dT = \left(\frac{\delta T}{\delta p}\right)_v \cdot dp + \left(\frac{\delta T}{\delta v}\right)_p \cdot dv$$

Gemäß Abschn. 2.3.1.1:
Bei $p = konstant$, $v = konstant$, $T = konstant$ wird:

$dp = 0$	und ist die *Isobare*	$\left(v_1/v_2 = T_1/T_2 \right)$
$dv = 0$	und ist die *Isochore*	$\left(p_1/p_2 = T_1/T_2 \right)$
$dT = 0$	und ist die *Isotherme*	$\left(p_1/p_2 = v_1/v_2 \right)$

Beispiel

1 kmol ideales Gas mit der allgemeinen Gaskonstante $R = 8314{,}4 \frac{J}{kmolK}$ hat bei $T_0 = 273$ K ein Volumen $V = 10$ m^3. Nun steigt die Temperatur um 3 K und durch äußere Druckeinwirkung verringert sich das Volumen um 0,1 m^3.

Welche Druckänderung entsteht?

$$\text{Funktion}: \quad p = \frac{n \cdot R \cdot T}{V}; \quad n = 1 \text{ kilomol};$$

$$dp = \left(\frac{\delta p}{\delta v}\right)_p \cdot dv + \left(\frac{\delta p}{\delta T}\right)_v \cdot dT$$

$$\Delta p = \frac{R \cdot T}{V^2} \cdot \Delta V$$

$$+ \frac{R}{V} \cdot \Delta T = \frac{8314{,}4 \cdot 273}{100} \cdot 0{,}1 + \frac{8314{,}4}{10} \cdot 3 = (2270 + 2494) \text{ Pa} = 0{,}04764 \text{ bar}$$

Kalorische Zustandsgleichung

zu Gl. 2.36: Geschlossene Systeme (ohne J).

$$du = dq - p \cdot dv; \quad u = f(T, v)$$

$$du = \left(\frac{\delta u}{\delta T}\right)_v \cdot dT + \left(\frac{\delta p}{\delta v}\right)_T \cdot dv$$

$$du = T \cdot ds - p \cdot dv$$

$$du = \left(\frac{\delta u}{\delta s}\right)_v \cdot ds + \left(\frac{\delta u}{\delta v}\right)_s \cdot dv$$

zu Gl. 2.37): offene Systeme

$$dh = dq + v \cdot dp; \quad h = f(T, p)$$

$$dh = \left(\frac{\delta h}{\delta T}\right)_p \cdot dT + \left(\frac{\delta h}{\delta p}\right)_T \cdot dT$$

$$dh = T \cdot ds + v \cdot dp$$

$$dh = \left(\frac{\delta h}{\delta s}\right)_p \cdot ds + \left(\frac{\delta h}{\delta p}\right)_s \cdot dp$$

Anmerkung zu *idealen Gasen*, Abschn. 2.3.1:

Wie in diesem Kapitel erwähnt, sind die Abweichungen für die wirklichen Gase von den idealen Gasen für den praktischen Gebrauch vernachlässigbar. Deshalb wird im Buch mit idealen Gasen gerechnet.

Quantitative Aussagen gewinnt man nur über das Experiment. Die technisch wichtigen Gase liegen in Tabellen und Diagrammen vor.

Die Abweichung von der thermischen Zustandsgleichung der idealen Gase ($p \cdot v = R \cdot T$) für die *realen Gase* berücksichtigt man mit dem **Realgasfaktor** $z = \frac{p \cdot v}{R \cdot T}$, der beim idealen Gas gleich eins ist.

Z. B. ist die Abweichung für Luft im Bereich $300\,\text{K} \leq T \leq 1500\,\text{K}$ und bis $p = 100$ bar: $0{,}98 < z < 1{,}05$.

Diagramme

Tafel 1   Mollier-(h, s-)Diagramm für Wasserdampf

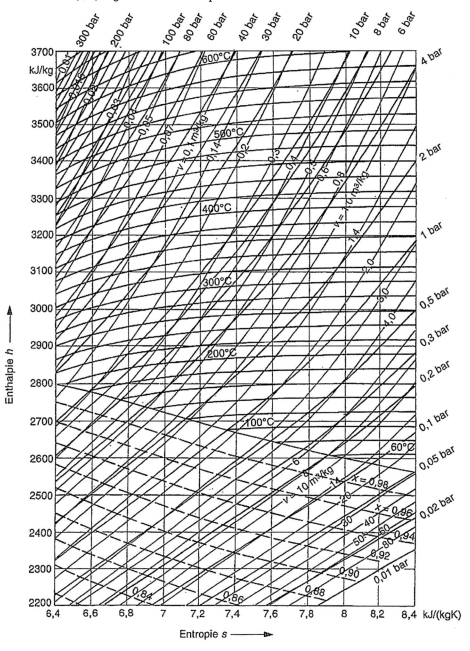

Abb. A.2 Mollier-hs-Diagramm für Wasserdampf

Tafel 2 Spezifische Wärmekapazität

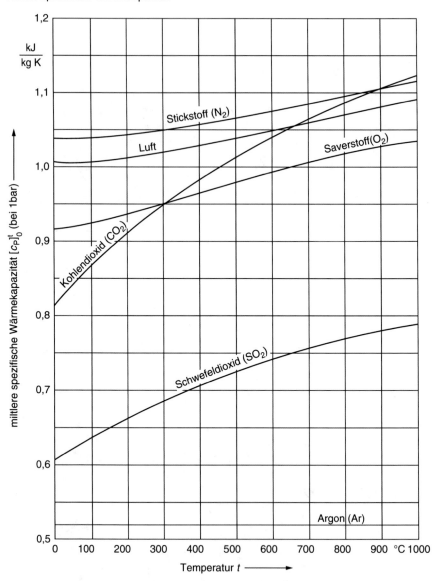

Abb. A.3 Spezifische Wärmekapazität

Tafel 3 Isentropenexponent

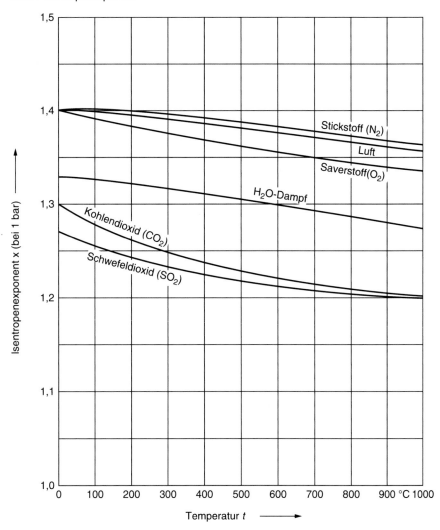

Abb. A.4 Isentropenkomponent

Weiterführende Literatur

Bohl, Elmendorf: Strömungsmaschinen 1, 10. Aufl.. Vogel, Würzburg (2008)
Bohl, Elmendorf: Technische Strömungslehre, 14. Aufl.. Vogel, Würzburg (2008)
Cerbe, G., Wilhelms, G.: Technische Thermodynamik. Hanser, München (2005)
Dietzel, F.: Turbinen, Pumpen, Verdichter. Vogel, Würzburg (1980)
Haan-Gruiten: Kraft- und Arbeitsmaschinen, 14. Aufl.. Europa-Lehrmittel (2014)
Hell, F.: Thermische Energietechnik. VDI, Düsseldorf (1985)
Lexis, J.: Ventilatoren in der Praxis, 3. Aufl.. Gentner, Stuttgart (1994)
Weber, G.: Thermodynamik der Energiesysteme. VDE, Berlin/Offenbach (2005)
Weber, G.: Kälte- und Klimasystemtechnik. VDE, Berlin/Offenbach (2010)
Weber, G.: Strömungslehre in der Gebäudesystemtechnik. VDE, Berlin/Offenbach (2015)

Stichwortverzeichnis

© Springer Fachmedien Wiesbaden GmbH, ein Teil von Springer Nature 2019
G. Weber, *Strömungs- und Kolbenmaschinen im Anlagenbau,*
https://doi.org/10.1007/978-3-658-24112-4

Printed in the United States
By Bookmasters